土質力学

岡 二三生 著

朝倉書店

序

　本書は大学学部と大学院の修士課程の学生のための土質力学の教科書として書かれたものである．土質力学は地盤材料である砂，粘土や軟岩などの力学特性を取り扱い，地盤工学の基礎分野となっている．土質力学の教科書としては，テルツアギー (K. Terzaghi) の "Theoretical Soil Mechanics"(1943) やテイラー (D.W. Taylor) の "Fundamental Soil Mechanics"(1948) などが出てから，すでに50年以上が過ぎ，その間，多くの教科書が出版されているが，土質力学の内容は今なお進展を続けており，教科書で取り扱う範囲も拡大を続けている．これは，固体や流体と異なり，粒状体である土特有の物質の物性の研究は必ずしも十分でなかったためである．近年，工学および granular matter として，物性物理の枠内でも基礎研究が精力的に続けられている．

　1章で述べるように，土材料は①一般に土粒子および間隙流体からなる混合体であり，②土粒子という独立した粒状材料からできており，③自然界で長い年月にわたり堆積したものであって，本質的に不均一である．身近な材料であるにもかかわらず，高度に非線形複雑系である地盤材料の解析には，連続体力学，離散力学などによる多様な階層的取り扱いがなされてきているが，実際の挙動の把握も進展段階にあるため，今後の研究が必須の分野であり，多くの応用も期待されている．

　本書を書くに当たっては，次のような点に注意した．基礎的な部分の記述では，極力飛躍を避けるよう努めた．さらに，比較的新しい分野の説明も省かず加えることとした．これは，計算地盤工学や環境地盤工学などの地盤工学の進展を理解するためである．本書の内容は前半の基礎的な土の物性と後半の応用に分けることができる．1章で土質力学を概観し，2章では，土の基本的物性を示した．3章では土質力学で用いる連続体力学の枠組みについて述べ，4章では圧縮性と有効応力の概念を示した．5章では，地盤中の地下水の運動を，6章では締固め，不飽和土と熱的性質の基礎について示し，7章では，土特有の圧密現象の取り扱いについて述べた．圧密現象の理解は，土質力学では欠くことのできない事項である．8章では，土の基本的力学的性質であるせん断変形–強度特性の試験法から限界状態までを概観した．9章では，地震時に注目される液状化について，10章では，現代土質力学の中心事項である構成式として，ケンブリッジ学派の弾塑性モデルについて

述べた．11 章では計算地盤工学で用いられる基礎事項と，13 章以下で必要な破壊解析法を，12 章では，地盤を弾性体とした場合の地盤内応力と変形について示した．13 章では構造物と地盤の相互作用を考える上で必須の土圧理論，14 章では基礎工学に必要な支持力理論について述べている．15 章は斜面の安定解析法を盛土構造物の安定性とともに示した．最後に 16 章では，地盤を利用したり地盤環境を維持するための地盤改良について触れた．

　内容の中に多少の地盤構造物の設計に関する事項も述べたが，設計面からみると，現代地盤工学はマニュアル的な従来の仕様設計から「明確に設定された構造物の要求性能を満足するために，自由度の高い設計を行う」性能設計 (たとえば，岡原美知夫監修：橋梁下部構造の設計・施工, 山海堂, 2002) へと移りつつある．性能設計では，要求性能の照査が重要であるが，このためにも土質力学を深く理解することはきわめて重要である．

　土質力学では，実験，実測，モデル化と挙動の予測が重要である．現象のモデル化においては，数学的な取り扱いが欠かせない．数学的な取り扱いは，微分方程式，偏微分方程式，ベクトル解析，テンソル解析などに及ぶが，別途このような数学的取り扱いにも慣れてほしい．本書では，分量の関係で演習問題は省いてある．この点，拙著『土質力学演習』(森北出版) を参考にしていただきたい．

　本書を執筆するきっかけは，恩師である赤井浩一京都大学名誉教授著の『土質力学』が絶版となり，恩師足立紀尚京都大学名誉教授の勧めがあったからである．両先生に心より感謝申し上げる．本書の執筆では，多くの先輩，友人のご教示に負うところが多く，記して謝意を表したい．図面の作成では，大学院生の田久勉，辻千之と里村知三君に，木元小百合さんには素原稿を読んでもらい校正と修正をしていただき大変お世話になった．また，朝倉書店編集部には，粘り強く原稿を待っていただきお世話になった．御礼申し上げる．最後に家族に感謝するとともに，本書を執筆中に帰らぬ人となった父正人に捧げたいと思う．

2003 年 8 月

岡　二三生

目　　次

1　序　　論 ·· 1
　1.1　土質材料の特徴と土質力学 ·· 1
　1.2　土材料および地盤の形成 ·· 1
　1.3　単位と換算表 ·· 3

2　土の組成とコンシステンシー ·· 6
　2.1　土の組成と基本的物理量 ·· 6
　2.2　土の粒径分布と土の分類 ·· 9
　2.3　粘土の構造 ·· 12
　2.4　粘土鉱物の表面電荷とイオン交換 ···························· 16
　2.5　土のコンシステンシー ·· 19
　2.6　地盤材料の工学的な分類 ·· 22

3　応力, ひずみと力の釣合い ·· 27
　3.1　座標系と運動 ·· 27
　3.2　物体力と表面力 ·· 28
　3.3　座標系の回転に対する応力テンソルの変換 ············ 30
　3.4　土質力学における応力ベクトルの符号とモールの応力円 ········ 32
　3.5　力の釣合いと線形運動量の保存則 ···························· 35
　3.6　角運動量の保存則と応力テンソルの対称性 ············ 35
　3.7　主応力成分と応力テンソルの不変量 ························ 37
　3.8　ひ ず み ··· 39
　3.9　モールのひずみ円 ·· 43
　3.10　固体–流体2相系の運動方程式と質量保存則 ·········· 45

4　有効応力と構成式 ·· 50
　4.1　土の等方圧縮性 ·· 50
　4.2　有効応力と間隙水圧 ·· 50

4.3　構 成 式 ……………………………………………………… 55

5　飽和土中の水の流れ ……………………………………………… 63
5.1　ダルシーの法則 (間隙水の運動方程式) ……………………… 63
5.2　土中の水の1次元流れ ………………………………………… 67
5.3　2次元透水問題の解析 ………………………………………… 71

6　不飽和, 締固め, 凍結と凍上 …………………………………… 89
6.1　毛 管 現 象 ……………………………………………………… 89
6.2　土粒子間に働く毛管結合力 …………………………………… 91
6.3　サクション(吸引圧)の測定法 ………………………………… 92
6.4　土の締固め ……………………………………………………… 93
6.5　土の凍結と凍上 ………………………………………………… 96

7　圧 密 理 論 ………………………………………………………… 102
7.1　圧密モデル ……………………………………………………… 102
7.2　土の圧縮変形における応力–ひずみ関係 …………………… 102
7.3　圧密沈下量の計算 ……………………………………………… 109
7.4　1次元圧密理論 ………………………………………………… 110
7.5　圧密方程式の解 ………………………………………………… 113

8　土の変形と強度 …………………………………………………… 128
8.1　土の応力–ひずみ挙動 ………………………………………… 128
8.2　土のせん断試験 ………………………………………………… 128
8.3　土の破壊規準 …………………………………………………… 132
8.4　粘性土のせん断変形–強度特性 ……………………………… 138
8.5　応力径路図 ……………………………………………………… 144
8.6　土の限界状態の概念 …………………………………………… 146
8.7　初期降伏曲面 …………………………………………………… 155
8.8　応力–ダイレイタンシー関係 ………………………………… 156
8.9　砂のせん断変形–強度特性 …………………………………… 157

9 軟弱地盤の振動特性と砂質地盤の液状化 ········· 162
- 9.1 軟弱地盤の振動特性 ········· 162
- 9.2 砂地盤の液状化 ········· 168
- 9.3 液状化予測 ········· 178
- 9.4 液状化被害の対策 ········· 188

10 弾塑性理論とカムクレイモデル ········· 193
- 10.1 はじめに ········· 193
- 10.2 降伏条件式 ········· 193
- 10.3 ひずみの加法性 ········· 194
- 10.4 負荷条件 ········· 194
- 10.5 安定な弾塑性体に関するドラッカーの理論 ········· 195
- 10.6 流れ則 ········· 197
- 10.7 プラーガーの適合条件式 ········· 198
- 10.8 カムクレイモデル ········· 198

11 弾性地盤内の応力と変位 ········· 206
- 11.1 ブシネスクの解 ········· 206
- 11.2 フレーリッヒによる地盤内応力 ········· 209
- 11.3 面荷重による地盤内応力 ········· 211
- 11.4 基礎の沈下量 ········· 216

12 地盤の変形−破壊解析法 ········· 222
- 12.1 地盤の変形−破壊解析法 ········· 222
- 12.2 弾塑性境界値問題と仮想仕事の原理 ········· 223
- 12.3 極限解析 ········· 228

13 土圧理論 ········· 235
- 13.1 静止土圧 ········· 235
- 13.2 ランキン土圧 ········· 236
- 13.3 クーロン土圧 ········· 242

14 地盤の支持力と基礎 ·· 254
14.1 はじめに ·· 254
14.2 すべり線解法 ··· 256
14.3 テルツアギーの支持力解 ·· 261
14.4 ランキンくさびによる解法 ···································· 265
14.5 支持力公式 ··· 267
14.6 杭 基 礎 ·· 270
14.7 基礎の設計 ··· 272

15 斜面の安定 ·· 275
15.1 斜面の古典的安定解析法 ·· 275
15.2 無限斜面の安定解析 ·· 275
15.3 円弧すべり面を仮定する場合の斜面の安定解析法 ······ 277
15.4 一般分割法による安定解析法 ·································· 281

16 地 盤 改 良 ·· 297

付 録 ·· 303
索 引 ·· 305

1　序　　論

1.1　土質材料の特徴と土質力学

　土は，崩壊・風化した岩石や有機物からなる固結ないし半固結の堆積物の名称であり，地球の地殻の表層に存在している．土は石，礫，砂，粘土からコロイドまで種々の大きさの土粒子から構成されているが，これら土粒子の総称である土質材料は固体と流体の両方の性質を持ち，その挙動は単一の固体や流体に比べて複雑である．以下は土質材料の特徴である．

　① 土は一般に土粒子および間隙流体（間隙を満たす水や空気など）からなる混合体である．したがって，土の運動や変形は，土粒子骨格（固相）や間隙流体（流体相）などの各相の運動とその相互作用に依存する．土に働く応力についても，各相に働く分圧の概念が必要である．このような観点から土質力学では"有効応力"という考え方が用いられる．

　② 土粒子骨格はスポンジのような多孔質体ではなく，土粒子という独立した粒状材料からできている．したがって，土粒子間の摩擦が土の変形を考える上で重要となる．このことにより，土の変形がその応力状態と間隙の大きさに深く依存することになる．また粒状材料であることから"ダイレイタンシー"と呼ばれるせん断変形に伴う体積変化が観測される．

　③ 粒状体としては粉体などもその範疇に入るが，砂および粘土粒子などの土粒子は自然界で長い年月にわたり堆積したものであって，人工的に造られたものではない．したがって，土粒子の大きさや構成物質も多様で，力学的な性質は堆積環境や地域性の影響を強く受けており，本質的に不均一である．

1.2　土材料および地盤の形成

　地球は核，マントルと地殻から構成されている．地殻は表層にあって厚さは30〜60 km くらいである．土質材料すなわち土は，岩石や有機物が物理化学的な作用を受けてできた未固結の堆積物であって軟らかく，地殻の比較的表層に存在し

ている.地球上の土は約 46 億年前の地球誕生以来生成されてきたわけであるが,土木工学で対象とする土は比較的新しい地質年代に堆積したものである.第三紀以前に堆積した地盤は固結度が高いが,日本列島の形成が始まったとされる新第三紀以降になると徐々に固結度が低くなり,第四紀,約 200 万年前以降の時代に堆積した地盤は最も固結度が低い.土質力学は未固結の土から固結度の低い軟岩を対象としている.

第四紀中期以降には約 10 万年の周期で氷河期が繰り返されてきたが,この第四紀の中で更新世 (または洪積世,約 170 万年前〜1 万年前まで) に堆積した地層を洪積層,その土を洪積土 (洪積砂,洪積粘土) と呼ぶ.一方,最終氷期の 1 万年前以降 (完新世) に堆積した地層を沖積層,その土を沖積土 (沖積砂,沖積粘土) と呼ぶ.氷河期には海面の上昇と下降が周期的に繰り返されたため,この時期に堆積した地盤では粘土と砂のような細かい土粒子と粗い土粒子の互層の地盤構成がよく見られる.

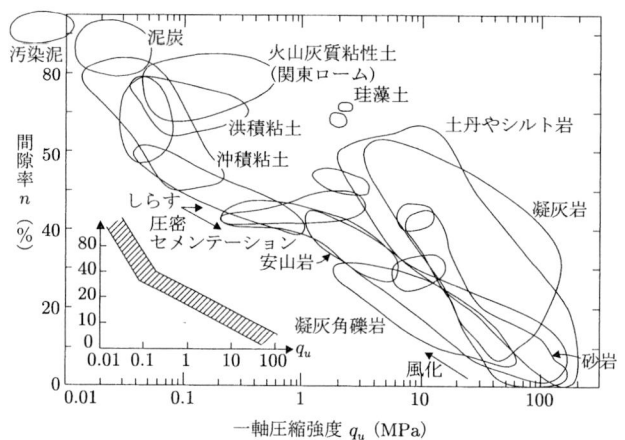

図 1.1 地盤材料の間隙率と一軸圧縮強さの関係 (小川,1986,前川,1992,重松,2002より作成)

図 1.1 は間隙率と土の強度の関係を表すが,間隙率,すなわち単位体積における空隙の割合 (図 2.1 参照) が小さくなるにつれて強度は大きくなり,土から岩へと分類される.一般に間隙が小さく強度が大きいものほど堆積した年代は古い傾向がある.

土は岩石の物理的,化学的または生物的な風化によってできるが,風化したものがその場所にとどまった定積土と,流水や風によって運搬され二次的に堆積した

堆積土に分けられる．定積土はまさ土などの岩石が風化したものや，植物が枯れたりその場で堆積した植積土 (ピート，泥炭) に分けられる．湖沼成，海成，河川成の沖積地盤は，典型的な運搬されて堆積した堆積土であるが，その他，火山成堆積土 (軽石，しらす，ローム)，氷河性堆積土 (モレーン)，風積土 (レス) などがある．

人間の活動は社会生活や産業活動に便利な平野を中心に行われてきたが，わが国の平野の多くは堆積年代の若い地層であり，軟弱で工学的に問題となることが多い．平野は沖積層や洪積層からなっているが，このような平野は川の流れによって運ばれた土が堆積することによってできたといわれている．河口付近では，粘土と砂の互層の地層により構成されるデルタ (三角州) が見られる．デルタでは川から運ばれた土砂の中でも比較的粒径の大きな礫や砂が河口付近に堆積する．一方，細かい粒径の粘性土分は比較的水深の深いところに堆積し，底置層を形成する．その後，次第に水深が浅くなると粘土分の堆積した上に砂礫などの粒径の大きな土が堆積し，前置層を形成す

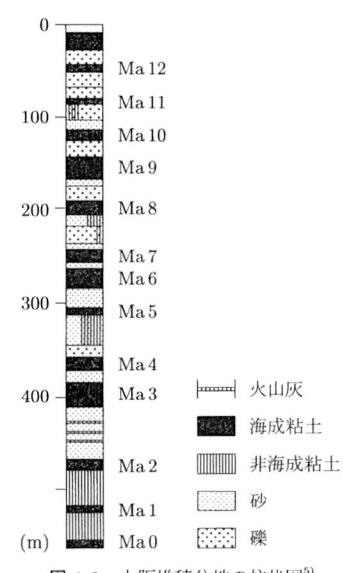

図 1.2 大阪堆積盆地の柱状図[5]
Ma : Marine clay（海成粘土）の略．

る．このようにして，水深が浅くなると川の運搬能力が減少し，その上には頂置層という細かい粒径の土が堆積するといわれている．このような堆積過程に，海面の上昇と下降の運動や地盤の沈降が組合わさると，堆積過程はより進行することになる．つまり，水深が浅くなったところで海水面が上昇すると今度は細かい粘土分が堆積することになり，このようなサイクルが促進され，層状の地盤が形成される．600 m 以上に及ぶ大阪層群 (図 1.2) と呼ばれる地層などはこのようにして形成されてきたといわれている (藤田，1985)．

1.3 単位と換算表

本書で用いる単位系は，主に SI (Systèm International d'Unités) 国際単位系であるが，MKS 重力単位系も一部用いている．単位系については，1960 年の国際度量衡会議で提案された SI 国際単位系が導入され，質量と重量との区別が明確になった．その使用に当たっては当初混乱も見られたが，国内でも定着してきてい

る．地震などの動的な問題においては SI 単位を明確に使うと便利である．ただし，既往の文献には MKS 重力単位に基づくものが多いことから重力単位系も理解しておく必要がある．

力について，重力単位系の 1 kgf は「1 kg の質量の重力場でそれを支える力」と定義されるが，SI 単位系では，1 N (ニュートン) は「1 kg の物を 1 秒間に 1 m/sec の速度に加速する力」と定義される． 1 N は約 102 g のみかんの重さに相当する． 質量の単位は，重力単位では，$1 t/m^3 = 1 g/cm^3$，SI 単位では $1 Mg/m^3 = 1 t/m^3 (1 Mg = 10^6 g)$ となっている．

重力単位と SI 単位の間の主な単位換算は表 1.1〜1.4 のようになる．

表 1.1 力等の換算

力 (force)
 1 kgf (= 0.001 tf) = 9.806650 N
 101.97 kgf = 1 kN

応力 (stress), 圧力 (pressure)
 1 kgf/cm² (= 10 tf/m²)
  = 98.067 kPa
  = 98.067 kN/m²
 0.0102 kgf/cm² = 1 kPa
        = 1 kN/m²

単位体積重量
 1 gf/cm³ (= 1 tf/m³) = 9.806650 kN/m³
 0.10197 gf/cm³ = 1 kN/m³

表 1.2 主な長さ (length) の換算

1 オングストローム (Å, angstrom)	1×10^{-10} m
1 ナノメートル (nm, nanometer)	1×10^{-9} m
1 ミクロン (μm, micron)	1×10^{-6} m
1 ミリメートル (mm)	1×10^{-3} m
1 メートル (m)	100 cm
1 インチ (inch)	2.54 cm
1 フィート (feet)	30.48 cm

表 1.3 熱関係の単位と単位の換算

温度	
熱力学温度 T (K, ケルビン)	$t\,[°C] = T\,[K] - 273.15$
セルシウス温度 t (°C)	
エネルギ, 仕事, 熱量	
ジュール (joule)	$J = N \cdot m$
仕事率	
ワット (watt)	$W = J/s$
比熱容量	
$kJ/kg \cdot K \times 0.2389 = kcal/kg \cdot °C$	
熱伝導率	
$Wm^{-1}K^{-1} = 0.8600\,kcal/m \cdot h \cdot °C$	
温度伝導率	
$m^2h^{-1} = 2.78 \times 10^{-4}\,m^2/s$	

表 1.4 単位系で用いられる主な接頭語, 単位に乗ぜられる倍数, 記号

SI 接頭語の名称	記号	大きさ
メ ガ (mega)	M	10^6
キ ロ (kilo)	k	10^3
ヘ ク ト (hecto)	h	10^2
セ ン チ (centi)	c	10^{-2}
ミ リ (milli)	m	10^{-3}
マ イ ク ロ (micro)	μ	10^{-6}
ナ ノ (nano)	n	10^{-9}

■文　献

1) 藤田和夫：変動する日本列島, 岩波新書, 岩波書店, 1985.
2) 小川義厚：土と岩石との境が無くなる話 (その 1), 石川県地質業協会誌, 地質いしかわ, No.40 記念号, pp.22–23, 1986.
3) 前川晴義：軟質泥岩の力学特性とその適用に関する研究, 京都大学博士申請論文, 1992.
4) 重松宏明：年代効果を受けた自然堆積土の微視的構造と力学挙動の解明, 岐阜大学博士申請論文, 2002.
5) 土質工学会関西支部・関西地質調査業協会編著：新編大阪地盤図, コロナ社, 1987.
6) 国立天文台編：理科年表, 丸善, 1999.

2　土の組成とコンシステンシー

1章で述べたように，土は粒状体からなる多相混合体である．本章では，この複雑な土の組成を表現するための基本的諸量，土の物理的存在形態や外力に対する抵抗特性，すなわちコンシステンシー (consistency) について述べる．

2.1　土の組成と基本的物理量

土は無機質土と有機質土に分けられるが，無機質土は岩石の風化した種々の大きさの土粒子 (固体) と間隙の水 (液体) および空気 (気体) から構成されている．一方，有機質土は，植物の死骸などが化学的作用や微生物の作用を受けた成分をも含んでいる．土の組成は物理的にみた場合，固相 (土粒子骨格)，流体相 (間隙水，間隙空気圧) より構成されている．各相の体積と重量に関する量を図示すると図2.1のようになる．

間隙水は，粘土粒子などの粒子と結合する性質の強い吸着水と，粒子との相互作

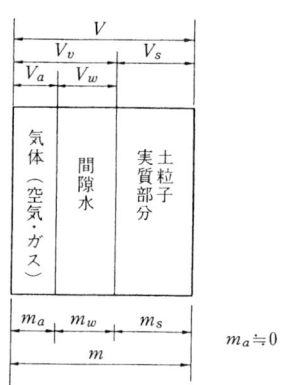

図 2.1　土の構成

V：土の全体積，V_s：土粒子実質部分の体積，V_v：間隙の体積（気相と液相の体積），
V_w：間隙水の体積，V_a：間隙空気の体積
m：土の全質量，m_s：土粒子実質部分の質量，m_w：間隙水の質量
W：土の全重量，W_s：土粒子実質部分の重量，W_w：間隙水の重量

表 2.1 土の基本量

間隙比 e	V_v/V_s	土粒子の体積に対する間隙の体積の比 (無次元)
体積比 f または v	$1+e$	土粒子の体積に対する土全体の体積比
間隙率 n	V_v/V	土の全体積に対する間隙の体積の比 (無次元, または%)
空気間隙率 n_a	V_a/V	土の全体積に対する空気の占める体積の比
体積含水率 n_w または θ	V_w/V	土の全体積に対する水の占める体積の比
含水比 w	m_w/m_s	土粒子の質量に対する間隙水の質量の比 (無次元, または%)
含水比 (重量比で)w	W_w/W_s	土粒子の重量に対する間隙水の質量の比
飽和度 S_r	V_w/V_v	間隙の体積に対する間隙水の占める体積の比 (無次元, または%)

用が比較的小さい自由水に分けられる.

任意の体積の土が与えられた場合, 土の基本量は表 2.1 のように定義される.
含水比は次の 2 種類の含水比試験によって求められている.
① $110\pm5°C$ の炉乾燥によって乾燥状態の質量を求める.
② 電子レンジによる加熱で乾燥状態の質量を求める.

土は単一の鉱物からできていることはまれであるから, 土粒子の比重 (無次元量) を定義する場合, ある量の土粒子の平均的な比重を定義することになる.

$$\text{比重}\quad G_s = \frac{\rho_s}{\rho_w}, \quad \text{または} \quad G_s = \frac{W_s}{\gamma_w V_s} \tag{2.1}$$

ρ_w は水の質量密度, ρ_s は土粒子の質量密度, $\gamma_w = \rho_w g$, g は重力加速度.

石英の比重は約 2.65 であるため, 石英を多く含む砂の比重は 2.65 に近い. 粘土鉱物の比重は大体 2.8〜2.9 くらいであるため, 粘性土の比重は砂よりも大きく, 2.7 以上のものが多い. したがって, 土の比重は 2.65〜2.8 程度である.

空気間隙率は次のように表すことができる.

$$n_a = n(1-S_r) = \frac{e - wG_s}{1+e} \tag{2.2}$$

砂の堆積度の指標として, 次式で定義される相対密度が用いられる.

$$D_r = \frac{e_{\max} - e}{e_{\max} - e_{\min}} \tag{2.3}$$

ここで, $e_{\max}$: 最大間隙比, $e_{\min}$: 最小間隙比.

砂質土の詰まり方の指標として, 等半径の球の詰まり方が参考になる. 最密充填は面心四面体型で間隙比 $e=0.35$, 最も緩い充填は単純立方型で $e=0.91$ であるといわれている.

a. 土の密度

土の密度 (単位体積質量) は次のように表される.

不飽和土の場合,

$$\rho_t \text{(土の湿潤質量密度)} = \frac{m}{V} = \frac{\rho_s + S_r e \rho_w}{1+e} = \frac{(G_s + S_r e)\rho_w}{1+e} \tag{2.4}$$

$$\gamma_t \text{(土の湿潤単位体積重量)} = \frac{W}{V} = \frac{(G_s + S_r e)\gamma_w}{1+e}$$

飽和土の場合は $S_r = 100\%$ だから

$$\rho_t = \frac{m}{V} = \frac{\rho_s + e\rho_w}{1+e} = \frac{(G_s + e)\rho_w}{1+e}, \quad \gamma_t = \frac{W}{V} = \frac{(G_s + e)\gamma_w}{1+e} \tag{2.5}$$

となる.

また乾燥している場合, $w = 0\%$ だから

$$\rho_d = \frac{m_s}{V} = \frac{\rho_s}{1+e} = \frac{G_s \rho_w}{1+e}, \quad \gamma_d = \rho_d g \tag{2.6}$$

ここで ρ_d は乾燥質量密度である.

水中に土がある場合, 浮力が働くため次のような水中重量を用いる必要がある. 水中単位体積重量は,

$$\gamma' = \frac{W'}{V} = \frac{W - V\gamma_w}{V} = \gamma_t - \gamma_w = \frac{\rho_s - \rho_w}{1+e}g = \frac{(G_s - 1)\gamma_w}{1+e} \tag{2.7}$$

飽和度 S_r は含水比と間隙比から次のように求められる.

$$S_r = \frac{V_w}{V_v} = \frac{m_w/\rho_w}{m_s e/G_s \rho_w} = \frac{w\rho_s}{e\rho_w} = \frac{wG_s}{e} \tag{2.8}$$

b. 土の組成と基本物理量
土の体積を測る方法

土の湿潤密度を求めるためには, 土の体積を求める必要がある. 体積を求めるためには次の2種類の方法がある.

① ノギス法：円柱形に成形した供試体の寸法をノギスで測定して求める.
② パラフィン法：供試体表面にパラフィンを塗布し, 見かけの水中質量と塗布前の質量から体積を求める.

問題 相対密度を単位体積重量で示せ.

2.2 土の粒径分布と土の分類

土は種々の大きさの粒径の土粒子から構成されている．このような細粗な粒子の混合割合を粒度，その分布を粒度分布という．土の力学的な性質は，一次的には粒径の分布に依存している．この粒径分布を表すために，任意の量の土に含まれる土粒子の粒径の割合を質量比で表す粒径加積曲線が用いられている．

a. 粒径による土の区分

地盤工学会では，土は粒径により図 2.2 のように分類されている．

粒径 (mm)	0.005	0.075	0.25	0.85	2	4.75	19	75	300
	粘土	シルト	細砂	中砂	粗砂	細礫	中礫	粗礫	粗石(コブル)	粗石(ボルダー)
				砂			礫		石	
	細粒分			粗粒分				石 分		

図 2.2 地盤材料の粒径区分とその呼び名

粒径に基づく地盤材料の呼び名は図 2.2 の通りである．粒径 75 mm 以上は石分であり，それ以下が土である．

粒径分布を求めるための方法としては，$75\,\mu m$ 以下の細粒分については沈降分析法が，粗粒分についてはふるい分け分析が用いられる．砂などの粗粒分より構成される土の物理的性質は粒径分布に深く依存するが，細粒分については含水量 (液性限界，塑性限界，収縮限界) の影響が大きい．これは，粘土粒子の比表面積が大きく，界面活性が大きいためである．このため，粘土の性質は粒径分布のみでは決まらず，含水量の情報が有意である．また，砂および粘土はともに，堆積環境の影響による構造がその力学的な性質に大きく影響していることが指摘されている．

b. 土の粒度

土は一般に広い範囲の粒径の土粒子から構成されている．したがって，土の粒子の粒径の分布状態，すなわち粒度を知る必要がある．土粒子の粒径による区分は図 2.2 に示す通りである．土粒子の粒径については，$75\,\mu m$ 以上の粗粒の土は，ふるい分け分析により，ふるいの目の大きさから，また $75\,\mu m$ 以下の細粒分は，沈降分析により水中降下速度に関して等価な球形粒子の径として求める．

図 2.3 に粘土と砂の粒径加積曲線を示す．粒径加積曲線は，縦軸に通過質量百分

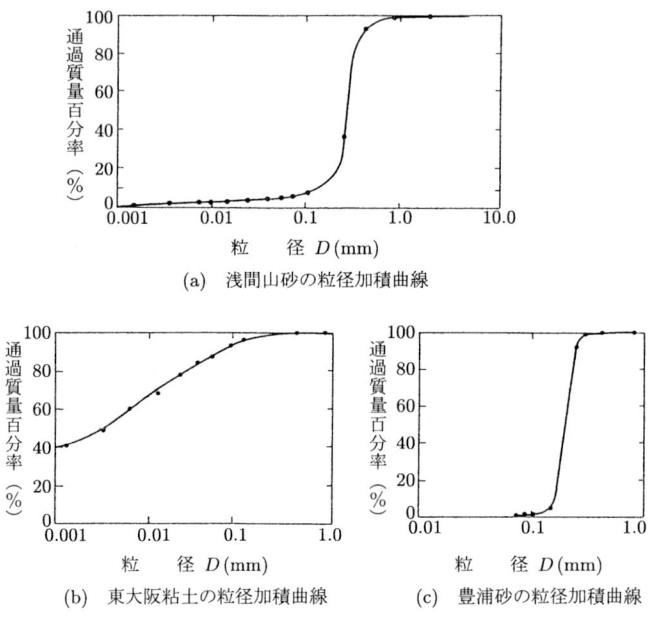

図 2.3 粒径加積曲線

率,横軸に粒径 (ふるいの目の大きさ) をとるが,縦軸が質量であり,粒子の体積 (大きさ) でないことに注意したい.ふるいの目の大きさ,径は,75 μm,106 μm,250 μm,425 μm,850 μm,2 mm,4.75 mm,9.5 mm,19 mm,26.5 mm,37.5 mm,53 mm,75 mm である.

75 μm 以下の細粒分は,沈降分析によって求める.沈降分析とはストークス (Stokes) の法則により,等価な粒径を決定する方法である.ストークスの法則では,直径 d (cm) の球形の粒子が静水中を速度 v (cm/sec) で沈降する時に受ける抵抗力 R (N) は $R = 3\pi d \eta v$ で与えられる.ここで,η は水の粘性係数である.

この時,粒子にかかる重力は,

$$F = \frac{\pi d^3}{6}(\rho_s - \rho_w)g \tag{2.9}$$

ここで,g は重力加速度,ρ_s は土粒子の密度,ρ_w は水の密度である.

d (cm) の粒子が時刻 t (sec) には,深さ L まで沈降したとすると,$v = L/t$ だから,

$$d = \sqrt{\frac{18\eta}{g(\rho_s - \rho_w)}\frac{L}{t}} \tag{2.10}$$

となり,粒径が求められる.

一方,比重浮標の読みから,粒径 d より小さな粒子の通過質量百分率 P を求める.時

刻 $t=0$ で，懸濁液の中に，質量 m_s の土粒子が均等に分布しているとする．
この時，懸濁液の質量密度 ρ は，

$$\rho = \frac{m_s}{V} + \left(\rho_w - \frac{m_s \rho_w}{V \rho_s}\right)$$
$$= \rho_w + \frac{m_s}{V}\left(\frac{\rho_s - \rho_w}{\rho_s}\right) \quad (2.11)$$

となる．したがって，メスシリンダーの中の懸濁液を t 時間静止させておくと，ストークスの法則から，L の深さより浅い部分には直径 d より小さな粒子しか存在しないことになる．したがって，式 (2.11) より，直径が d より小さな粒子全体の質量の全質量に対する比を P とすると，

$$\rho = \frac{m_s}{V}\left(\frac{\rho_s - \rho_w}{\rho_s}\right)P + \rho_w \quad (2.12)$$

となる．
一方，比重浮標の少数点以下の読みを r として，メニスカス補正 (C_m) と温度補正 (F) を考慮すると，

$$r + C_m + F = \frac{\rho - \rho_w}{\rho_w} \quad (2.13)$$

となる．水だけの場合，$r + C_m + F = 0$ で，$\rho = \rho_w$．
以上より，

$$P = \frac{V}{m_s}\frac{\rho_s}{\rho_s - \rho_w}(r + C_m + F)\rho_w \quad (2.14)$$

として，粒径が d より小さな粒子の通過質量百分率 P (%) が求められ，細粒分の粒径加積曲線を描くことができる．

c. 粒径加積曲線

粒径加積曲線の形からその力学的な性質が読みとれるが，次のような粒径加積曲線に関するパラメータが用いられる．

$$\text{均等係数：} U_c = \frac{D_{60}}{D_{10}} \quad (2.15)$$

$$\text{曲率係数：} U_c' = \frac{D_{30}^2}{D_{60}D_{10}} \quad (2.16)$$

ここで，D_{10}(mm) は有効径と呼ばれる．
均等係数は粒径の均等さを表す．均等係数が小さいものは粒径加積曲線が寝ており，粒度分布がよい．一方，$U_c = 1$ のものは均等な粒径の集合体である．$U_c < 10$

の土は分級された土, つまり特徴的な粒度を持つ土であり, $U_c \geq 10$ の土は粒径幅の広い土という. 曲率係数は曲線の勾配の変化を表す. D_{50} は平均的な粒径を表し, また有効径 D_{10} は透水係数の予測などに用いられる. ここで, D_i は通過質量百分率 i % の粒径であることを表す.

図 2.4 は山口県の日本海側豊浦町の海岸の豊浦砂の顕微鏡写真である. ラッセル (Russell) やテイラー (1937) およびミュラー (Müller, 1967) の分類では, 丸さ (roundness) により, 非常に丸みを帯びた (well rounded), 丸みを帯びた (rounded), やや丸みを帯びた (subrounded), やや角張った (subangular), 角張った (angular) の 5 段階に分けているが, 豊浦砂はやや角張った粒子からやや丸みを帯びた粒子と分類される.

図 2.4 豊浦砂

その他, 土粒子の形状を表す指標としては, 扁平率, 球形度や角張り度 (angularity) がある. 扁平率は粒子をある水平な面に落下させ静止した状態での長軸 L (長さ) と短軸 B (幅) および厚さ T (水平面からの高さ) の比, $m_l = B/L$ や $m_t = T/L$ で表される.

このような個々の粒子形状も大切であるが, これらの粒子からなる土の構造が土の性質にとってより重要である. 土の構造を表す量としてファブリックテンソルがある. 個々の粒子の, 間隙の空間での幾何学的な配置をファブリック (fabric) と呼ぶ. ファブリックテンソル ($\boldsymbol{F}$) は粒子接触点での接平面に垂直なベクトル ($\boldsymbol{n}$) から構成され, テンソルの土要素での平均値などで表現される (Kanatani, 1984, Oda, 1999, 佐竹, 2000). 2 階のテンソル (F_{ij}) で表すことが多い.

$$F_{ij} = \int_0^{2\pi} f(\tilde{n}) n_i n_j d\theta \quad (2\,次元) \tag{2.17}$$

ここで, $\tilde{n}$ は土粒子どうしの接触法線ベクトル, n_i はその成分である.

2.3 粘土の構造

粘土は, 日本の地盤工学会では粒径が $5\,\mu m$ (0.005 mm) 以下の土粒子と定義されているが, 農学や, フランスなどの欧米諸国では $2\,\mu m$ 以下の土粒子を指す. $1\,\mu m$ 以下はコロイドである.

2.3 粘土の構造

粘土鉱物で構成された微粒子は界面作用が強いという特徴を持つ．このことは後で述べる土のコンシステンシーの塑性や粘性と関係している．強い界面作用は，大きな比表面積に起因する．比表面積とは，1g 当たりの粉体が持つ表面積である．たとえば，スメクタイトの比表面積は $500 \sim 1000\,\mathrm{m}^2$ である．

粘土鉱物は結晶および非晶質の含水ケイ酸塩鉱物からなっており，層状ケイ酸塩が主な構成要素である．多くの粘土鉱物は次のような基本構造からできている．

1) シリカ四面体単位

単純な組成のケイ酸塩は二酸化ケイ素 SiO_4 であるが，通常は結晶の中心に Si，頂点に4つの O (酸素) を持つ SiO_4^{4-} 四面体から構成される単位のつながった構造からなる．単位は図 2.5 のように中心に Si または Al イオン，周りに OH, O を持つ，シート状の構造が代表的である．このように，炭素環に対応するような構造単位がつながった構造を持つのが特徴であり，このような単位からなる層をシリカ四面体シートという．

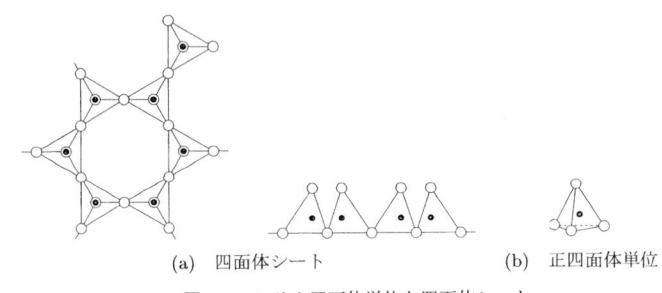

(a) 四面体シート　　　　(b) 正四面体単位

図 2.5　シリカ四面体単位と四面体シート
〇 = O, OH, ● = Si

2) 正八面体単位

図 2.6 に示すように，結晶の中心に Al^{3+}, Fe^{3+}, Mg^{2+} のイオン，周囲に OH, O を持つ単位を正八面体単位と呼ぶ．図はカオリン鉱物の平面的なシート構造であるが，正八面体単位が 2 次元的に広がった構造である．この図では構造の中に空の部分があるが，2 価の陽イオン，たとえば Mg^{2+} などの場合，この空隙は満たされている．

3) アロフェン (allophane)

鉱物中の原子配列が不規則な物質を非晶質という．非晶質の含水アルミニウム質のケイ酸塩をアロフェンと呼ぶ．アロフェンは原子配列が部分的に不規則である．化学組成は $SiO_2 \cdot Al_2O_3 \cdot 5H_2O$.

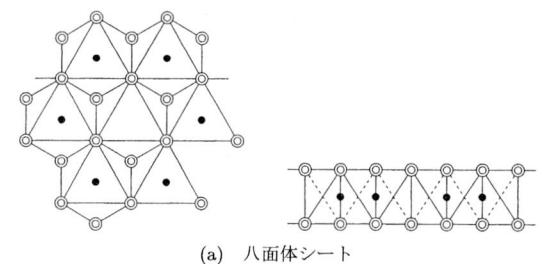

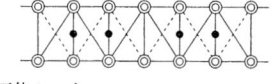
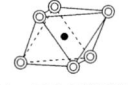

図 2.6　正八面体単位と八面体シート
◎＝OH，●＝Al, Fe, Mg

a. 粘土鉱物の複合構造

1：1 構造　四面体シート 1 つと正八面体シート 1 つからできている構造を 1：1 構造と呼ぶ．1：1 層間は O と OH が水素結合で結ばれている．

2：1 構造　四面体シート二層と正八面体シート一層からなる構造を 2：1 構造と呼ぶ．

その他，2：1 層に八面体シートが加わった 2：1 層の多形も存在する．これは，2：1：1 層または 2：2 層と呼ばれる．このような基本構造からなる粘土鉱物としては次のものが代表的である．

1) スメクタイト (smectite)

スメクタイトとは 2：1 構造を持つ粘土鉱物の族名の 1 つで，その種の 1 つにモンモリロナイトがある．以前はモンモリロナイト族と呼ばれていた．

モンモリロナイト (montmorillonite)　モンモリロナイトはスメクタイトの重要な種である．モンモリロナイトはケイ酸鉱物で四面体シート二層と正八面体シート一層からなる 2：1 構造からできている．通常モンモリロナイトは 2 つの 2：1 構造の層間に層間水や陽イオン (Na^+, Ca^{2+}, Mg^{2+}) を持っている (図 2.7)．底面間隔は 15 Å．これらの陽イオンは他の陽イオンと交換可能であって交換性陽イオンと呼ばれる．このような構造はモンモリロナイトの吸着性，膨張性や塑性の原因である．モンモリロナイトからなるベントナイトは陽イオンとして Na^+ を持っている．結晶は薄い板状結晶である．

2) イライト (illite)

イライトは雲母粘土鉱物 (mica clay mineral) の 1 つであり，2 つの 2：1 構造で雲母を含む．イライトは層間イオンとしてカリウムイオンを持っている．これはモンモリロナイトより安定している．底面間隔は 10 Å．K^+ は原子量，イオン半径がともに大きく，水和半径が小さくなるため，交換されにくい．

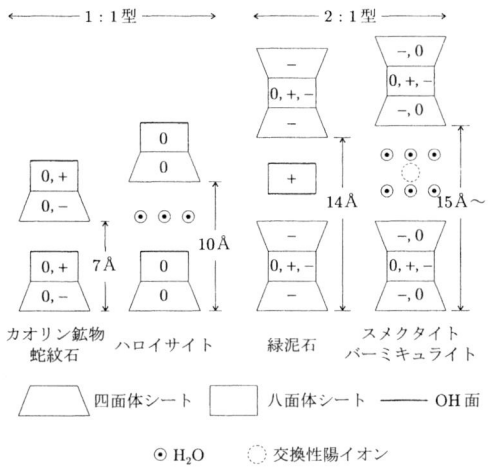

図 2.7 層状ケイ酸塩の構造模式図(白水,1993)
四面体シートおよび八面体シート中の0,+,−はシート電荷を示す.

3) カオリナイト (kaolinite)

化学組成は $Al_2Si_2O_5(OH)_4$ である.名称は中国江西省景徳鎮に近い村の高陵(高嶺)(Gauling) の地で陶磁器原料として優れた粘土が産出したことに由来している.四面体シート1つと正八面体シート1つからなる1:1構造を持っている(図 2.7).結晶となったカオリナイトはこの構造の積み重ねであるが,その結合は比較的強い水素結合と考えられ,モンモリロナイトより安定している.底面間隔は 7Å である.顕微鏡でみると6角形の薄い板状結晶である.カオリンは長石を含む岩の風化やハロイサイトの変質などによって生成された粘土鉱物で,主に白色で可塑性が低いため,陶器の材料として適している.

4) ハロイサイト (halloysite)

カオリンと同様の 1:1 構造で層間に水分子の面がはさまれ,底面間隔が約 10Å のものをハロイサイトという.ハロイサイトは多くの場合球状または中空管状をしている.

5) クロライト (緑泥石, chlorite)

先に述べた 2:1 層に 1:1 層を加えたものを基本単位とし,層の厚さは,$1.4\,\text{nm}\,(10^{-9}\,\text{m})$ である.構造の結合は水素結合である.

2.4 粘土鉱物の表面電荷とイオン交換

陽イオン交換現象は 1850 年にイギリスのトンプソン (H. Thompson) とウェイ (J. Way) によって，肥料である硫安 (硫酸アンモニウム) の土中での変化から発見された．硫酸アンモニウムの水溶液を土に加えると，出てきた液に硫酸カルシウムが含まれていたのである．現在では陰イオンの交換も認められているが，古くはイオン交換といえば陽イオン交換を指していた (岩田，1988)．陽イオン交換は地盤中の物質循環 (変質，移動，風化など) にとって特に重要である．粘土鉱物の表面電荷は，同形置換や変異電荷によって発生する．同形置換とは，結晶内陽イオンの置換によるもので，四面体シート中の Si^{4+} が Al^{3+} によって置き換えられる場合や八面体シート中の Al^{3+} が Mg^{2+} によって置き換えられる場合などである．2:1 型鉱物の表面電荷は，主に同形置換によって負に帯電している．一方，変異電荷は，破壊原子価による結晶端部の OH 基によるもので，外液の pH によって，弱酸性からアルカリ性溶液中では負に，または，中性ないし酸性溶液中では正に帯電している．酸性では，破断面の OH 基が外溶液から H^+ をとり，粒子表面は正に帯電する．また，アルカリ溶液では，OH 基から H^+ が離れ負に帯電するのである．アロフェンなどの 1:1 型鉱物では表面電荷の発生は主に変異電荷による．

このように，粘土の表面は電気的に中性ではなく帯電しているため，溶液中では，イオンの吸着が起こる．たとえばモンモリロナイトでは，粘土鉱物が負に帯電し，層間に陽イオンを持っているが，他のイオンを含む溶液中では陽イオンの交換が起こる．吸着される陽イオン量や溶液中に放出される陽イオン量を陽イオン交換容量 (cation exchange capacity, CEC) という．CEC は通常 meq/100 mg (100 g 当たりのミリグラム等量数 me) で表す．カオリナイト：2～10，ハロイサイト：5～40，スメクタイト：60～100 であり，2:1 型鉱物で高い値を示す．

負に帯電した鉱物の周りには，陽イオンが分布するが，表面の負の荷電の影響領域は拡散 (電気) 2 重層と呼ばれる領域に相当する (図 2.8)．粘土鉱物周囲のイオンは，熱による振動のために，表面から遠くなるにつれて陽イオンの濃度が小さくなるような分布をしている．陰

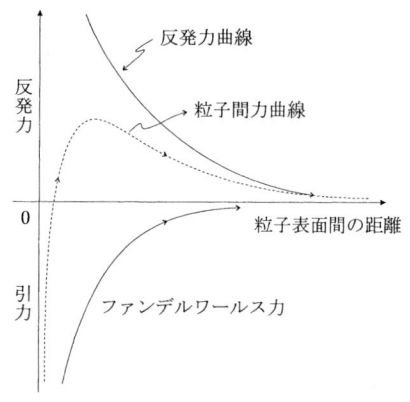

図 2.8 粒子間の反発力，引力および粒子間力

イオンはその逆で，ある距離のところで陽イオンと陰イオンの濃度は等しくなり，外溶液のイオン濃度と等しくなる．表面からこの距離までの領域を拡散(電気)2重層と呼んでいる．溶液中のイオンと層間水にある陽イオンの交換はこのような表面荷電量の存在，すなわち2重層の存在によって発生する．拡散2重層の厚さは，溶液のイオン濃度が高いほど薄く，厚い場合は粘土間の反発力として働く．粘土間の引力としては，分子間引力であるファンデルワールス力がある．

a. 粘土と水の結合

水和イオン (hydrated ion)　　水分子は電気的には中性であるが，電荷の中心がずれて，極性(図2.9)を示すため，局部的な電荷による結合をする．このような電荷の局在性(双極性)によって水分子は鉱物と結合を行う．H^+が関与する結合は水素結合と呼ばれている．また，陽イオンは，このような極性を持つ水分子と水和イオンを形成し，水和イオンが粘土表面に結合している．このようにして，粘土表面には水の吸着

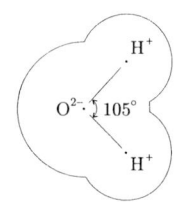

図 2.9　水分子の構造

層すなわち水和層が形成される．このような吸着水層の形成は粘土の粘性や塑性，また膨潤性の原因である．層間に陽イオンを持つモンモリロナイトは保水性が強く，膨潤性が大きい．

吸着水は配向がランダムではないので，粘性や密度が高い．また，粒子間の吸着水はずれ変形に対して抵抗力を示す．粘土の粘塑性は吸着水の物性によると考えられる．

陽イオン交換(置換)は，陽イオンの荷電量が大きく，水和イオンの半径の小さいほど水和イオンが粘土鉱物と結合しやすいため発生しやすい．

イオンの交換力(交換侵入力)は以下の順である．

$$Na^+ < (K^+, NH_4^+) < Mg^{2+} < Ca^{2+} < H^+ \leq Al^{3+}$$

たとえば，Na^+はMg^{2+}によって置換されやすく，Mg^{2+}はCa^{2+}によって置換されやすく，Ca^{2+}はAl^{3+}によって置換されやすい．

陽イオン吸着のしやすさを表すイオン選択係数とは，2種類のイオンを同じ濃度で含む液の中に入れた時，土に吸着するイオンの比であり，この比が大きいものは小さいイオンには交換されにくいことになる．ただし，イオンの量にもよるので，多量のH^+により，Ca^{2+}粘土もH^+粘土となる．

ベントナイトはスメクタイトであるモンモリロナイトを主体とする粘土であり，Na^+ を層間イオンとして持つ場合，Na^+ は電荷量が小さいため，電気2重層が厚い，すなわち水和半径が大きい．したがって，吸着水層が厚く，保水能力や膨潤性が大きい．

Pb^{2+}，Cu^{2+}，Zn^{2+} などの重金属元素からなる陽イオンには，イオン交換能力の著しく大きいものがあるが，これらは特異吸着と呼ばれている．特異吸着は，土のpH依存荷電による．このため，特異吸着はpHが低下すると減少する傾向にある．また，先に述べたpH依存荷電の特徴から，特異吸着はアロフェンなどの非晶質のもので強い．また，金属元素によって吸着量とpHの関係は異なっている．これは破壊原子価のOHからH^+が解離して生じたO^-と重金属が共有結合のような強い結合で結ばれるためと考えられる．Pb^{2+} や Cu^{2+} は特異吸着しやすいが，Cd^{2+} は特異吸着しにくい．Pb^{2+} は酸性領域で吸着されるが，酸性が強くなると吸着性が弱まり，溶け出しやすい．ただし，pHが著しく高くなると溶存量が増大する場合もあるので注意が必要である．

b. 分散 (dispersion) と凝集 (flocculation)

先に述べた拡散2重層が重なり合うと粒子間には斥力が働く．したがって，イオン濃度を高くし，拡散2重層を薄くすると，ファンデルワールス引力が斥力に優り，凝集が起こる．粘土粒子が河川から海に運ばれると，海水のナトリウムイオン濃度が高くなり，引力が優り凝集沈殿が起こるのである．一方，あまり濃くない適当な濃度のナトリウムイオンは斥力を増し，分散を促進する．このため，粒度分析の沈降分析の際に粘土の綿毛化を防ぐ分散材として，苛性ソーダやケイ酸ナトリウムが使われる．凝集剤としては，2価の陽イオンを持つ塩化カルシウムや塩化マグネシウムなどの化合物が用いられる．

c. 粘土の構造

ランダム構造　淡水環境で自然堆積した場合などにできる構造で，反発力が大きく粒子どうしが離れた状態にある．

分散構造　分散構造 (dispersion) が低圧化で圧密を受けたような場合にできる構造で，粒子や粒子の集合体であるペッドがある方向に配向した状態にある．

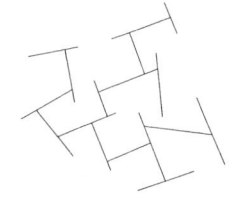

図 2.10　カードハウス構造

2.5 土のコンシステンシー

綿毛構造 (flocculated structure)　海水中などで堆積する際に見られる構造で，粒子や粒子の集合体であるペッドが凝集した状態にある．カードハウス構造 (図 2.10) もこの一種で，変位電荷などによって，粘土鉱物シートの端面は正や負に帯電している．酸性環境下で正の電荷に帯電している端面と負に帯電している層面が結合すると，カードハウス構造が生成される．

2.5　土のコンシステンシー

粘土のような細粒分の多い土に水を加えてゆくと，一定の形を保持できない液体状となる．一方，反対に水分を蒸発させてゆくと体積は減少し，塑性状態，半固体，さらにはそれ以上収縮しない固体となる．このように，土に含まれる水分の量によって変形の仕方や抵抗の異なることを土のコンシステンシー (soil consistency) という．コンシステンシーは土の含水量 (含水比で表す) で表され，アッターベルグ (Atterberg) 限界とも呼ばれるコンシステンシー限界には次のようなものがある．

液性限界 w_L：液体の状態から塑性状態へ移る限界の含水比
塑性限界 w_P：塑性状態 (プラスチックな状態) から半固体へ移る限界の含水比
収縮限界 w_s：これ以上乾燥しても体積が収縮しない半固体から固体へ移る限界の含水比

これらのコンシステンシー限界は定められた試験法による．わが国では JIS A 1205 で定められている．

液性限界 (liquid limit, LL)　黄銅の皿に土試料を入れ，へらで試料を二分する溝を作っておく．含水比を変えて試験を行うが，1 cm の高さから 1 秒間に 2 回の割合で落下させ，この溝が 1.5 cm にわたって合流した時の落下回数と含水比を記録する．落下回数と含水比の関係から液性限界は落下回数 25 回での含水比として求める．

塑性限界 (plastic limit, PL)　塑性状態でよく練返した試料を，すりガラスなどの板の上にとり，手のひらで押さえながらひも状にする．ひもの直径が 3 mm になった時，ひもが切れる状態での含水比を塑性限界と呼ぶ．

収縮限界 (shrinkage limit, SL)　試料を十分炉乾燥させ，その時の体積減少量から求める．

先に述べたように，Na モンモリロナイトは吸水性が高く，液性限界は 700% 以上にもなる．イライトで 75～100%，カオリナイトで 50～70%，ハロイサイトで 50～70% くらいである．

コンシステンシーに関して次のようなパラメータが用いられている．

$$I_P \, (塑性指数) = w_L - w_P \tag{2.18}$$

I_P が大きいものは，可塑性に富む．塑性指数は粘土粒子の界面作用 (水の吸着作用) の大きさを示す指標である．

$$I_L \, (液性指数) = \frac{w - w_P}{I_P} \tag{2.19}$$

100%を超える液性指数を持つ粘土は圧縮性に富み，かつ外乱による強度の低下が著しい．図 2.11 は，コーン貫入試験で求めた液性指数 I_{Lc} と外乱を加え練返した粘土の非排水せん断強度 (C_{ru}) との関係である (c_u については 8 章，p.140 を参照).

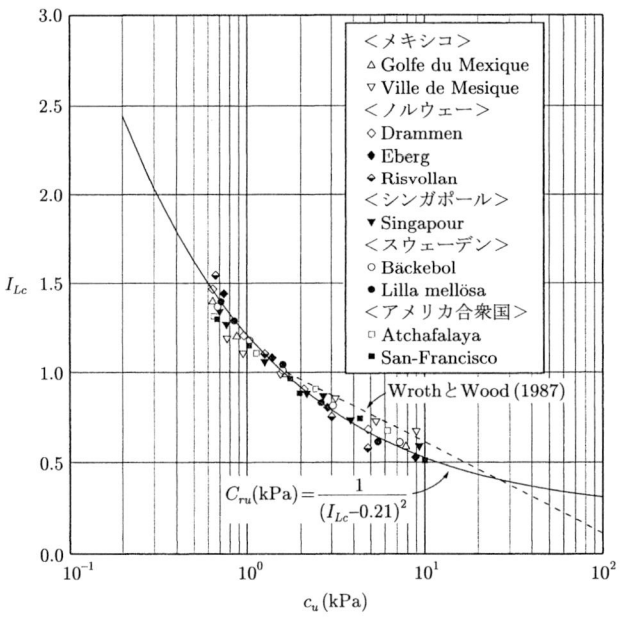

図 2.11 液性指数と練返し強度 (Leroueil et al., 1983に加筆)

液性指数が 1.0 を超えると，強度は非常に小さくなる．レルウェイユ (Leroueil) ら (1983) は，この関係が $C_{ru} = 1/(I_{Lc} - 0.21)^2$ でよく表されることを示している．

撹乱による強度低下を表す指標として次の鋭敏比 S_t が用いられる．鋭敏比は，同一の間隙比を持つ土に対して以下のように定義される．

$$S_t = \frac{乱さない土の強度}{乱した土の強度} \tag{2.20}$$

S_t が 4 を超えると鋭敏な土という.北欧やカナダ東部の粘土の S_t は 20 以上のものが多く,中には 100 を超えるものもある.非常に鋭敏な粘土は,撹乱により液体状になり,クイッククレイ (quick clay) と呼ばれている.海成の鋭敏な粘土は塩分の溶脱 (leaching) によると考えられる.鋭敏比を求めるためには,わが国では一軸圧縮強度が,また欧米ではベーンせん断試験による強度がよく用いられる.

図 2.12 はベーラム (Bjerrum, 1954) によるノルウェーの粘土に対する鋭敏比と液性指数 I_L の関係である.液性指数の大きいものほど鋭敏である.

$$I_c (コンシステンシー指数) = \frac{w_L - w}{I_P} = 1 - I_L \tag{2.21}$$

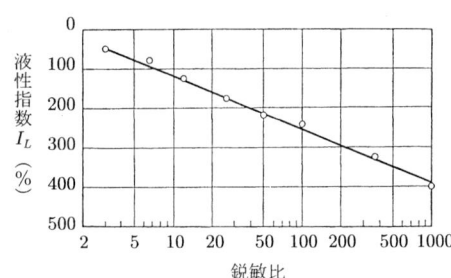

図 2.12 粘土の液性指数と鋭敏比の関係

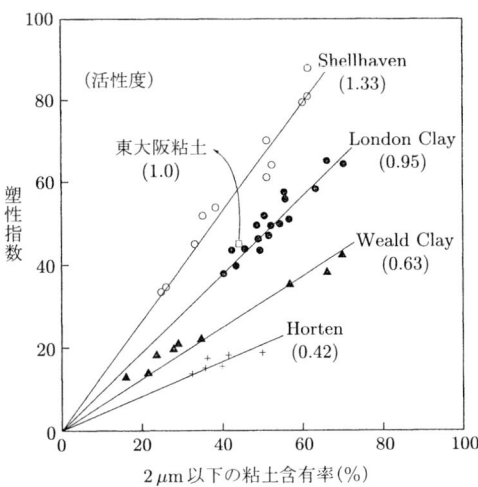

図 2.13 2 μm 以下の粘土含有率と塑性指数の関係 (%)
(Skempton, 1953 に加筆)

図 2.13 は粘土含有量と塑性指数の関係である．粘土含有量の増加とともに塑性指数は増加するが，同じ粘土の含有量に対して塑性指数の大きいものは粘土の活性が高いわけで，このような活性を以下の活性度 A_t で表す．

$$粘土の活性度 \ A_t = \frac{I_P}{2 \mu m \ 以下の細粒分 \ (\%)} \tag{2.22}$$

図 2.14 は軟弱な西大阪粘土の顕微鏡写真である．

粘土は，10～12 m の深さで採取されたもので，塑性指数は 49.9% である．この写真は海底で堆積してできた典型的な綿毛構造を示している．このような構造は微小な化石と粘土鉱物からできている．間隙の壁は間隙の大きさに比べて薄い．

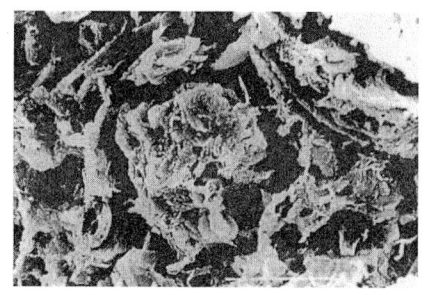

図 2.14　西大阪粘土の顕微鏡写真

2.6　地盤材料の工学的な分類

土材料に岩石材料を含めた地盤材料の分類のために，粒度，組成やコンシステンシーを指標として，類似の挙動を示す材料のグループ分けを行っておく．このような分類がされていると，土木建設技術者は手にした地盤材料をその組成からみて，類似の組成や性質を持つグループを判断することにより，対象とする地盤材料の工学的な特徴をつかむことができる．

a. 土の統一分類法

土の統一分類法はカサグランデ (Casagrande, 1948) によって，アメリカで最初に作成されたが，わが国でも，わが国に適した形で改良され，分類法が定められている．

図 2.15, 2.16 は土材料の工学的分類体系であり，図 2.17 は分類用の三角座標である．現在の分類では，岩石材料も分類に含められているが，75 mm 以上の石分の粒度分析に関しては，規定がない．

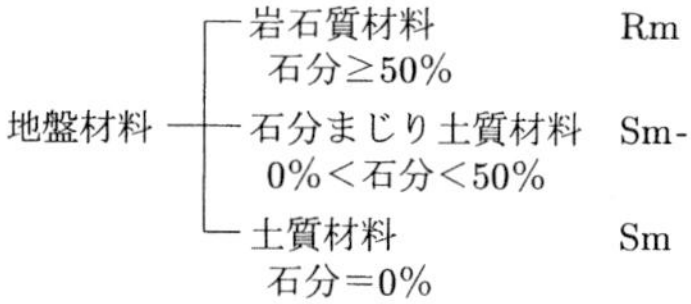

地盤材料 ─┬─ 岩石質材料　　　　　　Rm
　　　　　│　　石分 ≧ 50%
　　　　　├─ 石分まじり土質材料　　Sm-R
　　　　　│　　0% < 石分 < 50%
　　　　　└─ 土質材料　　　　　　　Sm
　　　　　　　　石分 = 0%

注：含有率%は地盤材料に対する質量百分率

図 2.15　地盤材料の工学的分類体系[18]

2.6 地盤材料の工学的な分類

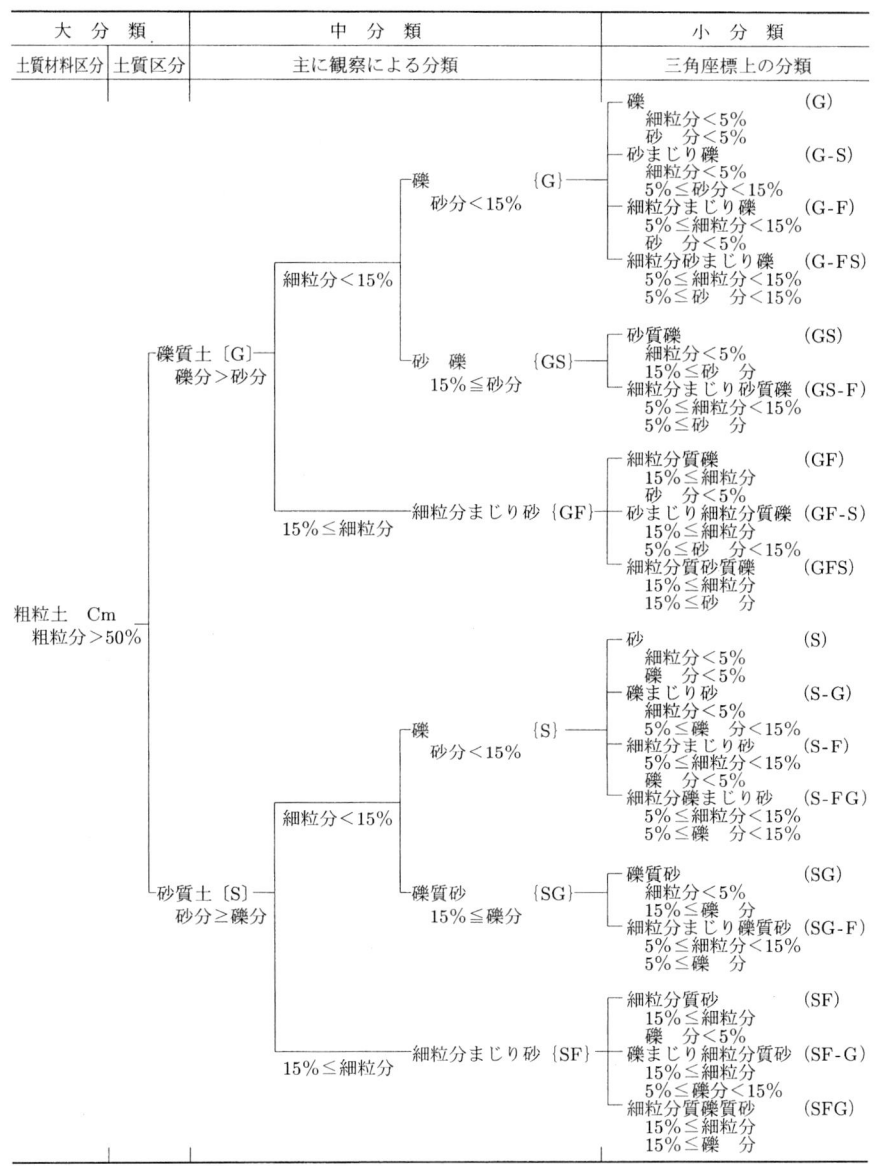

注：含有率％は土質材料に対する質量百分率

(a) 粗粒土の工学的分類体系

図 2.16 (a)　土質材料の工学的分類体系[18]

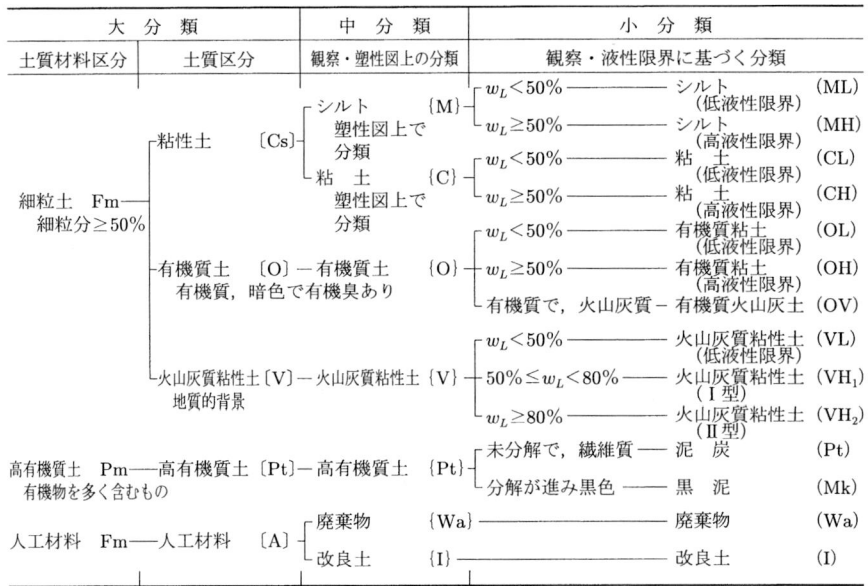

(b) 主に細粒土の工学的分類体系

図 2.16 (b) 土質材料の工学的分類体系[18]

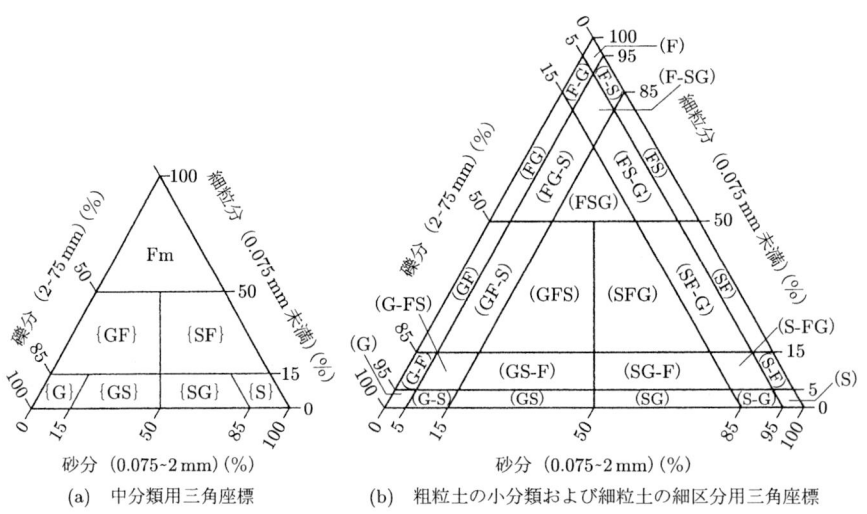

(a) 中分類用三角座標　　(b) 粗粒土の小分類および細粒土の細区分用三角座標

図 2.17 三角座標

2.6 地盤材料の工学的な分類

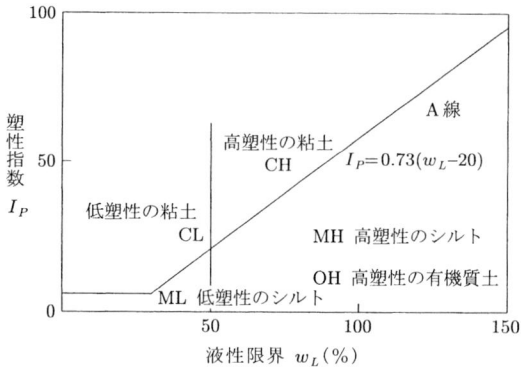

図 2.18 塑性図

細粒土の分類には塑性図 (図 2.18) が用いられている.
塑性図における A 線は次式で表される.

$$I_P = 0.73(w_L - 20) \tag{2.23}$$

この A 線より上方の土は界面作用の大きい無機質粘性土を, 下方の土は界面作用の乏しい無機質シルトや有機質の粘土およびシルトを表す.

細粒分の中で, 火山灰質粘性土と有機質土は特殊土と呼ばれ, 地盤工学的な問題を抱えている. 火山灰質土は火山からの放出物が堆積したもので, 北海道, 東北, 関東, 中部, 九州地方などに広く分布している. 火山灰土は比重が軽く, 破砕性に富む. 関東平野に分布する火山灰質粘性土はロームと呼ばれ, ほぼ同じ量の粘土, シルトと砂で構成されている. しらすは南九州に分布する火山噴出物 (一次しらす) とその二次堆積物 (二次しらす) であり, 固結状態では大きな強度を発揮するが, 乱れによる強度低下が大きい. 有機質土は葦などの植物やその腐食物からなる土や植物の根などの総称で, 一般に圧縮性と含水比が高い. 泥炭 (ピート) なども有機質土である.

■文 献

1) Russell, R. and Taylor, R.：Roundness and shape of Mississippi river sand, *J. Geol.*, **45** (3), 1937.
2) Müller, G.：Method of sedimentary petrology, Hafner, pp.100-101, 1967.
3) Kanatani, K.：Distribution of directional data and fabric tensor, *Int. J. Engng., Sci.*, **22** (2), 1984.
4) Oda, M.：Mechanics of Granular Materials, Oda, M. and Iwashita, K. eds., p.27, Balkema, 1999.

5) 佐竹正雄：連続体の力学序説, 彰国社, 2000.
6) 岩田進午：「土」を科学する, NHK 市民大学, 日本放送出版協会, 1988.
7) Leroueil, S., Tavenas, F., Le Bihan, J.P.：Propeiésté caractéristiques des argiles de l'est du Canada, *Can. Geotech. J.* **20** (4), pp.681-705, 1983.
8) Bjerrum, L.：Geotechnical properties of Norwegian marine clays, *Géotechnique*, **4** (2), pp.49-69, 1954.
9) Casagrande, A.C.：Classification and identification of soils, *Transactions of the ASCE*, **113**, pp.901-930, 1948.
10) 白水晴雄：粘土鉱物学, 朝倉書店, 1993.
11) Skempton, A.W.：The colloidal activity of clays, Proc. 3rd Int. Conf. on Soil Mechanics and Foundation Engineering, **1**, pp.57-61, 1953.
12) Lambe, T.W. and Whitman, R.V.：Soil Mechanics, John Wiley & Sons., 1969.
13) 赤井浩一：土質力学 (訂正版), 朝倉書店, 1980.
14) 鶴巻道二：第3章 地下水の形成 (地下水問題研究会編：地下水汚染論), 共立出版, 1994.
15) 岩田進午：第4章 地中での物質移動に関係する物理化学的作用 (地下水問題研究会編：地下水汚染論), 共立出版, 1994.
16) 山口柏樹：土質力学 (第3版), 技報堂, 1985.
17) 土質工学会：粘土の不思議, 土質工学会, 1986.
18) 地盤工学会編：地盤工学ハンドブック, 地盤工学会, 1999.
19) 地盤工学会編：土質試験の方法と解説 (第一回改訂版), 地盤工学会, 2000.
20) Mitchell, J.K.：Fundamentals of Soil behavior, John Wiley & Sons., 1976.
21) Bolt, G.H. and Bruggenwert, M.G.M.：Soil Chemistry, Elsevier Sci. Pub., (岩田進午他訳：土壌の化学, 学会出版センター, 1980), 1976.
22) Locat, J., Tremblay, H., Leroueil, S., Tanaka, H. and Oka, F.：Japan and Quebec clays: Their nature and related environmental issues, Proc. 2nd Int. Congr. on Environmental Geotechnics, Kamon, M., ed., pp.127-132, 1996.

3 応力,ひずみと力の釣合い

　地盤を構成する土粒子の数は非常に多いので,土質力学では地盤を連続体近似することが多い.ここでは,地盤を連続体としてモデル化する際の基礎事項として,応力,ひずみや力の釣合いについて述べる.応力の概念を用いることは,地盤を連続体近似するためだけでなく,8章で述べる物体間の摩擦が接触面積に依存しないこととよく整合している.力とは基本的には物体間の相互作用であって,1つの物体のみでは意味をなさないが,力学では,1つの物体に注目した場合,他の物体からの作用を外力として取り扱う.

3.1 座標系と運動

　はじめに解析的な取り扱いのため,座標系と運動について整理しておく.
　物質の運動は物質粒子 (X_i, $i=1,2,3$) が時刻 t で占める位置 x_i を決定することにより記述される.つまり,x_i は t と X_i の関数として次のように表現される.

$$x_i = \hat{x}_i(X_i, t)$$

X_i は $t=0$ での位置座標とすることができる.本書では,座標系として正規直交座標系 (図 3.1(a)) を用いる.正規直交座標系は,$(o, \tilde{e}_1, \tilde{e}_2, \tilde{e}_3)$ と表すことができる.o は原点,$\tilde{e}_i$ は大きさ 1 の互いに直交するベクトルである.座標系の方向は,特に理由がなければ力の働く方向に設定するのが自然である.速度ベクトルの成分 v_i は次のように表される.

$$v_i = \frac{\partial x_i(X_i, t)}{\partial t}$$

連続体力学においては,X_i を独立変数として物理量を記述する方法を物質表示,また,x_i を独立変数とする方法を空間表示と呼ぶ.
　加速度ベクトルの成分 a_i の定義を物質表示と空間表示で示すと,

物質表示では $a_i = \dfrac{\partial v_i(X_j, t)}{\partial t}$, 空間表示では $a_i = \dfrac{\partial v_i(x_j, t)}{\partial t} + v_k \dfrac{\partial v_i(x_j, t)}{\partial x_k}$

となる.ただし,上式では k に関しては 1 から 3 までの総和をとるものとする.

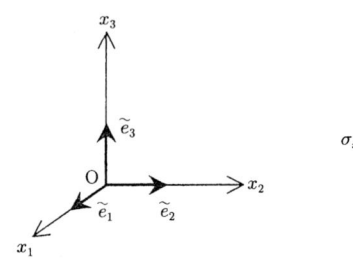

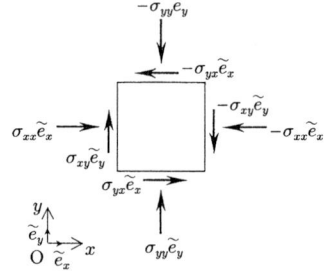

(a) 正規直交座標系　　(b) 土質力学での応力ベクトルと応力テンソル

図 3.1　座標系と応力テンソル

3.2　物体力と表面力

物体に作用する力には，物体力 (body force) と表面力 (接触力) の 2 種類がある．物体力は物体の質量に対して働き，遠隔から作用する力である．重力は物体力の 1 つである．一方，表面力は物体の面を通して作用する力である．

図 3.2 のような物体の断面を考える．位置 $\widetilde{x}$ の点 P を通る微小平面要素を ds とすると，単位面積当たりの接触力を $\widetilde{T}$ として，I 側から II 側へ作用する力は

$$\widetilde{T}(\widetilde{x},\ t,\ \widetilde{n})ds$$

と表せる．一方，II 側から I 側へ作用する力は大きさが同じで，方向が反対であり

$$\widetilde{T}(\widetilde{x},\ t,\ -\widetilde{n})ds = -\widetilde{T}(\widetilde{x},\ t,\ \widetilde{n})ds \tag{3.1}$$

となる．ここで，$\widetilde{n}$ は面の単位法線ベクトルである．ここで図 3.3 のような連続体

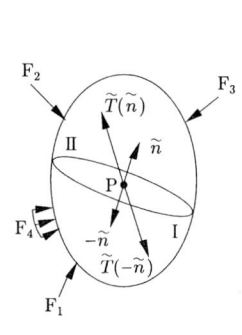

図 3.2　応力ベクトル　　　　　　　　　　　図 3.3

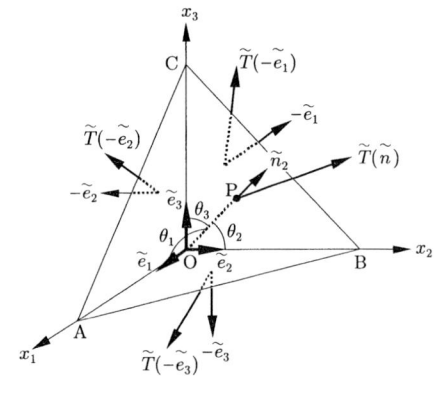

3.2 物体力と表面力

が接触力と物体力で釣合っている状態を考える．単位断面積当たりの接触力のベクトルを応力ベクトルと呼ぶ．連続体中の四面体の力の釣合いを考えよう．

ΔABC の面積を ΔS, ΔOBC の面積を ΔS_1, ΔOCA の面積を ΔS_2, ΔOAB の面積を ΔS_3 とすると，

$$\Delta S_i = \Delta S n_i, \quad \widetilde{n} = (n_1, n_2, n_3) \tag{3.2}$$

なぜなら，点 P を O から下ろした垂線と ΔABC との交点とし，$\overline{\text{OP}} = h$ とすると，四面体の体積は $\Delta S h/3$ だから，

$$\Delta S h = \Delta S_1 \overline{\text{AO}} = \Delta S_2 \overline{\text{BO}} = \Delta S_3 \overline{\text{CO}}$$

これより，

$$\frac{\Delta S_1}{\Delta S} = \frac{h}{\overline{\text{AO}}} = \cos\theta_1 \equiv n_1$$

となる．ここで，n_i は方向余弦 $\cos\theta_i$ である．

図 3.3 の力の釣合いより，

$$\widetilde{T}(\widetilde{n})\Delta S + \widetilde{T}(-\widetilde{e}_1)\Delta S_1 + \widetilde{T}(-\widetilde{e}_2)\Delta S_2 + \widetilde{T}(-\widetilde{e}_3)\Delta S_3 + \Delta S h \frac{\widetilde{F}-\widetilde{a}}{3} = 0 \tag{3.3}$$

$\widetilde{F}$ は重力などの物体力，$\widetilde{a}$ は慣性力とする．式 (3.3) で $h \to 0$ の極限を考えると，

$$\widetilde{T}(\widetilde{n}) + \widetilde{T}(-\widetilde{e}_1)n_1 + \widetilde{T}(-\widetilde{e}_2)n_2 + \widetilde{T}(-\widetilde{e}_3)n_3 = 0 \tag{3.4}$$

書き換えると，

$$\widetilde{T}(\widetilde{n}) + \sum_{i=1}^{3} \widetilde{T}(-\widetilde{e}_i)n_i = 0 \tag{3.5}$$

次に，

$$\widetilde{n} = \sum_{k=1}^{3} n_k \widetilde{e}_k \tag{3.6}$$

と表されるから，

$$\widetilde{T}(n_k \widetilde{e}_k) = -n_k \widetilde{T}(-\widetilde{e}_k) = n_k \widetilde{T}(\widetilde{e}_k) \tag{3.7}$$

ここでは，アインシュタインの総和規約に従い総和記号を省いた．アインシュタインの総和規約では総和記号なしで，同じ項に出てくる同じ指標について 1 から 3 まで総和をとる．たとえば，次のように表現することができる：$\sum_{k=1}^{3} n_k \widetilde{e}_k = n_k \widetilde{e}_k$.

応力ベクトルを

$$\widetilde{T}(\widetilde{e}_m) \equiv \sum_{k=1}^{3} \sigma_{mk} \widetilde{e}_k \tag{3.8}$$

と定義すると，式 (3.7), (3.8) より，次のコーシー (Cauchy) の応力ベクトルに関する基本定理が得られる．

$$\widetilde{T}(\widetilde{n}) = \sum_{m,k=1}^{3} \sigma_{mk} \widetilde{e}_k n_m \tag{3.9}$$

式 (3.9) の σ_{mk} は応力テンソルと呼ばれる．$\widetilde{T}$ の第 k 成分は $T_k = \sigma_{mk} n_m$ である．つまり，σ_{mk} は x_m 軸に垂直な面に働く x_k 方向の応力ベクトルの成分を表す．

後で述べるように，偶力などを考えない場合，応力テンソルはモーメントの釣合いから，対称となる．つまり，

$$\sigma_{ij} = \sigma_{ji}$$

力学的には，座標系を設定した場合，応力を作用させた場合に物質点が移動する方向と座標方向が一致する応力ベクトルの方向を正とするのが自然なので，引張り応力を正とするが，土の引張り強度は小さいため，土質力学では伝統的に圧縮応力を正とするのが慣用である．したがって，土質力学では，応用ベクトルの正の方向を図 3.1 (b) のようにとるが，連続体力学では，図 3.4 (a) のようになる．図中の $\sigma_{xx} \widetilde{e}_x$ は x 軸に垂直な x 方向の矢線ベクトルを表す．一方，その反対の面に働く x 方向のベクトル $-\sigma_{xx} \widetilde{e}_x$ に負の符号 − がついているのは，その面の単位法線ベクトル $(-1, 0)$ の符号によることに注意しよう．

3.3　座標系の回転に対する応力テンソルの変換

ここでは，2次元問題を例に座標系の変換による応力テンソルの変換則を求めてみよう．図 3.4 (a),(b) のような応力ベクトルの書き方にならって，座標系が θ だけ回転した場合の単位エレメントに作用する応力成分を書き表す．

ベクトル $\widetilde{z}$ の x 系での成分を (x, y)，基底ベクトルを $\widetilde{e}_i$ とし，回転後の座標系 x' 系での成分を (x', y')，その基底ベクトルを $\widetilde{e}'_i$ とする．

図 3.4 (c) から，紙面直角方向に関する座標系の回転による成分の変化は式 (3.10) で表すことができる．

$$x' = x\cos\theta + y\sin\theta, \quad y' = -x\sin\theta + y\cos\theta \tag{3.10}$$

$x_1 = x$, $x_2 = y$ とおくと，

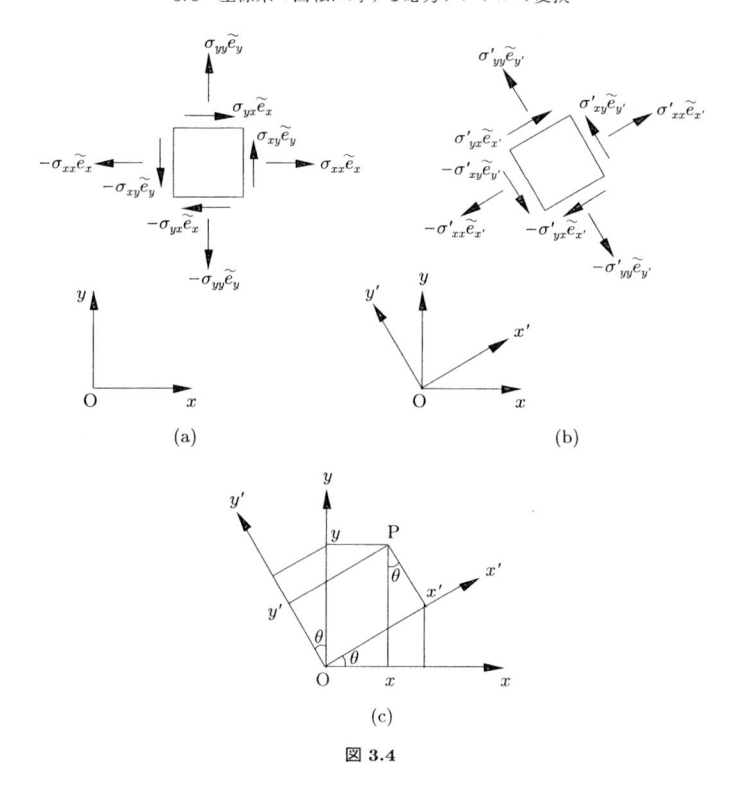

3.3 座標系の回転に対する応力テンソルの変換

図 3.4

$$x_i \widetilde{e}_i = x'_i \widetilde{e}'_i \tag{3.11}$$

$$\widetilde{e}'_i \cdot \widetilde{e}_j = Q_{ij} \tag{3.12}$$

ここで, $(\cdot)$ はベクトルの内積を表す.

$$\widetilde{e}_i \cdot \widetilde{e}_j = \delta_{ij} \text{ を考慮すると,} \quad x'_i = Q_{ij} x_j \tag{3.13}$$

Q_{ij} を $[Q]$ と行列表示すると,

$$[Q] = \begin{bmatrix} \cos\theta & \sin\theta \\ -\sin\theta & \cos\theta \end{bmatrix} \tag{3.14}$$

$[Q]$ は次のような性質を持つ直交行列である.

$$[Q]^{-1} = [Q]^T, \quad [Q][Q]^T = [I] \tag{3.15}$$

ここで, $[I]$ は単位行列, $[Q]^T$ は転置行列, $[Q]^{-1}$ は逆行列である.

応力は対称テンソルだから，応力テンソルを $[\sigma]$ と行列表示すると，

$$[\sigma'] = [Q][\sigma][Q]^T \quad (\sigma'_{ij} = Q_{ik}\sigma_{km}Q_{mj}) \tag{3.16}$$

2次元で書き直すと，

$$\begin{bmatrix} \sigma'_{xx} & \sigma'_{xy} \\ \sigma'_{yx} & \sigma'_{yy} \end{bmatrix} = \begin{bmatrix} \cos\theta & \sin\theta \\ -\sin\theta & \cos\theta \end{bmatrix} \begin{bmatrix} \sigma_{xx} & \sigma_{xy} \\ \sigma_{yx} & \sigma_{yy} \end{bmatrix} \begin{bmatrix} \cos\theta & -\sin\theta \\ \sin\theta & \cos\theta \end{bmatrix} \tag{3.17}$$

したがって，各応力テンソルの成分は次のようになる．

$$\begin{aligned}
\sigma'_{xx} &= \sigma_{xy}\sin 2\theta + \frac{(1+\cos 2\theta)\sigma_{xx}}{2} + \frac{(1-\cos 2\theta)\sigma_{yy}}{2} \\
&= \sigma_{xy}\sin 2\theta + \frac{\sigma_{xx}+\sigma_{yy}}{2} + \frac{(\sigma_{xx}-\sigma_{yy})\cos 2\theta}{2}
\end{aligned} \tag{3.18}$$

$$\sigma'_{yy} = -\sigma_{xy}\sin 2\theta + \frac{\sigma_{xx}+\sigma_{yy}}{2} - \frac{(\sigma_{xx}-\sigma_{yy})\cos 2\theta}{2} \tag{3.19}$$

$$\sigma'_{xy} = \sigma_{xy}\cos 2\theta - \frac{(\sigma_{xx}-\sigma_{yy})\sin 2\theta}{2} \tag{3.20}$$

式 (3.18) と式 (3.20) から，

$$\left(\sigma'_{xx} - \frac{\sigma_{xx}+\sigma_{yy}}{2}\right)^2 + \sigma'^2_{xy} = \left(\frac{\sigma_{xx}-\sigma_{yy}}{2}\right)^2 + \sigma^2_{xy} \tag{3.21}$$

σ'_{yy} に対しても，同様な式が成り立つ．そこで，$\sigma'_{xx}, \sigma'_{yy}$ を σ，$\sigma'_{xy}, \sigma'_{yx}$ を τ とおくと，

$$\left(\sigma - \frac{\sigma_{xx}+\sigma_{yy}}{2}\right)^2 + \tau^2 = \left(\frac{\sigma_{xx}-\sigma_{yy}}{2}\right)^2 + \sigma^2_{xy} \tag{3.22}$$

この式 (3.22) は，(σ, τ) 空間で $((\sigma_{xx}+\sigma_{yy})/2, 0)$ を中心とする半径 $\sqrt{(\frac{\sigma_{xx}-\sigma_{yy}}{2})^2 + \sigma^2_{xy}}$ の円となる．これがドイツのオットー・モール (Otto Mohr, 1835〜1918) によるモールの円である．

3.4 土質力学における応力ベクトルの符号とモールの応力円

力のベクトルの符号は，物質に力を作用させた時，物質点が移動する方向を座標の正の方向とするのが自然である．したがって，引張り力を正とするのが自然である．しかしながら，土質材料は通常引張り強度が小さいため，圧縮力を正とすることが慣用とされている．

3.4 土質力学における応力ベクトルの符号とモールの応力円　　　33

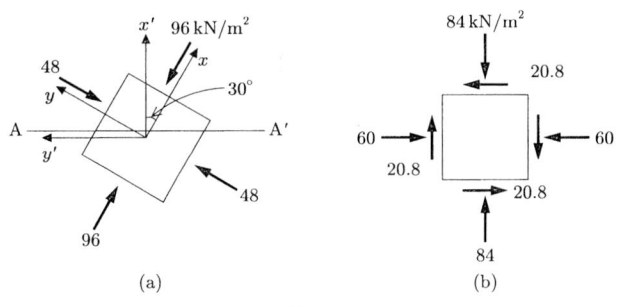

図 3.5

応力に関する符号の付け方を図 3.1 (b) に示す.

図 3.5 (a) に示す単位要素の A–A′ 面における力を求めてみよう. 図 3.5 (a) より, 座標系を導入すると, $\sigma_{xx} = 96$ kN/m^2, $\sigma_{yy} = 48$ kN/m^2 だから, 座標 x'–y' 系での応力テンソルは, 式 (3.18), (3.19), (3.20) より,

$$\sigma'_{xx} = \frac{96+48}{2} + \frac{(96-48)\cos 60°}{2} = 84 \text{ kN/m}^2$$

$$\sigma'_{yy} = \frac{96+48}{2} - \frac{(96-48)\cos 60°}{2} = 60 \text{ kN/m}^2$$

$$\sigma'_{xy} = -\frac{(96-48)\sin 60°}{2} = -20.8 \text{ kN/m}^2$$

A–A′ 面に働く応力ベクトルは,

$$T(\widetilde{e}'_x) = 84 \times (-\widetilde{e}'_x) + (-20.8) \times (-\widetilde{e}'_y)$$

となる. 図示すると, 図 3.5 (b) のように表される.

次にモールの応力円を描こう. 描くに当たって, 次のような約束をする.
① σ 軸の右側で圧縮応力 (正) を表す.
② τ が反時計回りのモーメントを起こすせん断力の組を正とする.
③ 物体の材料要素として θ だけ回転した要素を考えると, その要素の応力状態はモールの円上では 2θ だけ同じ方向へ回転した点で表される.

図示すると, 図 3.6 のようになる.

さらに, 用極法の極 (pole) を示しておこう. この方法は計算式によらずせん断応力の方向などがチェックできるため, ぜひ覚えておきたい方法である.

図 3.7 のような応力状態の場合, 極は Q 点であって, P 点は y 軸から反時計方向に θ だけ回転した面 C–E 上の応力状態を示している.

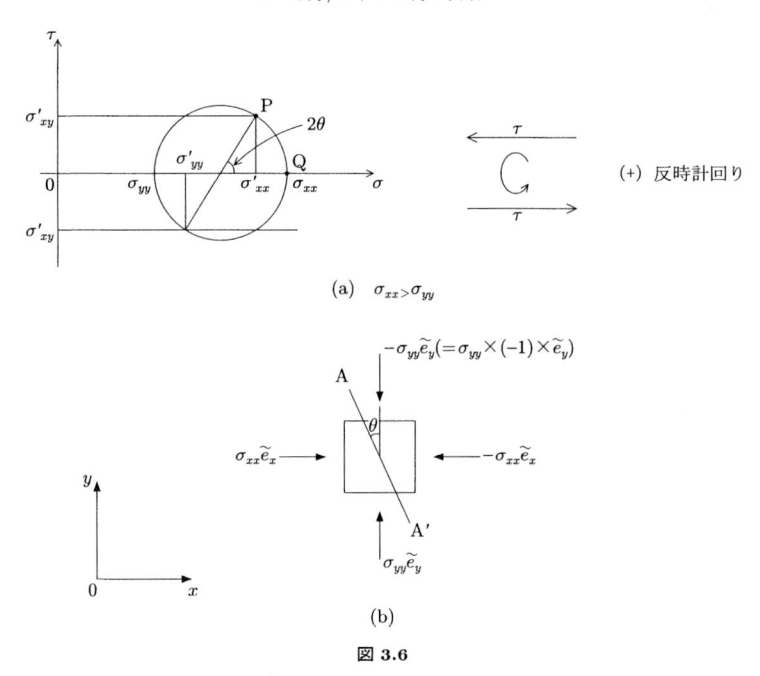

(a) $\sigma_{xx} > \sigma_{yy}$

(b)

図 3.6

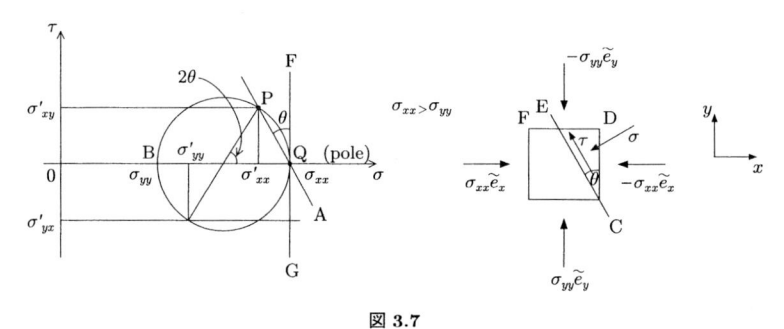

図 3.7

　極の求め方は次の通りである．点 Q の応力 σ_{xx} の働く面 CD と平行な，Q を通る線 FG を引く．この線とモールの円との交点 Q が極となる．同様に，点 B の応力 σ_{yy} の働く面 FD と平行な，点 B を通る直線を引いて，モールの円との交点を求めると，同じく Q 点となる．この方法によれば，簡単に任意の面上のせん断力の方向を知ることができる．極と円周角との関係を付録 (p.303 参照) に示す．

3.5 力の釣合いと線形運動量の保存則

連続体の線形運動量の保存則とは "ある領域 R ($=v$ (領域)$+s$ (境界面)) を占めている物体の線形運動量の変化はその領域を占める物体に働く力 (表面力と物体力) に比例する" ことである. 式示すると,

$$\frac{D}{Dt}\int_v \rho v_i dv = \int_s T_i ds + \int_v \rho b_i dv \tag{3.23}$$

ここで, $\frac{D}{Dt}$ は物質導関数を, v_i は速度ベクトルの成分, T_i は応力ベクトル, b_i は物体力, ρ は質量密度である.

左辺は運動量の時間的変化を表し, 右辺第1項は表面力を, 第2項は物体力を表す.

コーシーの定理 (式 (3.9), $T_i = \sigma_{ji} n_j$) を用い, ガウスの定理 (たとえば岡, 1995, 付録3) によって面積積分を体積積分に書き直し, 質量保存則を考慮すると (一相系の場合の式 (3.67) や, 岡, 1995, 付録4など),

$$\int_v \left(\rho f_i - \rho b_i - \frac{\partial \sigma_{ji}}{\partial x_j} \right) dv = 0 \tag{3.24}$$

ここで, $f_i = Dv_i/Dt$ は加速度項である.

局所的に式 (3.24) が成り立つとすると,

$$\frac{\partial \sigma_{ji}}{\partial x_j} + \rho b_i = \rho f_i \tag{3.25}$$

加速度項が無視できる静的な場合, 式 (3.25) は釣合い式と呼ばれる.

2次元の場合, $x_1 \to x$, $x_2 \to y$ として, x, y 成分で表示すると, 次のようになる.

$$\frac{\partial \sigma_{xx}}{\partial x} + \frac{\partial \sigma_{yx}}{\partial y} + \rho b_x = 0, \quad \frac{\partial \sigma_{xy}}{\partial x} + \frac{\partial \sigma_{yy}}{\partial y} + \rho b_y = 0 \tag{3.26}$$

ここで, b_x, b_y は物体力の成分である.

3.6 角運動量の保存則と応力テンソルの対称性

角運動量の保存則より, 角運動量の変化率がゼロであれば, モーメントの和もゼロにならなければならない. つまり, この立方体に働く応力ベクトル, 物体力と慣性力のモーメントは釣合っているから,

$$\int_s \tilde{r} \times \tilde{T}(\tilde{n}) ds + \int_v \tilde{r} \times \rho(\tilde{b}) dv - \frac{D}{Dt} \int_v \tilde{r} \times \rho \tilde{v} dv + \int_s \tilde{M} ds = 0 \quad (3.27)$$

となる.

ここで, × はベクトルの外積, $\tilde{T}(\tilde{n})$ は応力ベクトル, $\tilde{b}$ は物体力ベクトル, $\tilde{f}$ は慣性力ベクトル, $\tilde{r}$ は点の位置ベクトル, $\tilde{M}$ は偶応力ベクトルを表す. 偶応力 (couple stress) はモーメント応力とも呼ばれ, 砂のように粒子の回転の自由度を持つ材料のモデル化では無視できない場合もある.

成分で表すと,

$$\int_s \epsilon_{ijk} x_j T_k ds + \int_v \epsilon_{ijk} x_j \rho b_k dv - \int_v \epsilon_{ijk} x_j \rho f_k dv + \int_s M_i ds = 0 \quad (3.28)$$

ここで, ϵ_{ijk} は交代記号である. また $\epsilon_{ijk} v_i v_k = 0$ と質量保存則を用いた.

ここで, コーシーの定理とガウスの発散定理を用いると,

$$\int_s \epsilon_{ijk} T_k x_j ds = \int_s \epsilon_{ijk} x_j \sigma_{mk} n_m ds = \int_v \epsilon_{ijk} \left(x_j \frac{\partial \sigma_{mk}}{\partial x_m} + \sigma_{jk} \right) dv \quad (3.29)$$

となるから, 偶応力に関しても, 応力ベクトルに関するコーシーの定理に相当するものが成り立つ ($M_i = \mu_{ji} n_j$, μ_{ji} は偶応力テンソル) ことを考慮すると, 式 (3.28) は,

$$\int_v \epsilon_{ijk} \left[x_j \left(\frac{\partial \sigma_{mk}}{\partial x_m} + \rho b_k - \rho f_k \right) \right] dv + \int_v \epsilon_{ijk} \sigma_{jk} + \frac{\partial \mu_{ji}}{\partial x_j} dv = 0 \quad (3.30)$$

式 (3.25) より, 式 (3.30) の第 1 項はゼロ. したがって,

$$\int_v \epsilon_{ijk} \sigma_{jk} dv + \int_v \frac{\partial \mu_{ji}}{\partial x_j} dv = 0 \quad (3.31)$$

応力分布が連続であるとすると, 式 (3.31) が局所的に成り立つ条件は,

$$\epsilon_{ijk} \sigma_{jk} + \frac{\partial \mu_{ji}}{\partial x_j} = 0 \quad (3.32)$$

ここで, 偶応力ベクトルすなわち, 偶応力テンソル (μ_{ji}) がゼロとすると, $i = 1$ の時, $\epsilon_{123} \sigma_{23} + \epsilon_{132} \sigma_{32} = \sigma_{23} - \sigma_{32} = 0$ であり, $i = 2, 3$ の場合も同様だから,

$$\sigma_{ij} = \sigma_{ji} \quad (3.33)$$

でなければならない. よって, 応力テンソルは対称となる.

3.7 主応力成分と応力テンソルの不変量

一般に 3.3 節の図 3.4 のような応力状態を考える．このような状態で座標軸を回転させれば，その座標系に関して，応力ベクトルと面の法線ベクトルが一致する方向を見つけることができる．この時応力ベクトル (T_i) はその面の法線ベクトル (n_i) に平行となる．この時の応力ベクトルの大きさを σ とすると，次式が成り立つ．

$$T_i = \sigma_{ji}n_j = \sigma n_i \tag{3.34}$$

応力の対称性と $\delta_{ij}n_j = n_i$ だから，

$$(\sigma_{ij} - \sigma\delta_{ij})n_j = 0 \tag{3.35}$$

式 (3.35) が $n_j \neq 0$ で有意な解を持つためには，次式が成り立つ必要がある．

$$\det|\sigma_{ij} - \sigma\delta_{ij}| = 0 \tag{3.36}$$

式 (3.36) は応力テンソルの固有方程式となっているが，応力テンソルは対称だから，式 (3.36) は 3 つの実根 (実固有値) を持つ．この 3 つの固有値 ($\sigma_1, \sigma_2, \sigma_3$) を主応力 (応力テンソルの主軸) と呼ぶ．また，その方向 (式 (3.35) を満たす n_i の方向) を主応力方向 (応力テンソルの主軸の方向) と呼ぶ．

式 (3.36) を書き下すと，

$$\sigma^3 - I_1\sigma^2 + I_2\sigma - I_3 = 0 \tag{3.37}$$

$$I_1 = \sigma_{11} + \sigma_{22} + \sigma_{33} \tag{3.38}$$

$$I_2 = \sigma_{11}\sigma_{22} + \sigma_{22}\sigma_{33} + \sigma_{33}\sigma_{11} - (\sigma_{12}^2 + \sigma_{23}^2 + \sigma_{31}^2) \tag{3.39}$$

$$I_3 = \sigma_{11}\sigma_{22}\sigma_{33} + 2\sigma_{12}\sigma_{23}\sigma_{31} - (\sigma_{11}\sigma_{23}^2 + \sigma_{22}\sigma_{31}^2 + \sigma_{33}\sigma_{12}^2) \tag{3.40}$$

応力テンソルと平均応力 σ_m との差で定義されるテンソルを偏差応力テンソル (s_{ij}) と呼ぶ．

$$s_{ij} = \sigma_{ij} - \sigma_m\delta_{ij}, \quad \sigma_m = \frac{\sigma_{11} + \sigma_{22} + \sigma_{33}}{3} \tag{3.41}$$

偏差応力テンソルに対しても同様に 3 つの不変量 (J_1, J_2, J_3) が存在するが，第一不変量は 0 となる．

$$J_1 = 0, \quad J_2 = \frac{1}{2}s_{ij}s_{ij}, \quad J_3 = \frac{1}{3}s_{ij}s_{jk}s_{ki} \tag{3.42}$$

主応力を求める際の座標系の回転角は，式 (3.20) で，$\sigma'_{xy} = 0$ とおいて求められる．

$$\tan 2\theta = \frac{2\sigma_{xy}}{\sigma_{xx} - \sigma_{yy}} \tag{3.43}$$

θ は元の座標系に対して，主応力方向と一致する新たな座標系との間の回転角である．

例 次のような応力テンソルの成分が点 P で与えられている時，主応力とその方向を示せ．

$$[\sigma_{ij}] = \begin{pmatrix} 4 & 1 & 1 \\ 1 & 2 & 1 \\ 1 & 1 & 2 \end{pmatrix}$$

主応力を σ として，

$$\det \begin{bmatrix} 4-\sigma & 1 & 1 \\ 1 & 2-\sigma & 1 \\ 1 & 1 & 2-\sigma \end{bmatrix} = 0$$

より，

$$(2-\sigma)^2(4-\sigma) + 2 - (4-\sigma) - 2(2-\sigma) = 0$$

したがって，主応力は，$\sigma_1 = 5, \sigma_2 = 2, \sigma_3 = 1$．

$\sigma_1 = 5$ に対応する主応力方向は式 (3.35) から，主方向ベクトルの成分を $n_i = (n_1, n_2, n_3)$ として，

$$-n_1 + n_2 + n_3 = 0, \quad n_1 - 3n_2 + n_3 = 0, \quad n_1 + n_2 - 3n_3 = 0$$

したがって，$n_1 : n_2 : n_3 = 2 : 1 : 1$．

同様にして，$\sigma_2 = 2$ に対応する主応力方向は，

$$2n_1 + n_2 + n_3 = 0, \quad n_1 + n_3 = 0, \quad n_1 + n_2 = 0$$

より，$n_1 : n_2 : n_3 = -1 : 1 : 1$．

$\sigma_3 = 1$ に対応する主応力方向は

$$3n_1 + n_2 + n_3 = 0, \quad n_1 + n_2 + n_3 = 0$$

だから，$n_1 : n_2 : n_3 = 0 : 1 : -1$．

地盤の単位体積重量を $\gamma = \rho g$，ρ を質量密度，g を重力加速度とする．水平に堆積した地面の深さ y での垂直応力は，重力の作用方向，すなわち鉛直方向に座標 y を設定すると，圧縮正を考慮して，式 (3.25) より，

$$-\frac{\partial \sigma_{yy}}{\partial y} + \rho g = 0$$

ここで，地表面を $y = 0$ とおき，積分すると $\sigma_{yy} = \gamma y$ となる．

3.8 ひずみ

物体に力が働くと，物体は位置および形を変え運動する．運動は形を変えない剛体運動と変形を伴う運動とに分けられる．変形は形の変化であり，形の変化は"ひずみ"と呼ばれる．ここでは変形の大きさを客観的に表現することを考え，形の変化を客観的に表す量としてひずみを定義しよう．

ひずみは物体の中の単位線素が変形後どのように変化したのかを調べることによって表現することができる．

図 3.8 に示すように，変形前に物体の点 P が変形後の物体中の点 P′ に移ったとしよう．この時点 P とその近傍の点 Q との距離，点 P′ とその近傍の点 Q′ との距離を比較してみよう．

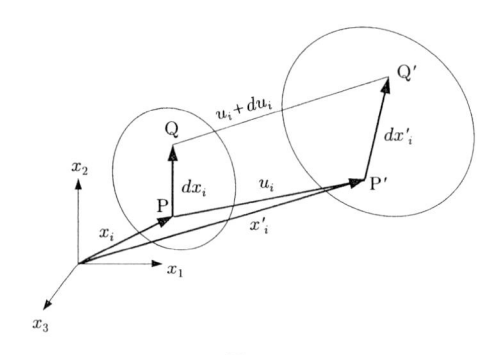

図 3.8

点 P とその近傍の点 Q との距離 dS は

$$dS^2 = dx_a dx_a \tag{3.44}$$

ここで，下添え字の a は $i = 1, 2, 3$ に関して総和をとる．

点 P′ とその近傍の点 Q′ との距離 ds は

$$ds^2 = dx'_b dx'_b \tag{3.45}$$

と表すことができる．この時変位ベクトル u_i $(i = 1, 2, 3)$ は

$$x'_i = x_i + u_i \tag{3.46}$$

となる．

ここで,変形勾配 (deformation gradient) を定義しよう.

$$F_{ij} = \frac{\partial x'_i}{\partial x_j}, \quad dx'_i = F_{ij} dx_j \tag{3.47}$$

変形勾配は,ある物質点の近傍の変形の大きさを表す重要な量である.

ここで,式 (3.44) と式 (3.45) の差をとると,

$$\begin{aligned} ds^2 - dS^2 &= dx'_k dx'_k - dx_k dx_k \\ &= \left(\frac{\partial x'_k}{\partial x_i} \frac{\partial x'_k}{\partial x_j} - \delta_{ij} \right) dx_i dx_j = (F_{kj} F_{kj} - \delta_{ij}) dx_i dx_j \\ &= 2 E_{ij} dx_i dx_j \end{aligned} \tag{3.48}$$

式 (3.48) 中の E_{ij} をグリーンのひずみテンソルと呼ぶ.

式 (3.46) を式 (3.48) に代入すると,

$$E_{ij} = \frac{1}{2} \left(\frac{\partial u_i}{\partial x_j} + \frac{\partial u_j}{\partial x_i} + \frac{\partial u_k}{\partial x_i} \frac{\partial u_k}{\partial x_j} \right) \tag{3.49}$$

となる.$\frac{\partial u_i}{\partial x_j}$ は変位勾配である.

微小変形勾配で,変位勾配が小さい場合 ($|\frac{\partial u_i}{\partial x_j}| \ll 1$),ひずみテンソルは微小変形のひずみテンソルと呼ばれ,次のように表される.

$$\varepsilon_{ij} = \frac{1}{2} \left(\frac{\partial u_i}{\partial x_j} + \frac{\partial u_j}{\partial x_i} \right) \tag{3.50}$$

工学ひずみ γ_{ij} はせん断成分に対して次のように定義されるが,この場合はテンソルとはならないことに注意する必要がある.

$$\gamma_{ij} = 2\varepsilon_{ij} \, (i \neq j), \quad \gamma_{ij} = \varepsilon_{ij} \, (i = j) \tag{3.51}$$

相対変位 du_i は変位勾配 $\frac{\partial u_i}{\partial x_j}$ によって決定される.

$$du_i = \frac{\partial u_i}{\partial x_j} dx_j = \varepsilon_{ij} dx_j + \omega_{ij} dx_j$$

ω_{ij} は

$$\omega_{ij} = \frac{1}{2} \left(\frac{\partial u_i}{\partial x_j} - \frac{\partial u_j}{\partial x_i} \right)$$

で表され,微小要素の回転を表す.たとえば,剛体回転の場合,ひずみテンソルは 0 になるが,回転テンソルは 0 にはならない.

a. ひずみの適合条件式

ひずみ-変位関係式では，ひずみ成分が6つに対して，変位ベクトルの成分は3つだから，ひずみが求められても，それに対する変位は唯一に定まらない．つまり，各ひずみの成分は独立ではなく各成分間には関係式が存在する．この関係式をひずみの適合条件式と呼ぶ．

ひずみの適合条件式は次のように表される．

$$\frac{\partial^2 \varepsilon_{xx}}{\partial y^2} + \frac{\partial^2 \varepsilon_{yy}}{\partial x^2} = \frac{\partial^2 \gamma_{xy}}{\partial x \partial y}$$

$$\frac{\partial^2 \varepsilon_{yy}}{\partial z^2} + \frac{\partial^2 \varepsilon_{zz}}{\partial y^2} = \frac{\partial^2 \gamma_{yz}}{\partial y \partial z}$$

$$\frac{\partial^2 \varepsilon_{zz}}{\partial x^2} + \frac{\partial^2 \varepsilon_{xx}}{\partial z^2} = \frac{\partial^2 \gamma_{zx}}{\partial z \partial x}$$

$$2\frac{\partial^2 \varepsilon_{xx}}{\partial y \partial z} = \frac{\partial}{\partial x}\left(-\frac{\partial \gamma_{yz}}{\partial x} + \frac{\partial \gamma_{xz}}{\partial y} + \frac{\partial \gamma_{xy}}{\partial z}\right)$$

$$2\frac{\partial^2 \varepsilon_{yy}}{\partial x \partial z} = \frac{\partial}{\partial y}\left(\frac{\partial \gamma_{yz}}{\partial x} - \frac{\partial \gamma_{xz}}{\partial y} + \frac{\partial \gamma_{xy}}{\partial z}\right)$$

$$2\frac{\partial^2 \varepsilon_{zz}}{\partial x \partial y} = \frac{\partial}{\partial z}\left(\frac{\partial \gamma_{yz}}{\partial x} + \frac{\partial \gamma_{xz}}{\partial y} - \frac{\partial \gamma_{xy}}{\partial z}\right) \quad (3.52)$$

土質力学では圧縮ひずみを正とするため，

$$\varepsilon_{ij} = -\frac{1}{2}\left(\frac{\partial u_i}{\partial x_j} + \frac{\partial u_j}{\partial x_i}\right) \quad (3.53)$$

のように，負の符号をつけてひずみを定義する．

b. 垂直ひずみ

まず，図3.9のような変形を考える．変位成分は $u_x = c_1 x$, $u_y = -c_2 y$ ($c_1, c_2 > 0$). したがって，$\varepsilon_x = -c_1$, $\varepsilon_y = c_2$. その他の成分は0となる．つまり，垂直ひずみ成分は各座標方向の線素がその方向にどれだけ圧縮されたか，もしくは引張られたかを示している．

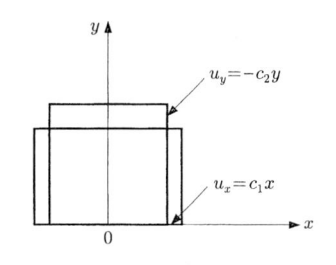

図 **3.9** 垂直ひずみ

c. せん断ひずみ

次に，図 3.10 に示す変形を考えよう．変位ベクトルは $u_x = c_1 y$, $u_y = c_2 x$, $c_1, c_2 > 0$：定数．この時，ひずみの成分は

$$\gamma_{xy} = 2\varepsilon_{xy} = -\left(\frac{\partial u_x}{\partial y} + \frac{\partial u_y}{\partial x}\right) = -(c_1 + c_2)$$

ひずみ成分 $\varepsilon_{xx}, \varepsilon_{yy}$ は 0 である．

微小変形勾配を仮定しているから，$\frac{\partial u_x}{\partial y}$ は θ_1，$\frac{\partial u_x}{\partial y}$ は θ_2 と見なせる．すなわち，

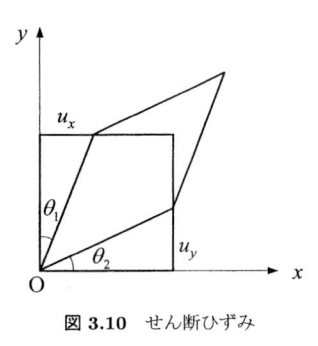

$$\frac{\partial u_x}{\partial y} + \frac{\partial u_y}{\partial x} = \theta_1 + \theta_2$$

図 3.10 せん断ひずみ

となり，γ_{xy} は変形における角度の変化を表すことになる．つまり，形のゆがみであるせん断変形を表す．

d. 体積ひずみ

体積ひずみ ε_v は V を変形後の体積，V_0 を変形前の体積として，$\varepsilon_v = (V - V_0)/V_0$ と表される．

$V_0 = dxdydz$ とすると，

$$\begin{aligned} v &= \frac{[(1+\varepsilon_{xx})(1+\varepsilon_{yy})(1+\varepsilon_{zz})dxdydz - dxdydz]}{dxdydz} \\ &= \varepsilon_{xx} + \varepsilon_{yy} + \varepsilon_{zz} + o(\,\cdot\,) \end{aligned} \qquad (3.54)$$

ここで，$o(\,\cdot\,)$ は高次の微小項である．微小変形の場合は高次の項を無視しうる．

e. 単純せん断変形

単純せん断変形における変位ベクトルの成分は $u_x = c_1 y$, $u_y = 0$, $c_1 > 0$ である．この時，$\varepsilon_{xy} = -c_1/2$ となり，変形状態は図 3.11 のように表される．

f. 剛体回転

図 3.12 に示すように，変位ベクトルは $u_x = -c_1 y$, $u_y = c_1 x$, $u_z = 0$, $c_1 > 0$：定数．この時，ひずみの成分は

図 3.11 単純せん断変形　　**図 3.12** 剛体回転

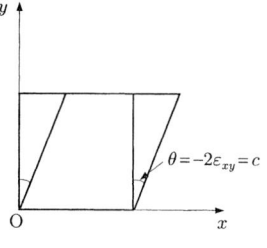

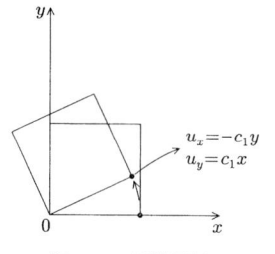

$$\gamma_{xy} = 2\varepsilon_{xy} = -\left(\frac{\partial u_x}{\partial y} + \frac{\partial u_y}{\partial x}\right) = -(-c_1 + c_1) = 0$$

体積ひずみの成分は

$$\varepsilon_v = \varepsilon_{xx} + \varepsilon_{yy} + \varepsilon_{zz} = -\left(\frac{\partial u_x}{\partial x} + \frac{\partial u_y}{\partial y} + \frac{\partial u_z}{\partial z}\right) = -(0 + 0 + 0) = 0$$

つまり，剛体回転運動ではせん断ひずみも体積ひずみも 0 である．一方，

$$\omega_{xy} = -\frac{1}{2}(-c_1 - c_1) = c_1$$

つまり，剛体回転の場合，ひずみテンソルは 0 になるが，回転テンソルは 0 にはならない．

3.9　モールのひずみ円

ひずみは 2 階対称テンソルであって，応力テンソルと同じようにモールのひずみ円が描ける．

ひずみはテンソル量だから，式 (3.14) で表される座標系の回転 [Q] に対して新しい座標系では式 (3.17) と同様に次のように表される．

$$\begin{bmatrix} \varepsilon'_{xx} & \varepsilon'_{xy} \\ \varepsilon'_{yx} & \varepsilon'_{yy} \end{bmatrix} = \begin{bmatrix} \cos\theta & \sin\theta \\ -\sin\theta & \cos\theta \end{bmatrix} \begin{bmatrix} \varepsilon_{xx} & \varepsilon_{xy} \\ \varepsilon_{yx} & \varepsilon_{yy} \end{bmatrix} \begin{bmatrix} \cos\theta & -\sin\theta \\ \sin\theta & \cos\theta \end{bmatrix} \quad (3.55)$$

したがって，各ひずみの成分は次のようになる．

$$\varepsilon'_{xx} = \varepsilon_{xy}\sin 2\theta + \frac{(1+\cos 2\theta)\varepsilon_{xx}}{2} + \frac{(1-\cos 2\theta)\varepsilon_{yy}}{2}$$
$$= \varepsilon_{xy}\sin 2\theta + \frac{\varepsilon_{xx}+\varepsilon_{yy}}{2} + \frac{(\varepsilon_{xx}-\varepsilon_{yy})\cos 2\theta}{2} \quad (3.56)$$

$$\varepsilon'_{yy} = -\varepsilon_{xy}\sin 2\theta + \frac{\varepsilon_{xx}+\varepsilon_{yy}}{2} - \frac{(\varepsilon_{xx}-\varepsilon_{yy})\cos 2\theta}{2} \quad (3.57)$$

$$\varepsilon'_{xy} = \varepsilon'_{yx} = \varepsilon_{xy}\cos 2\theta - \frac{(\varepsilon_{xx}-\varepsilon_{yy})\sin 2\theta}{2} \quad (3.58)$$

工学ひずみはせん断成分に対して，

$$\gamma_{ij} = 2\varepsilon_{ij} (i \neq j) \tag{3.59}$$

と表されるから，

式 (3.56) と式 (3.58) より，

$$\left(\varepsilon'_{xx} - \frac{\varepsilon_{xx} + \varepsilon_{yy}}{2}\right)^2 + \left(\frac{1}{2}\gamma'_{xy}\right)^2 = \left(\frac{\varepsilon_{xx} - \varepsilon_{yy}}{2}\right)^2 + \frac{1}{4}\gamma_{xy}^2 \tag{3.60}$$

ε'_{yy} に対しても，同様な式が成り立つ．そこで，ε'_{xx}, ε'_{yy} を ε, ε'_{xy}, ε'_{yx} を $\gamma/2$ とおくと，

$$\left(\varepsilon - \frac{\varepsilon_{xx} + \varepsilon_{yy}}{2}\right)^2 + \left(\frac{1}{2}\gamma\right)^2 = \left(\frac{\varepsilon_{xx} - \varepsilon_{yy}}{2}\right)^2 + \frac{1}{4}\gamma_{xy}^2 \tag{3.61}$$

この式は，$(\varepsilon, \frac{1}{2}\gamma)$ 空間で $((\varepsilon_{xx} + \varepsilon_{yy})/2, 0)$ を中心とする半径 $\sqrt{(\frac{\varepsilon_{xx} - \varepsilon_{yy}}{2})^2 + \frac{1}{4}\gamma_{xy}^2}$ の円となる．この円をモールのひずみ円と呼ぶ．

以下，軸ひずみ ε を横軸に，せん断ひずみ $\gamma/2$ を縦軸にとった座標系で考える．モールのひずみ円を描くときの規約は以下の通りである．

① ε 軸の右側で圧縮ひずみ (正) を表す．
② γ を応力に対応させた時，反時計回りのモーメントを起こすせん断力の組に対応するひずみを正とする．
③ 主ひずみまでの角度 θ は，モールのひずみ円上では 2θ だけ同じ方向へ回転したひずみ円上の点で表される．

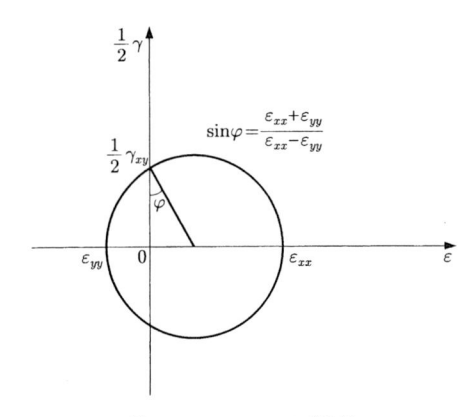

図 3.13 モールのひずみ円

図 3.13 に示す円がモールのひずみ円である．図で $\sin\varphi$ はせん断ひずみと体積ひずみの比を表し，φ をダイレイタンシー角と呼ぶ．

a. 主ひずみの成分

応力の場合と同じように，せん断ひずみが 0 となる場合を調べてみよう．
式 (3.58) より，$\varepsilon_{xy} = 0$ の時，

$$\tan 2\theta = \tan 2\phi = \frac{\gamma_{xy}}{\varepsilon_{xx} - \varepsilon_{yy}}$$

この時，

$$\varepsilon_{\mathrm{I}} = \varepsilon_{xy} \sin 2\phi + \frac{\varepsilon_{xx} + \varepsilon_{yy}}{2} + \frac{(\varepsilon_{xx} - \varepsilon_{yy}) \cos 2\phi}{2} \quad (3.62)$$

$$\varepsilon_{\mathrm{II}} = -\varepsilon_{xy} \sin 2\phi + \frac{\varepsilon_{xx} + \varepsilon_{yy}}{2} - \frac{(\varepsilon_{xx} - \varepsilon_{yy}) \cos 2\phi}{2} \quad (3.63)$$

となり，これらは主ひずみと呼ばれる．

b. 公称ひずみと対数ひずみ

伸びや圧縮ひずみはその方向の線素の長さに対する伸びた量や圧縮された量の比であるが，公称ひずみは，変形以前の線素の長さ L_0 に対する圧縮量 dL の比

$$\varepsilon = \frac{dL}{L_0}$$

で定義される．

一方，現在の線素の長さ L に対する圧縮量 dL の比でもひずみを定義することができる．この場合，

$$\varepsilon_N = \frac{dL}{L}$$

となるが，変形過程でのひずみ全体を

$$\varepsilon_N = \int \frac{dL}{L} = \ln \frac{L}{L_0}$$

と求めることができる．ε_N は対数ひずみと呼ばれるが，対数ひずみは，材料の線素の方向が変化しない場合に用いられる．

3.10 固体—流体 2 相系の運動方程式と質量保存則

1 章で述べたように，土は粒状体であるが，間隙の分布のみを考えればスポンジのような多孔質体と見なすことができる．飽和土の間隙は水で満たされている．ビオ (M.A. Biot, 1941) はこのような流体と固体からなる 2 相系の材料を固相と流体相の 2 相混合体としてモデル化している．モデル化に当たっては，2 相別々の

連続体を考え，その重ね合わせと 2 相間の相互作用で 2 相系の力学モデルとしている.

水と土粒子より構成される飽和土を考えよう．連続体としての密度を固相と流体相に対して定義すると，土の密度を ρ として，

$$\rho = \rho^{(s)} + \rho^{(f)} = (1-n)\rho_s + n\rho_f \tag{3.64}$$

ここで, ρ, ρ_s, ρ_f, n はそれぞれ，飽和土全体の質量密度，土粒子自身の質量密度，水の質量密度，間隙率である．図示すると図 3.14 のようになる．仮想的に $\rho^{(s)} = (1-n)\rho_s$, $\rho^{(f)} = n\rho_f$ という密度を持つ固相と流体相の重ね合わせで土を表現しよう．

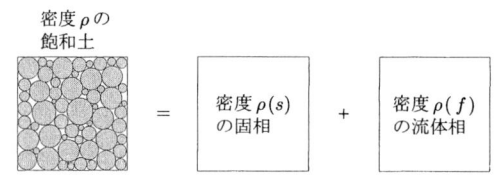

図 3.14 混合体としての飽和土

仮想的な連続体としての流体相，固相を考えるとそれぞれの相に対する運動方程式を組み立てることができる．最初に，流体相の運動方程式を考えよう．まず，固相と流体相の分応力について考える．全応力は各分応力の和として表されるとする．

$$\sigma_{ij} = \sigma_{ij}^s + \sigma_{ij}^f \tag{3.65}$$

ここで, σ_{ij}：全応力テンソル, σ_{ij}^s：固相に働く分応力テンソル, σ_{ij}^f：流体相に働く分応力テンソルである．

流体相に対する分応力は，間隙の水圧を u とすると，飽和土の単位面積当たり実際に間隙水が存在するのは n（間隙率）だから，仮想的な流体相には分応力として nu が働くと考えることができる．

したがって，

$$\sigma_{ij}^f = nu\delta_{ij} \tag{3.66}$$

ここに, δ_{ij}：クロネッカー (Kronecker) のデルタ ($i=j$ の時 1, $i \neq j$ の時 0).

a. 質量保存則

質量保存則として，各相で質量が保存されると仮定する．各相間で質量のやりとりがある場合は，相互作用を考える必要がある．

各相の質量保存則は，固相では，

$$\frac{D}{Dt}\int_v \rho^{(s)} dv = \int_v \left[\frac{\partial \rho^{(s)}}{\partial t} + \frac{\partial \rho^{(s)} v_i^s}{\partial x_i}\right] dv = 0 \tag{3.67}$$

流体相では，

$$\frac{D}{Dt}\int_v \rho^{(f)} dv = \int_v \left[\frac{\partial \rho^{(f)}}{\partial t} + \frac{\partial \rho^{(f)} v_i^f}{\partial x_i}\right] dv = 0 \tag{3.68}$$

これらの関係が局所的に成り立つとすると，$\rho^{(s)} = (1-n)\rho_s$，$\rho^{(f)} = n\rho_f$ だから，

$$\frac{\partial (1-n)}{\partial t}\rho_s + \frac{\partial ((1-n)\rho_s v_i^s)}{\partial x_i} = 0 \tag{3.69}$$

$$\frac{\partial n}{\partial t}\rho_f + \frac{\partial (n\rho_f v_i^f)}{\partial x_i} = 0 \tag{3.70}$$

$\rho^{(s)}$，$\rho^{(f)}$ が一定の時，両式から，

$$\frac{\partial n(v_i^f - v_i^s)}{\partial x_i} = -\frac{\partial v_i^s}{\partial x_i} \tag{3.71}$$

V_i（見かけの流速）$= n(v_i^f - v_i^s)$ とおくと，

$$\frac{\partial V_i}{\partial x_i} = -\dot{\varepsilon}_{ii} \tag{3.72}$$

圧縮ひずみを正とすると，$\dot{\varepsilon}_{ii} = -\partial v_i^s/\partial x_i$ だから，V_i（見かけの流速）$= n(v_i^f - v_i^s)$ とおくと，

$$\frac{\partial V_i}{\partial x_i} = \dot{\varepsilon}_{ii} \tag{3.73}$$

となる．

式 (3.73) は，7 章で述べる圧密解析で用いられる．

b. 流体相の運動方程式

流体相の線形運動量の保存則は，

$$\frac{D}{Dt}\int_v \rho^{(f)} v_i^f dv = \int_s T_i^f ds + \int_v \rho^{(f)} F_i dv - \int_v D(v_i^f - v_i^s) \tag{3.74}$$

ガウスの定理とコーシーの定理から，式 (3.25) を導いた場合と同様にして，流体相の運動方程式の局所形は，

$$n\rho_f \frac{dv_i^f}{dt} = \frac{\partial (nu)}{\partial x_i} + n\rho_f F_i - D(v_i^f - v_i^s) \tag{3.75}$$

圧縮を正とすると，

$$n\rho_f \frac{dv_i^f}{dt} = -\frac{\partial(nu)}{\partial x_i} + n\rho_f F_i - D(v_i^f - v_i^s) \tag{3.76}$$

ここで，n：間隙率，ρ_f：水の密度，u：間隙水圧 (圧縮を正とする)，v_i^f：x_i 方向の流体 (水) の速度，v_i^s：x_i 方向の固相の速度，x_i：座標，F_i：物体力ベクトル (重力など)，D：水と土の相互作用を表すパラメータである．$\frac{d}{dt}$：時間微分 ($i=1, 2, 3$)．

$$D = \frac{n^2 \rho_f g}{k} \tag{3.77}$$

ここで，g：重力加速度，k：透水係数．

式 (3.74) の右辺第 1 項は間隙水に働く表面力，第 2 項は重力，第 3 項は水が地盤中を運動する際に，水と土の間の摩擦などによりその運動を妨げる力であり，$D(v_i^f - v_i^s)$ は土の間隙を水が流れる場合，間隙水が土骨格から受ける力は相対速度に比例していることを示している．

飽和土の場合は，地盤中の水の運動方程式となり，準静的運動の場合のように加速度を無視できる場合は，5 章で述べる土中の水の流れを記述するダルシー (Darcy) の法則に一致する．

c. 固相 (土粒子骨格) の運動方程式

$$\frac{D}{Dt}\int_v \rho^{(s)} v_i^s dv = \int_s T_i^s ds + \int_v \rho^{(s)} F_i dv + \int_v D(v_i^f - v_i^s) \tag{3.78}$$

局所形は，式 (3.75) の誘導と同様にして，

$$(1-n)\rho_s \frac{dv_i^s}{dt} = \frac{\partial \sigma_{ij}^s}{\partial x_i} + (1-n)\rho_s F_i + D(v_i^f - v_i^s) \tag{3.79}$$

圧縮を正とすると，

$$(1-n)\rho_s \frac{dv_i^s}{dt} = -\frac{\partial \sigma_{ij}^s}{\partial x_i} + (1-n)\rho_s F_i + D(v_i^f - v_i^s) \tag{3.80}$$

式 (3.79) の右辺第 3 項は，土が間隙水から受ける力である．

式 (3.65) より，

$$\sigma_{ij}^s = \sigma_{ij} - \sigma_{ij}^f \tag{3.81}$$

となるが，土の実質的な変形に有効である応力，つまり，4 章で述べる有効応力テンソル σ_{ij}' を用いると次のように書ける．

$$\sigma_{ij}' = \sigma_{ij} - u\delta_{ij} \tag{3.82}$$

$$\sigma_{ij}^s = \sigma_{ij}' + (1-n)u\delta_{ij} \tag{3.83}$$

ここで，σ_{ij}'：有効応力テンソル，δ_{ij}：クロネッカーの デルタ ($i=j$ の時 1，$i \neq j$

の時 0), u：間隙水圧, $F_i = g$ (重力加速度).

有効応力については, 4 章で詳しく述べることとする.

式 (3.76) と (3.80) から, 全体の釣合い式が求められる. 液状化解析では間隙水の加速度と骨格の加速度の差は小さいと仮定し, 次式が用いられることが多い.

$$\rho \frac{dv_i^s}{dt} = \frac{\partial \sigma_{ij}}{\partial x_j} + \rho b_i \tag{3.84}$$

$$\rho \frac{dv_i^s}{dt} = -\frac{\partial \sigma_{ij}}{\partial x_j} + \rho b_i \quad (圧縮が正の場合) \tag{3.85}$$

全体の運動方程式では, 水と土の間の相互作用項は陽には現れない.

7 章で述べる圧密解析では, 式 (3.73) と (3.85), または, 式 (3.73) と (3.80) が用いられる.

■文 献

1) 岡　二三生：土質力学演習, 森北出版, pp.265-266, 1995.
2) Biot, M.A.：Three dimensional theory of consolidation, *J. Appl. Physics*, **12**, pp.155-164, 1941.
3) 石原　繁：テンソル・その応用, 共立出版, 1977.
4) 日本材料学会編：固体力学の基礎, 日刊工業新聞社, pp.38-40, 1981.
5) Malvern, L.E.：Introduction to the Mechanics of a Continuous Medium, Prentice-Hall, 1969.
6) 岡　二三生：地盤の弾粘塑性構成式, 森北出版, 2000.
7) 岡　二三生：地盤液状化の科学, 近未来社, 2001.

4 有効応力と構成式

4.1 土の等方圧縮性

粘性土を等方圧力 p' で圧縮すると図 4.1 のような圧縮曲線が得られる. p' の増加とともに間隙比は減少する. 後で述べるように, 粘性土が水で飽和されている場合は, 水が土より流出しなければ体積変形は無視することができる. 一方, 土に圧力をかけた後, 十分時間をかけて水の流出を許すと圧縮させることができる (7 章でこのような過程を圧密として考える). 図 4.1 に見られるように, 圧縮曲線は一般に非線形となるが, 区分的に線形化すると, 体積ひずみ–圧縮圧力関係は体積圧縮率を用いて次のように書くことができる.

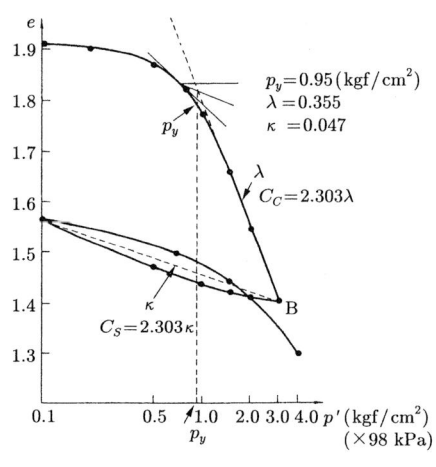

図 4.1 圧縮曲線

$$\varepsilon_v = \frac{\Delta v}{v} = C_b \sigma \tag{4.1}$$

ここで, ε_v:体積ひずみ, v:体積, Δv:体積圧縮量, C_b:土骨格の圧縮率, σ:作用等方圧力.

4.2 有効応力と間隙水圧

飽和土では有効応力を用いると土の挙動を統一的に表現することができる. この有効応力の考え方はテルツアギー (1943) によって明確な形で提唱されて以来, 土質力学の根本原理として用いられてきた. 土質力学で有効応力といえばこのテルツアギーの有効応力を指す. この飽和土における有効応力の有効性は土粒子骨

格, 土粒子と間隙流体の圧縮性に依存している.

有効応力は以下のように定義され, 飽和土の圧縮およびせん断変形挙動を統一的に説明することができる. 水はせん断力に抵抗しないので, 有効応力は垂直応力に対してのみ定義される.

a. 1次元応力状態

$$\sigma' = \sigma - u \tag{4.2}$$

ここで, σ'：有効応力, σ：全応力, u：間隙水圧である.

b. 3次元応力状態

$$\sigma'_{ij} = \sigma_{ij} - u\delta_{ij} \tag{4.3}$$

σ'_{ij}：有効応力テンソル, σ_{ij}：全応力テンソル, u：間隙水圧, δ_{ij}：クロネッカーのデルタ.

$$\delta_{ij} = 1\,(i=j), \quad = 0\,(i \neq j) \tag{4.4}$$

$\delta_{11} = \delta_{22} = \delta_{33} = 1$, $\delta_{12} = 0$, $\delta_{23} = 0$ などとなる.

各応力成分ごとに書くと, $(1 \to x,\ 2 \to y,\ 3 \to z$ と対応させると$)$

$$\sigma'_{xx} = \sigma_{xx} - u, \quad \sigma'_{yy} = \sigma_{yy} - u, \quad \sigma'_{zz} = \sigma_{zz} - u$$
$$\sigma'_{xy} = \sigma_{xy}, \quad \sigma'_{yz} = \sigma_{yz}, \quad \sigma'_{zx} = \sigma_{zx} \tag{4.5}$$

テルツアギー (1943) は有効応力を次のように説明している.

「土の任意の断面上の点の応力は, その点に働く全応力から計算される. もし, 土の間隙が圧力 u の水で満たされているとすると, 全応力は2つの部分からなっている. 1つは水にも固体部分にも等しい強さで作用する圧力 u であり, 中立応力または間隙水圧と呼ばれる. 全応力と間隙水圧の差は中立応力からの超過であり, 固体部分のみに作用する. 全応力のこの部分を有効応力と呼ぶ. 中立応力の変化は実際体積変化を起こさないし, 破壊に対する応力の条件に影響を与えない. 土やコンクリートのような多孔質材料が, 間隙水圧の変化に対しては非圧縮で, かつ内部摩擦角 (8章参照) がゼロの材料のようにふるまう. 圧縮, せん断やせん断抵抗角の変化のようなすべての応力の変化の計測可能な効果は有効応力のみによる. したがって, 飽和土の安定性に関する研究では全応力と中立応力を知る必要がある.」

次に, 有効応力がなぜ有効かを考えてみよう. 土の状態を次のような2つの場合に分けて考えることができる.

1) 土が水の中に浸水している状態で準静的に水圧だけが変化する場合

このような場合には，図 4.2 のようにはじめに乾燥状態で応力 σ_0 が働いているとしよう．次に，土要素を浸水させ，さらに水圧 u_w を作用させる．この時の操作は準静的に行われるとする．この場合，表面の界面効果を無視すると，土の変形は土粒子の圧縮によると考えられる．表 4.1 はいくつかの代表的な地盤材料の構成物質の圧縮性を示している．この表によれば，土粒子の圧縮性は土の圧縮性に比べて無視できる大きさであり，かつ水の圧縮性に比べてもかなり小さいことがわかる．したがって，水圧の変化による土構造の変化は無視することができる．図 4.2 では全応力は次のように計算される．まず，土単位断面積で考えると，流体相には nu_w の圧力が作用し，固相には $(1-n)u_w$ の圧力が作用していることになる．このような流体相と固相とに分ける考え方は 3 章で述べた考え方と同様である．全応力 σ はこれらを加えて，

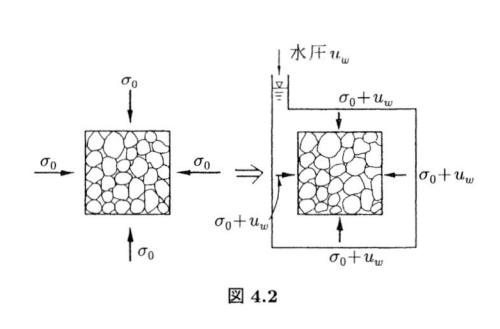

表 4.1 地盤材料の圧縮性 ($\times 10^{-8} \mathrm{kPa}^{-1}$) (文献 6)〜8))

地盤材料	C_b	C_s
石英質砂岩	5.92	2.76
花崗岩 (30 m)	7.65	1.94
Vermont 大理石	17.9	1.94
コンクリート (近似値)	2.04	2.55
大谷石 (凝灰岩)	112〜694	
密な砂	1837	2.76
緩い砂	9184	2.76
London 粘土 (過圧密)	7653	2.04
Gasport 粘土	6122	2.04
水 (C_w)	49	

C_b: 骨格の圧縮性，C_s: 粒子実質部分の圧縮性

図 4.2

$$\sigma = \sigma_0 + (1-n)u_w + nu_w = \sigma_0 + u_w \tag{4.6}$$

となり，σ_0 を有効応力とするとテルツアギーの有効応力式が得られる．初期に土が浸水されていると考えても同様の議論ができる．式 (4.2) では，一見すると全応力は土の単位面積当たりで定義される量，間隙水圧は水の単位面積当たりで定義される量と定義される場 (領域) が異なるように見える．しかし，式 (4.6) の第 2 式のように，分解すればすべて土の単位体積において定義されることになる．第 3 式では σ_0 と u_w とでは応力の定義される領域が異なるように見えるが，結果として足し合わせが可能となる．

2) 土の表面が不透水性の膜で覆われ，水の移動ができない平衡状態にあって，さらに圧力が作用する場合

このような条件を非排水条件という．図 4.3 のように，不透水性の膜に覆われた土があるが，初期状態では間隙水圧 0 で応力 σ_0 が作用しているとする．この時，土内部で観測される間隙水圧が u'_w であったとすると，水，土粒子および土粒子骨格 (土全体として) の圧縮性を考慮する場合，2 相混合体理論より，間隙水圧 u_w と平衡を保つために外部から作用している応力成分は次のように表されることが知られている (岡, 1980).

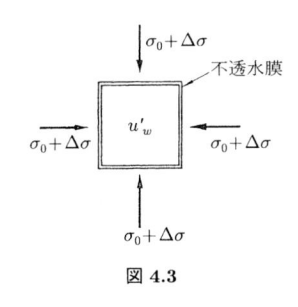

$$\Delta\sigma = m u'_w \tag{4.7}$$

ここで，

$$m = \frac{C_b - C_s + n(C_w - C_s)}{C_b - C_s} \tag{4.8}$$

ここで，C_w：水の圧縮率，C_s：土粒子の圧縮率．

したがって，全応力 σ は $\sigma = \sigma_0 + \Delta\sigma$ となり，

$$\sigma = \sigma_0 + m u'_w \tag{4.9}$$

図 4.4 から m の値を計算すると，土ではほぼ 1.0 となる．また，この時の土の変形は無視することができる．したがって，有効応力は σ_0 となり，テルツアギーの有効応力式が成り立つ．

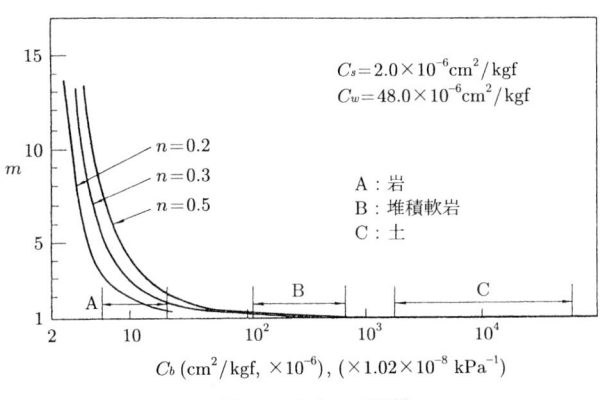

図 4.3

図 4.4 C_b と m の関係

以上のように, 1) および 2) の両条件下において近似的に式 (4.6) が成り立つ. このことから, テルツアギーの有効応力式を有効応力原理として用いることが可能となる.

$B = 1/m$ はビショップ (Bishop) の間隙圧係数と呼ばれる係数に相当し, 非排水条件下において, 土に作用した等方応力に対する発生間隙水圧の量を決めるパラメータである.

$$B = \frac{C_b - C_s}{C_b - C_s + n(C_w - C_s)} \qquad (4.10)$$

$C_s = 0$ の時,

$$B = \frac{C_b}{C_b + nC_w} \qquad (4.11)$$

三軸応力状態での応力の分配を図示すると図 4.5 のようになる.

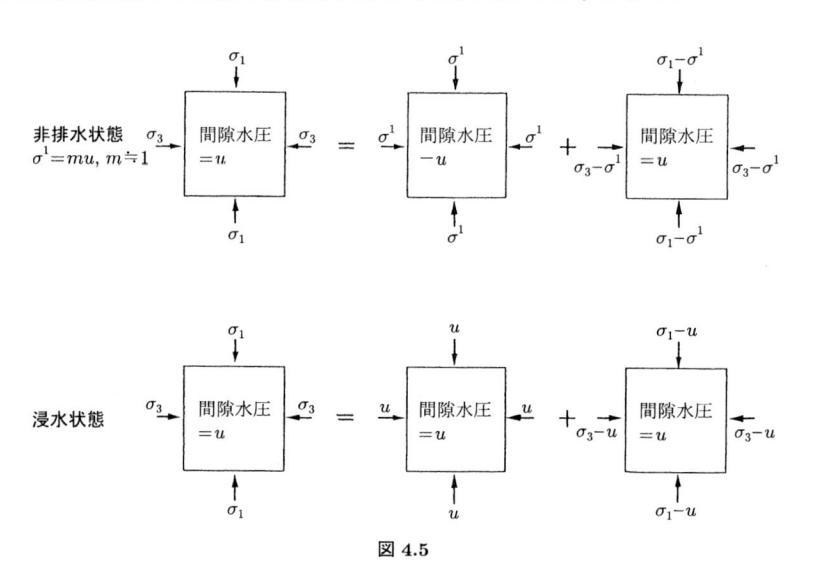

図 4.5

図 4.3 のような不透水性の膜で覆われた土要素に, 等方応力 P を作用させた時, 間隙水圧が $100\,\mathrm{kPa}$ と観測された. P の値と間隙圧係数 B を求めてみよう. ただし, 間隙率 n, 土の圧縮率 C_b, 水の圧縮率 C_w および土粒子の圧縮率 C_s は以下の通りとする. $C_b = 10000 \times 10^{-8}, C_w = 49 \times 10^{-8}, C_s = 2.0 \times 10^{-8}(\mathrm{kPa}^{-1})$.
式 (4.8) より,

$$m = \frac{10000 - 2 + (49 - 2) \times 0.5}{10000 - 2} = 1.0024$$

したがって,

$$P = mu'_w = 100.24 \text{ kPa}$$

また，ビショップの間隙圧係数は，$B = 1/m = 0.9977$ となる．

4.3　構　成　式

a. 等方弾性体の応力–ひずみ関係

　土に外力を作用させて変形させると，一般に弾塑性変形，つまり外力を除去しても変形は元に戻らない．しかし，ひずみが小さい間は変形は外力を加える前の状態に戻る．このように除荷によって変形が元に戻る可逆的な性質を弾性と呼び，そのような物体を弾性体という．弾性体の応力–ひずみ関係式はフック (Hooke, 1678) の法則と呼ばれ，次のように書ける．

$$\varepsilon_{xx} = \frac{1}{E}(\sigma_{xx} - \nu\sigma_{yy} - \nu\sigma_{zz}), \quad \varepsilon_{xy} = \frac{1+\nu}{E}\sigma_{xy}$$

$$\varepsilon_{yy} = \frac{1}{E}(\sigma_{yy} - \nu\sigma_{zz} - \nu\sigma_{xx}), \quad \varepsilon_{yz} = \frac{1+\nu}{E}\sigma_{yz}$$

$$\varepsilon_{zz} = \frac{1}{E}(\sigma_{zz} - \nu\sigma_{xx} - \nu\sigma_{yy}), \quad \varepsilon_{zx} = \frac{1+\nu}{E}\sigma_{zx} \quad (4.12)$$

ここで，E：ヤング率，ν：ポアソン比である．

1) 等方圧縮変形

等方的に圧縮する場合，等方圧を一定値 c として，

$$\sigma_{xx} = \sigma_{yy} = \sigma_{zz} = c, \quad \sigma_{xy} = \sigma_{yz} = \sigma_{zx} = 0 \quad (4.13)$$

だから，

$$\varepsilon_{xx} = \varepsilon_{yy} = \varepsilon_{zz} = \frac{1-2\nu}{E}\sigma_{xx} = \frac{1-2\nu}{E}c \quad (4.14)$$

一方，体積ひずみ ε_v は

$$\varepsilon_v = \varepsilon_{xx} + \varepsilon_{yy} + \varepsilon_{zz}$$

だから，体積弾性係数 (K) とすると，

$$K = \frac{E}{3(1-2\nu)} \quad (4.15)$$

となる．

2) せん断変形

せん断応力 σ_{xy} のみが作用する場合,

$$\varepsilon_{xy} = \frac{1+\nu}{E}\sigma_{xy} \tag{4.16}$$

せん断弾性係数 (G) とすると,

$$\gamma_{xy} = 2\varepsilon_{xy} = \frac{2(1+\nu)}{E}\sigma_{xy} = \frac{1}{G}\sigma_{xy} \tag{4.17}$$

となり,

$$G = \frac{E}{2(1+\nu)} \tag{4.18}$$

となる.

次の μ, λ をラメの定数 (Lamé's constants) と呼ぶ.

$$\mu = G, \quad \lambda = K - \frac{2}{3}\mu$$

3) 一軸圧縮変形

円柱の軸 (y) 方向の圧縮応力のみが働く場合を考えよう. この場合は, 一軸方向のみの応力であって, フックの法則は次のように書ける.

$$\varepsilon_{yy} = \frac{1}{E}\sigma_{yy}, \quad \varepsilon_{xx} = \varepsilon_{zz} = -\frac{\nu}{E}\sigma_{yy} = -\nu\varepsilon_{yy} \tag{4.19}$$

したがって, ポアソン比 (Poisson's ratio) は y 方向と z 方向のひずみの比に負の符号をつけたものとなり, ν で表す.

ポアソン比 ν=0.5 の時, $K = \infty$ となって, 体積ひずみは発生しない.

線形弾性体の構成式をテンソル形式で書くと,

$$\sigma_{ij} = (\lambda\delta_{ij}\delta_{kl} + \mu(\delta_{ik}\delta_{jl} + \delta_{il}\delta_{jk}))\varepsilon_{kl} \tag{4.20}$$

これより,

$$\sigma_{ii} = 3\lambda\varepsilon_{kk} + 2\mu\varepsilon_{ii} = \varepsilon_{ii}(2\mu + 3\lambda) \tag{4.21}$$

だから, ひずみテンソルで書き直すと,

$$\varepsilon_{ij} = \frac{1}{2\mu}\sigma_{ij} - \frac{\lambda}{2\mu(2\mu+3\lambda)}\sigma_{kk}\delta_{ij} \tag{4.22}$$

したがって, ポアソン比はラメの定数で書き直すと,

$$\nu = \frac{\lambda}{2(\lambda+\mu)} \tag{4.23}$$

となる．

ポアソン比とせん断弾性係数 G, 体積弾性係数 K の関係は，

$$\nu = \frac{3K - 2G}{2(3K + G)} \tag{4.24}$$

また，物理的に弾性体に蓄えられるひずみエネルギは 0，または正となる．
ひずみエネルギ W はラメの定数を用いて，

$$W = \frac{1}{2}\sigma_{ij}\varepsilon_{ij} = \frac{1}{2}\lambda\varepsilon_{kk}^2 + \mu\varepsilon_{ij}\varepsilon_{ij} \tag{4.25}$$

$W \geq 0$ より，$\mu \geq 0, \lambda \geq 0$. したがって，$K = \lambda + \frac{2}{3}\mu$ より，$K \geq 0$.
よって，

$$-1 \leq \nu \leq \frac{1}{2}, \quad E \geq 0 \tag{4.26}$$

の関係が成り立つ．

4) 軸対称三軸圧縮変形

円柱の軸 (y) 方向へ圧縮応力が働く場合を考える．
$\sigma_{yy} > \sigma_{xx} = \sigma_{zz}, \varepsilon_{xx} = \varepsilon_{zz}$ の時,

$$\varepsilon_{yy} = \frac{1}{E}(\sigma_{yy} - 2\nu\sigma_{xx}) \tag{4.27}$$

$$\varepsilon_{xx} = \varepsilon_{zz} = -\frac{1}{E}\{(1-\nu)\sigma_{xx} = -\nu\sigma_{yy}\} \tag{4.28}$$

b. 粘弾性体構成モデル

土は弾性のみでなく，粘性および塑性的な性質を示す．材料に粘性があるとその力学挙動はひずみ速度や応力速度の影響を受ける．特に，粘性と弾性を表す力学モデルを粘弾性体構成モデルと呼ぶ．粘弾性体構成モデルの代表的なものがマックスウェル (C. Maxwell, 1867) モデルとフォークト (W. Voigt, 1889) モデルである．

1) マックスウェルモデル

粘弾性体の力学モデルは図 4.6 (a) のようなばね (弾性) 要素と図 4.6 (b) のようなダッシュポット (粘性) 要素の直列模型 (図 4.6 (c)) で表すことができる．σ を応力，弾性ばね要素の弾性係数を E，粘性ダッシュポット要素の粘性係数を η とすると，これらの要素の弾性ひずみ ε^e と粘性ひずみ速度 $\dot{\varepsilon}^v$ は次のように表される．

$$\varepsilon^e = \frac{\sigma}{E} \tag{4.29}$$

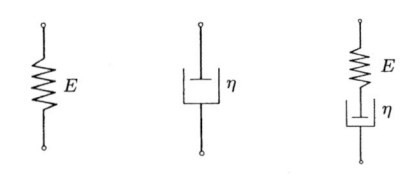

(a) ばね(弾性)　(b) ダッシュポット　(c) マックスウェル
　　要素　　　　　　(粘性)要素　　　　　モデル

図 4.6 マックスウェルモデルの模型図

$$\dot{\varepsilon}^v = \frac{\sigma}{\eta} \tag{4.30}$$

全体のひずみ速度はそれぞれのひずみ速度の和 ($\dot{\varepsilon} = \dot{\varepsilon}^e + \dot{\varepsilon}^v$) で表されるから，マックスウェルモデルの構成式は次のようになる．

$$\dot{\varepsilon} = \frac{\dot{\sigma}}{E} + \frac{\sigma}{\eta} \tag{4.31}$$

マックスウェルモデルは，ひずみ速度が現在の状態だけで定まる量である応力と応力速度に依存する．このことから液体または流体のモデルと考えられ，マックスウェル流体モデルと呼ばれる．

2) フォークトモデル

フォークトモデルは図 4.7 に示すように弾性ばね要素と粘性ダッシュポット要素の並列モデルで表すことができる．各要素でひずみは等しく，全体の応力は各応力の和 $\sigma = \sigma^e + \sigma^v$ で表されるから，構成式は次式のようになる．

$$\varepsilon = \frac{\sigma^e}{E} \tag{4.32}$$

$$\dot{\varepsilon} = \frac{\sigma^v}{\eta} \tag{4.33}$$

$$\sigma = E\varepsilon + \eta\dot{\varepsilon} \tag{4.34}$$

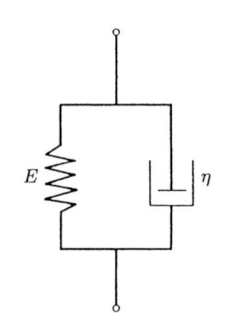

図 4.7 フォークトモデル

フォークトモデルでは，応力が現在の状態だけで決まるひずみ速度の他に，過去の状態にも関係するひずみに依存するため，固体のモデルとして分類され，フォークト固体モデルと呼ばれる．

マックスウェルモデルに時間 $t = 0$ に瞬間的にひずみ ε を与え，ひずみ一定とした場合，

$$\frac{1}{E}\dot{\sigma} + \frac{\sigma}{\eta} = 0 \tag{4.35}$$

σ_0 を初期応力として,

$$\sigma = \sigma_0 \exp\left(\frac{-t}{\tau'}\right) \tag{4.36}$$

ここに, $t = \tau'$ で, $\sigma = \frac{\sigma_0}{e}$ だから, $\tau' = \eta/E$ は応力が $1/e$ に減少する時間を表し, 緩和時間 (relaxation time) と呼ばれる.

フォークトモデルで, 応力一定時の変形特性 (クリープ) を考察しよう.

応力を一定 (σ_0) とすると, 構成式は

$$\sigma_0 = E\varepsilon + \dot{\varepsilon}\eta \tag{4.37}$$

初期ひずみをゼロとすると,

$$\varepsilon = \frac{\sigma_0}{E}\left(1 - \exp\left(\frac{-t}{\tau}\right)\right) \tag{4.38}$$

ここに, $\tau = \eta/E$.

載荷直後 $t = 0$ ではひずみはゼロであるが, 時刻無限大 $t \to \infty$ でひずみは $\frac{\sigma_0}{E}$ に漸近する. τ は指数関数的にひずみが平衡に達する速度を与えるパラメータで, 遅延時間 (retardation time) と呼ばれる.

図 4.8 に示すような弾性要素とフォークト要素の 3 要素からなる粘弾性体の構成式はマックスウェルモデルとフォークトモデル両方のモデルの性質をモデル化できるため多くの材料に応用されている.

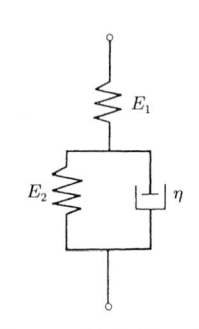

図 4.8 3 要素粘弾性モデル

3) 積分型粘弾性モデル

すでに述べたように粘弾性体の力学応答は, ひずみ速度に依存するため, 変形や負荷履歴に依存する. 履歴を考慮することにより, 以下のように積分型の定式化が可能である.

ひずみ履歴を, i 個のひずみ増分の和で表すと, 現在の応力は,

$$\sigma = \sum_i G(t - t_i)\Delta\varepsilon_i \tag{4.39}$$

積分で表すと,

$$\sigma = \int_0^t G(t - t')d\varepsilon \tag{4.40}$$

したがって, 一般に, 過去 ($t = -\infty$) から現在 $t = t$ までのひずみ履歴を考慮すると, 現在の応力 σ は, 緩和関数 G を用いて以下のように表される.

$$\sigma = \int_{-\infty}^t G(t - t')\frac{d\varepsilon}{dt'}dt' \tag{4.41}$$

たとえば,

$$G = E \exp\left(-\frac{t-t'}{\tau}\right) \tag{4.42}$$

の場合, 先に述べたマックスウェルモデルと等価なモデルとなっている.

$$\sigma = \int_{-\infty}^{t} E \exp\left(-\frac{t-t'}{\tau}\right) \frac{d\varepsilon}{dt'} dt' \tag{4.43}$$

この式を時間で微分すると,

$$\dot{\varepsilon} = \frac{1}{E}\dot{\sigma} + \frac{1}{\tau E}\sigma \tag{4.44}$$

となることから, E は弾性係数, τ は緩和時間となり, マックスウェルモデルと等価であることがわかる.

G は減退記憶の原理, すなわち, 過去の履歴よりは近い過去の履歴の影響が大きいとの仮定 ($dG/dt \leq 0$) を満足する正の関数であることが示されている (たとえば, 固体力学の基礎, 1981). 積分形の定式化では, 単一の緩和時間でなく, 多数の緩和時間, つまり緩和時間の分布を考えることによりモデルを一般化することができる.

c. 弾塑性体

はじめに土の変形挙動を把握する枠組みについて概観する. 最も平易な力学モデルは弾性体構成モデルである. 弾性体構成モデルでは, 材料に載荷した後, 除荷すると変形が載荷前の状態に戻るような挙動をモデル化している. 一方, 地盤材料や金属材料では, 変形が大きくなると, 除荷後も変形は載荷前の状態には戻らない. 材料のこのような性質を塑性と呼び, そのような性質を表す力学モデルを塑性体構成モデルまたは塑性体構成式と呼ぶ. 一般には弾性と塑性の性質を持ち, この両方の力学的性質を表現しうるモデルを弾塑性体構成モデル (構成式) または簡単に弾塑性モデルと呼ぶ.

理想的な弾塑性体の 1 次元での応力–ひずみ関係を模式図で示すと図 4.9 (a), (b), (c) のようになる. 図 4.9 (a) では A 点から除荷すると不可逆的な変形は発生しない. この点を超えて載荷すると変形は元に戻らず塑性的なひずみが発生する. A 点以後剛性は一般に低下する. B 点から除荷すると C 点に至るが, OC は残留塑性ひずみを表す. A 点は弾性限界または初期降伏点と呼ばれ, その時の応力を降伏応力 (または初期降伏応力) という. C 点からさらに載荷すると B 点までは弾性的な挙動を示し, その後 D 点へと弾塑性変形が進んで行く. A 点から D 点の領域は降伏点が高くなっているという意味でひずみ硬化領域といい, このような応力–ひずみ曲線をひずみ硬化型と呼ぶ.

図 4.9 (b) は弾完全弾塑性体の場合の応力–ひずみ曲線であって, 非ひずみ硬化

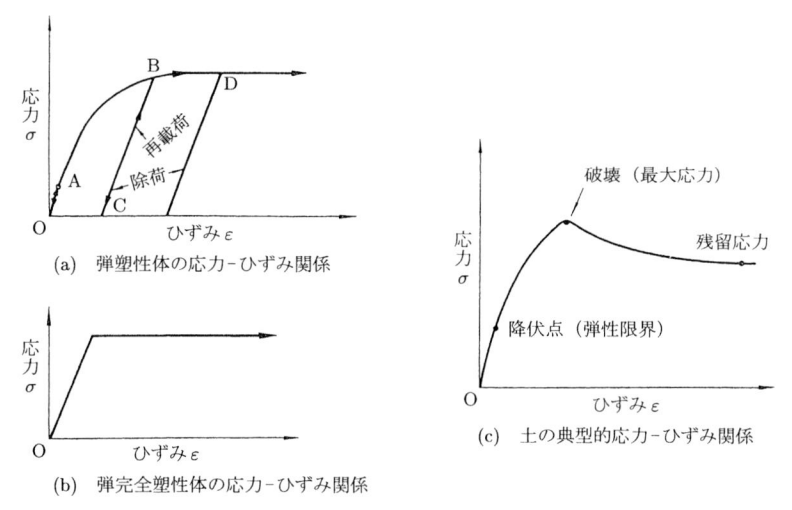

図 4.9 応力-ひずみ関係

型の応力-ひずみ曲線である．A 点までの弾性部分がない場合，完全塑性体と呼ばれる．図 4.9 (c) では，最大応力点に至った後，ひずみの増加に伴い応力が減少しているが，このような領域は降伏応力が低下している領域としてひずみ軟化と呼ばれる．最大応力点の状態は破壊と呼ばれる．このひずみ軟化型の応力-ひずみ曲線はひずみ制御型の試験機を用いると得られるが，応力制御型の試験機では最大応力に至った後制御が不可能になり，ひずみが急速に増加し破壊に至る．

■文 献

1) Terzaghi, K.：Theoretical Soil Mechanics, John Wiley & Sons, 1943.
2) 岡 二三生：2 相混合体からみた有効応力の定義について，土木学会論文報告集，**299**, pp.59-64, 1980.
3) Hooke, R.：Lectures de potentia restitutiva, or of spring, explaining the power of springing bodies, 1678. (also：R. T. Guntler：Early Science in Oxford 8, pp. 331-356, 1931.)
4) Maxwell, J.C.：On the dynamical theory of gases, *Phil. Trans. Royal. Soc.* **157**, pp.49-88, 1867; *Phil. Mag.* **4** (35), pp.129-145, 185-217, 1868.
5) Voigt, W.：Über die innere Reibung der festen Körper, insbesondere der Krystalle, *Göttinger Abh.*, **36** (1), 1889.
6) Skempton, A.W.：The pore-pressure coefficients A and B, *Géotechnique*, **4** (4), pp. 143-147, 1954.
7) 岡 二三生：土における有効応力の原理，土と基礎，**36-6**(365), pp.11-17, 1988.
8) Oka, F.：Validity and limits of the effective stress concept in geomechanics, *Mechanics of Cohesive-Frictional Materials*, **1** (2), pp.219-234, 1996.

9) 岡　二三生：土質力学演習, 森北出版, 1995.
10) Bishop, A.W. and Eldin, G.：Undrained triaxial tests on saturated sand and their significance in the general theory of shear strength, *Géotechnique*, **2**, pp.13-32, 1950.
11) Malvern, L.：Introduction of the Mechanics of a Continuous Medium, Prentice-Hall, 1969.
12) 富田佳宏：連続体力学の基礎, 養賢堂, 1995.
13) 日本材料学会編：固体力学の基礎, 日刊工業新聞社, 1981.

5 飽和土中の水の流れ

地盤中の水の流れは地盤の挙動にとってきわめて重要である．本章では地中の水の運動理論からその応用としての井戸の理論までを扱う．

5.1 ダルシーの法則 (間隙水の運動方程式)

地盤材料の間隙を通る水の流れを記述する法則はフランスの土木技術者であったヘンリー・ダルシー (Henry Darcy, 1856) によって実験的に見出された．ダルシーは，水頭差と単位時間当たりの流量の関係を明らかにするため，助手のシャルル・リッターとともに次のような実験を行った．この実験の結果は，フランスのディジョン (Dijon) 市の公共水道に関するレポートの付録 (appendix) として報告されている．実験は，ディジョン市の病院の中庭で，図 5.1 に示す実験器を用いて行われた．内径 3.5 m，長さ 2.5 m ないし 3.5 m の鉛直におかれた鉄製のパイプである．パイプの中に砂を入れ，上から水道水が供給され，上部と下部にセットされた水銀 U 字マノメーターで水頭が計測された．最初の実験は，1856 年 10 月

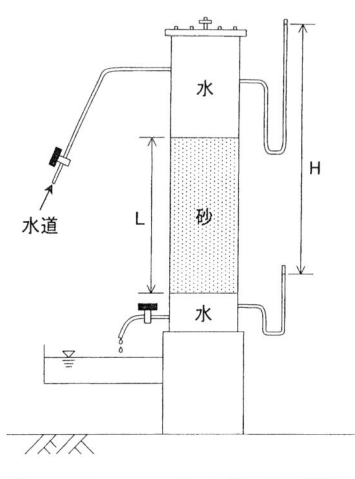

表 5.1

No.	H/L	q (m/sec)
1	1.91	0.623×10^{-3}
2	4.07	0.133×10^{-2}
3	6.90	0.210×10^{-2}
4	8.45	0.247×10^{-2}
5	8.66	0.263×10^{-2}
6	13.16	0.378×10^{-2}
7	14.02	0.410×10^{-2}
8	14.79	0.424×10^{-2}
9	17.0	0.482×10^{-2}
10	18.8	0.509×10^{-2}

Saône (ソーヌ) 川砂, $k = 2.85 \times 10^{-4}$ (m/sec)

図 5.1 ダルシーの用いた透水試験装置の略図

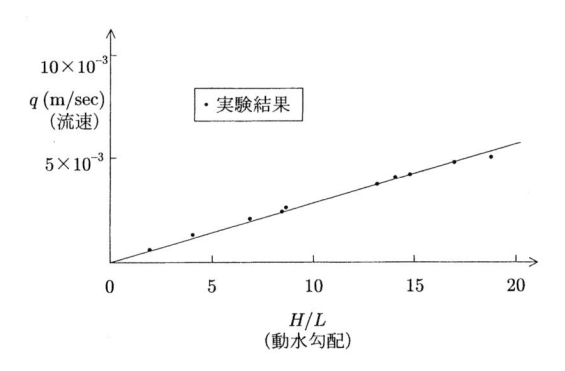

図 5.2 ダルシーによる透水試験結果

29 日から 11 月 2 日にかけて，ソーヌ川 (Saône river) 砂を用いて行われた．実験はその後も行われ，合計 35 回の実験が実施された．表 5.1 は最初に行われた第 1 回目の実験の第 1 シリーズの結果である．図 5.2 はこの表から作成された動水勾配 H/L と流速 q の関係である．合計 35 回の実験が行われたが，その結果は，単位時間当たりの流量と動水勾配の間に明確な線形の関係があることを示している．この線形関係がダルシーの法則として知られる関係であり，砂の中の水の運動を支配する法則である．図 5.2 より，この線形関係の勾配である透水係数 k は $k = 2.85 \times 10^{-4}$ m/sec と求められる．

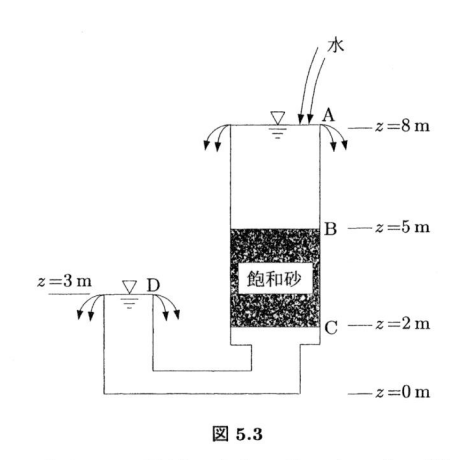

図 5.3

図 5.3 はダルシーが行った実験と同様な土中の水の流れの模式図である．ΔH は 2 点で計られたピエゾ水頭の差であり，ピエゾ水頭のことを全水頭と呼ぶ．全水頭 (ピエゾ水頭) の勾配が動水勾配である．水頭 (water head) の概念は，ベルヌーイ (Bernoulli) によって提唱された概念であり，ベルヌーイの定理で用いられている．

全水頭は

$$H = z + \frac{p}{\rho g}$$

z：位置水頭，ρ：水の質量密度，g：重力加速度，p：水圧と定義されるが，透水問

題では，速度勾配が無視できる場合，すなわちレイノルズ数が 1～10 程度と小さい場合を取り扱う．ベルヌーイの定理では，全水頭は単位体積重量当たりのエネルギを表し，先の開いた細管のマノメーターや水銀 U 字マノメーターで計ることができる．全水頭については，水理学で用いられるベルヌーイの定理から管路の流れとのアナロジーで説明されることが多いが，ベルヌーイの定理自体が，オイラー (Euler) の運動方程式を流線に沿って積分したものであることに注意したい．また，土中の水の浸透，透水は，管路の流れのような簡単な境界条件での単一の流体の運動ではなく，複雑につながる小さな間隙の中の流れであり，その理論は運動を巨視的に捉えるものであるから，その取り扱いの体系も独自のものとなる．液体で満たされた多孔質体の運動は，3.10 節で述べたような，ビオの多相系の力学が代表的である．つまり，ベルヌーイの定理による地下水位の流れの説明は，3 章で述べたような仮想的な連続体としての流体相の流れを取り扱うことを前提としている．

図 5.3 においては，水は A 点→ B 点→ C 点→ D 点に向かって流れるが，これは必ずしも水圧の高いところから低いところに水が流れないことを示す．つまり，後で述べるように，重力の影響も考慮すると飽和土中の水は全水頭の大きいところから小さいところに向かって流れる．全水頭とは水圧を水頭で表した圧力水頭に位置水頭を加えたもので定義される．全水頭の意味は後で述べることとする．

図 5.3 の場合，次のように書ける．

$$Q = kiA \tag{5.1}$$

$$i = -\frac{H_2 - H_1}{L}$$

Q：流量 (cm^3/sec)，k：透水係数 (cm/sec)，i：動水勾配，A：断面積 (cm^2)，H_1：B 点での全水頭，H_2：C 点での全水頭，L：B–C 間の長さ (cm)．

2 相系の材料の運動方程式については，3.10 節で述べたが，ここでは，ダルシーの法則との関係を明らかにしよう．

ダルシーの法則は土中の水の流れを支配する法則であるが，より広い意味では固体と流体の 2 相混合体の流体の運動方程式と見なすことができる．

水と土粒子より構成される飽和土を考えよう．連続体としての密度を固相と流体相に対して定義すると，式 (3.64) で示したように飽和土の密度を ρ として，

$$\rho = \rho^{(s)} + \rho^{(f)} = (1-n)\rho_s + n\rho_f \tag{5.2}$$

ここで, ρ, ρ_s, ρ_f, n はそれぞれ, 飽和土全体の質量密度, 土粒子の質量密度, 水の質量密度, 間隙率である. 以下, 仮想的に $\rho^{(s)} = (1-n)\rho_s$, $\rho^{(f)} = n\rho_f$ という密度を持つ固相と流体相の重ね合わせで土を表現する.

仮想的な連続体としての流体相, 固相を考えるとそれぞれの相に対する運動方程式を導くことができる. ここでは, 流体相の運動方程式を考えよう. まず, 固相と流体相の分応力について考える. 全応力は各分応力の和として表される.

$$\sigma_{ij} = \sigma_{ij}^s + \sigma_{ij}^f \tag{5.3}$$

ここで, σ_{ij}: 全応力テンソル, σ_{ij}^s: 固相に働く分応力テンソル, σ_{ij}^f: 流体相に働く分応力テンソル.

間隙の水圧を u とすると, 飽和土の単位面積当たり実際に間隙水が存在するのは n (間隙率) だから, 仮想的な流体相には分応力として, nu が働くと考えることができる.

$$\sigma_{ij}^f = nu\delta_{ij} \tag{5.4}$$

ここで, δ_{ij}: クロネッカーのデルタ ($i=j$ の時 1, $i \neq j$ の時 0).

間隙水圧 u が働いている場合, 土粒子からなる固相にも $(1-n)u$ の応力が働くから, 有効応力 σ_{ij}' は,

$$\sigma_{ij}^s = \sigma_{ij}' + (1-n)u\delta_{ij} \tag{5.5}$$

したがって,

$$\sigma_{ij}' = \sigma_{ij} - u\delta_{ij} \tag{5.6}$$

ここで, σ_{ij}': 有効応力テンソル, u: 間隙水圧, δ_{ij}: クロネッカーのデルタ ($i=j$ の時 1, $i \neq j$ の時 0).

流体相の運動方程式の局所形は,

$$n\rho_f \frac{dv_i^f}{dt} = -\frac{\partial(nu)}{\partial x_i} + n\rho_f F_i - D(v_i^f - v_i^s) \tag{5.7}$$

ここで, v_i^f: x_i 方向の流体 (水) の速度, v_i^s: x_i 方向の固相の速度, u: 間隙水圧 (圧縮を正とする), x_i: 座標, F_i: 物体力ベクトル, D: 水と土の相互作用を表すパラメータである. $\frac{d}{dt}$: 時間微分 ($i=1, 2, 3$).

式 (5.7) で, $D(v_i^f - v_i^s)$ は土の間隙を水が流れる場合, 間隙水が土骨格から受ける力に対応している. 準静的運動の場合, 加速度の項は無視できるから, $\frac{dv_i^f}{dt} = 0$

と近似できる. この時, D を次式で定義すると, ダルシーの法則が導かれる.

$$D = \frac{n^2 \rho_f g}{k} \tag{5.8}$$

ここで, g：重力加速度, k：透水係数.

加速度を無視できる場合, 式 (5.7) は,

$$D(v_i^f - v_i^s) = -\frac{\partial (nu)}{\partial x_i} + n\rho_f F_i \tag{5.9}$$

固相 (土粒子骨格) に対する運動方程式の局所形は式 (3.79) のように表されるが, 透水問題では固相の変形は考えないので, ここでは示さない. ただし, 全体の釣合い式は必要である.

5.2 土中の水の 1 次元流れ

1 次元問題に限れば, $i=1$, $F_1 = g$ (重力のみを物体力として考える) とし, 重力 g の働く方向に表面から下に向かって座標 x_1 (図 5.4) をとると, 見かけの水の速度を用いて, 次のように変形される.

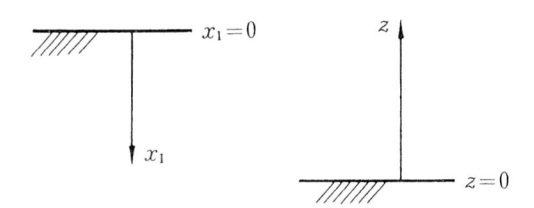

図 5.4 座標

$$n(v_1^f - v_1^s) = V_1^f \tag{5.10}$$

V_1^f は土の単位断面積当たりの水の流量 (見かけの速度).

n を一定とすると, 式 (5.8), (5.9) と $F_1 = g$ (重力加速度) より,

$$V_1^f = -\frac{k}{\gamma_w} \frac{\partial (u - \gamma_w x_1)}{\partial x_1} \tag{5.11}$$

ここで, $\gamma_w = \rho_f g$.

さらに, 水頭で表現するため座標を地表面から上向きにとって, $z = -x_1$ とすると, 速度 V_1^f の符号もかわることに注意して,

$$V_1^f = -\frac{k}{\gamma_w}\frac{\partial(u+\gamma_w z)}{\partial z} \tag{5.12}$$

全水頭を H_T, 位置水頭を $H_E = z$, 圧力水頭を $H_P = u/\gamma_w$ と表すと,

$$H_T \equiv \frac{u}{\gamma_w} + z = H_P + H_E \tag{5.13}$$

となる.したがって, 式 (5.12) は,

$$V_1^f = -k\frac{\partial H_T}{\partial z} = ki \tag{5.14}$$

と書き直せる.ここで, $i = -\frac{\partial H_T}{\partial z}$ は動水勾配と呼ばれる.式 (5.14) は, 式 (5.1) で示したダルシーの法則である.

一方, 加速度を無視すると, 飽和土全体の釣合い式は,

$$\frac{\partial(\sigma'+u)}{\partial x_1} - (n\rho_f + (1-n)\rho_s)g = 0 \tag{5.15}$$

$n = \frac{e}{1+e}$ だから, 飽和土の単位体積重量 γ_t は

$$\gamma_t = \frac{\rho_s + e\rho_w}{1+e}g = \frac{G_s + e}{1+e}\gamma_w \tag{5.16}$$

ここで, G_s は土粒子の比重である.

飽和土では, 単位体積重量 γ_t は, 次のように書き換えられる.

$$\gamma_t = \gamma' + \gamma_w$$
$$\gamma' = \frac{\rho_s - \rho_w}{1+e}g = \frac{(G_s - 1)\gamma_w}{1+e} \tag{5.17}$$

ここで, γ' は水中単位体積重量である.これより, 座標を地表面から上向きにとると, $x_1 \to -z$ となる.式 (5.15) は書き換えられて,

$$\frac{\partial(\sigma'+u)}{\partial x_1} - (\gamma' + \gamma_w) = 0 \tag{5.18}$$

この式を全水頭 $H_T = u/\gamma_w + z$ で書き直すと,

$$\gamma_w \frac{\partial H_T}{\partial z} = \frac{\partial u}{\partial z} + \gamma_w \tag{5.19}$$

だから,

$$\frac{\partial \sigma'}{\partial z} + \gamma' - i\gamma_w = 0 \tag{5.20}$$

$$i = -\frac{\partial H_T}{\partial z} \tag{5.21}$$

ここで, 式 (5.20) で, $i\gamma_w$ は透水に対応する力であるから, 単位体積当たりの透水力と呼ばれる.

a. 砂層のボイリング (クイックサンド)

図 5.5 で c 点の高さを高くして行くと，砂層 ab が液体状になるボイリング (boiling，またはクイックサンド (quicksand)) 現象が起こる．このような現象について考えてみよう．図 5.5 の a 点では有効応力がゼロだから，有効応力の勾配 $\frac{\partial \sigma'}{\partial z}$ がゼロであれば，全層 (a 点から b 点) にわたって有効応力はゼロとなる．この時，点 a–b 間の砂は液体状となる．この現象は，9 章で取り扱う地盤の液状化現象である．液状化が発生すると砂は液体状になり，表面近くで地盤より噴出するが，これが水の湧き出しに似ていることから，この状態をボイリングと呼ぶ．

この時，式 (5.20) から次式が成り立つ．

$$\gamma' - i\gamma_w = 0 \tag{5.22}$$

これがクイックサンドまたはボイリングの発生条件となり，その時の動水勾配 i を限界動水勾配 i_{cr} という．

$$i_{cr} = \frac{\gamma'}{\gamma_w} = \frac{\rho_s/\rho_w - 1}{1+e} = \frac{G_s - 1}{1+e} \tag{5.23}$$

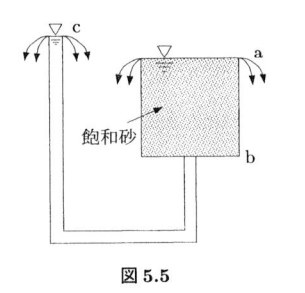

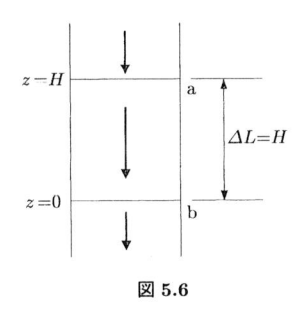

図 5.5

図 5.6

b. 透水力 (浸透力) と浸透水圧

全水頭の定義から $\gamma_w \Delta H_T$ は圧力の次元を持つ．したがって，図 5.6 に示すように，次のような量が定義される．

$\gamma_w \Delta H_T$: 浸透水圧，$\gamma_w \Delta H_T A$: 浸透力 (A : 土の断面積)．
$-(\gamma_w \Delta H_T A)/(A\Delta L) = i\gamma_w$: 単位体積当たりの浸透力 (透水力)，i は動水勾配．ただし，$\Delta H_T = H_T(z=H) - H_T(z=0)$.

ダルシーの法則の適用においては，次の点に注意しよう．

① $V_1 = 0$ の時, $\frac{\partial H_T}{\partial z} = 0$ となるから, z 軸に沿って H_T は一定となる.

② $k = \infty$ の時, 同様にダルシーの法則より, $H_T = $ 一定.

①は水が流れない場合 (不透水) に, ②は土が存在しない場合 (水だけの場合) に対応している.

図 5.3 のように砂柱と水位が与えられている時, 水の見かけの流速, 真の流速, 全水頭, 圧力水頭, 位置水頭の分布および, 流量と水の流れる方向を考えよう. A 点から水が供給され続けているものとする. ただし, $k=10^{-3}$cm/sec, A (断面積)$=100\,\mathrm{cm}^2$, $n = 0.5$ とする.

座標は上向きに z 軸を設定する. 全水頭, 圧力水頭, 位置水頭の分布は図 5.7 に示す. 見かけの流速は,

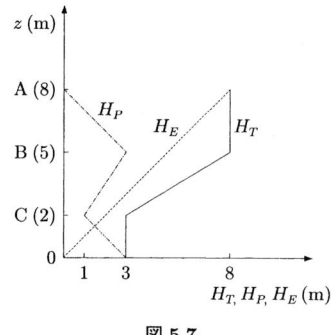

図 5.7

$$V = ki = k \times \left(-\frac{\partial H_T}{\partial z}\right) = 10^{-3} \times \left(-\frac{8-3}{5-2}\right) = -1.67 \times 10^{-3}\,\mathrm{cm/sec}$$

間隙を流れる水の真の流速は

$$v = \frac{V}{n} = -3.34 \times 10^{-3}\,\mathrm{cm/sec}$$

流速の符号は負だから, z 軸の負の方向, すなわち水は図 5.3 の B 点から C 点に向かって流れる.

流量 Q は

$$Q = AV = -Ak\frac{\partial H_T}{\partial z}$$
$$= -100 \times 10^{-3} \times 1.67 = -0.167\,\mathrm{cm}^3/\mathrm{sec}$$

c. 変水位透水試験および定水位透水試験による透水係数の決定方法

室内透水試験には, 変水位透水試験および定水位透水試験の 2 つの方法がある. 変水位透水試験は, 粘性土などの細粒分が多く, 透水係数の小さな土に, 定水位透水試験は, 礫や砂のような, 比較的透水係数の大きな土に適している.

図 5.8 に示すように, 変水位透水試験では水位の降下量から透水係数を求める. a をビュレットの断面積, A を土試料の断面積, L を試料の長さ, h を水頭とすると, 水頭変化 (減少) は移動した水の量に対応するから,

$$-adh = k\frac{h}{L}Adt$$

(a)定水位透水試験 (b)変水位透水試験

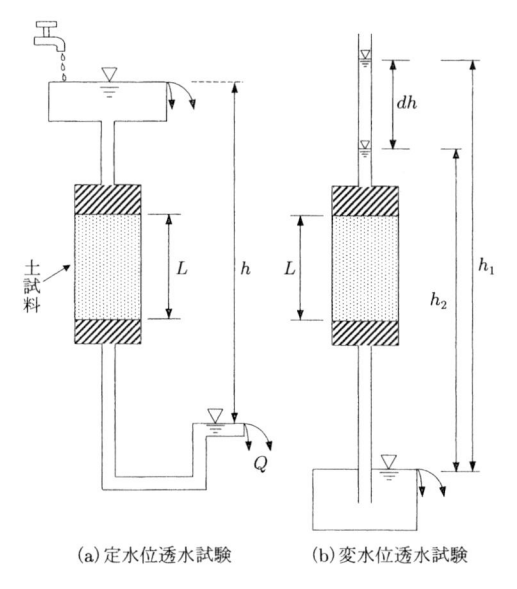

図 5.8

$t = t_1$ で, $h = h_1$, $t = t_2$ で, $h = h_2$ と観測されたとすると, 積分して,

$$-\int_{h_1}^{h_2} a \frac{dh}{h} = \int_{t_1}^{t_2} \frac{kA}{L} dt$$

したがって,

$$k = \frac{aL}{A(t_2 - t_1)} \ln \frac{h_1}{h_2} = \frac{2.303\, aL}{A(t_2 - t_1)} \log_{10} \frac{h_1}{h_2} \tag{5.24}$$

一方, 定水位透水試験では, ある時間内 T に試料内を流れた水の量 Q から,

$$Q = kiAT = k\frac{h}{L}AT \tag{5.25}$$

よって,

$$k = \frac{QL}{hAt} \tag{5.26}$$

5.3　2次元透水問題の解析

a. 質量保存則

　飽和土の場合, 土粒子構造骨格の圧縮性に比べて, 水は非圧縮性に近い. したがって, 図 5.9 のような土の要素への 1 次元の水の流入, 流出を考えると, 単位時間当たりの水の流出量は単位時間当たりの土の要素の体積変化量 (体積圧縮量) に等しい. これは質量保存則に相当し, 圧縮ひずみを正として, 次のように書ける.

$$\frac{\partial V_x}{\partial x} = \frac{\partial \varepsilon_x}{\partial t} \qquad (5.27)$$

ここで V_x：水の単位時間当たりの流出量 (見かけの速度), ε_x：x 方向のひずみ.
3次元では,

$$\frac{\partial V_x}{\partial x} + \frac{\partial V_y}{\partial y} + \frac{\partial V_z}{\partial z} = \frac{\partial}{\partial t}(\varepsilon_x + \varepsilon_y + \varepsilon_z) \qquad (5.28)$$

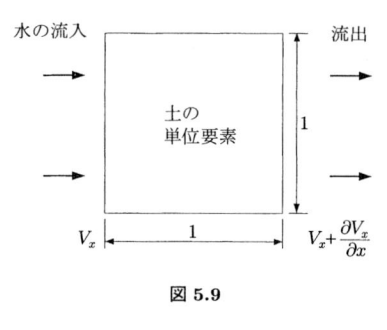

図 5.9

式 (3.72) を導いたように, 式 (5.28) は, 流体相と固相でそれぞれ質量保存則が成り立つと仮定して導くこともできる. 土の圧縮性を考えない場合, 体積ひずみ ($\varepsilon_v = \varepsilon_x + \varepsilon_y + \varepsilon_z$) は無視することができる. したがって, $\frac{\partial \varepsilon_v}{\partial t} = 0$ だから,

$$\frac{\partial V_x}{\partial x} + \frac{\partial V_y}{\partial y} + \frac{\partial V_z}{\partial z} = 0 \qquad (5.29)$$

式 (5.29) は $\widetilde{V} = (V_x, V_y, V_z)$ の発散がないこと ($\mathrm{Div}(\widetilde{V}) = 0$) を意味し, 湧き出しがないことに対応する. 上式に, 以下のダルシーの法則を代入する.

$$V_x = -k_x \frac{\partial H_T}{\partial x}, \quad V_y = -k_y \frac{\partial H_T}{\partial y}, \quad V_z = -k_z \frac{\partial H_T}{\partial z} \qquad (5.30)$$

k_x, k_y, k_z は x, y, z 方向の透水係数である.

$$\frac{\partial}{\partial x}\left(k_x \frac{\partial H_T}{\partial x}\right) + \frac{\partial}{\partial y}\left(k_y \frac{\partial H_T}{\partial y}\right) + \frac{\partial}{\partial z}\left(k_z \frac{\partial H_T}{\partial z}\right) = 0 \qquad (5.31)$$

透水係数が場所にも方向にも依存しない場合は, $\Phi = -kH_T$ とおくと, この値は次式で示すラプラス (Laplace) の方程式を満たす. Φ をポテンシャル関数と呼ぶ.

$$\frac{\partial^2 \Phi}{\partial x^2} + \frac{\partial^2 \Phi}{\partial y^2} + \frac{\partial^2 \Phi}{\partial z^2} = 0 \qquad (5.32)$$

同時に, 全水頭もラプラスの式を満たす.

$$\frac{\partial^2 H_T}{\partial x^2} + \frac{\partial^2 H_T}{\partial y^2} + \frac{\partial^2 H_T}{\partial z^2} = 0 \qquad (5.33)$$

以下簡単のため 2 次元で考える. 湧き出しがなく, $\mathrm{Div}(\widetilde{V}) = 0$ が成り立つ時, 2 次元のグリーン (Green) の定理 (岡, 1995) から, $-V_y dx + V_x dy$ の全微分が存在する. それを $d\Psi$ とおくと,

$$-V_y dx + V_x dy = d\Psi \tag{5.34}$$

$$V_x = \frac{\partial \Psi}{\partial y}, \quad V_y = -\frac{\partial \Psi}{\partial x} \tag{5.35}$$

と書ける．後で述べるように，式 (5.37) から，$d\Psi = 0$ は流線の微分方程式となり，Ψ は流線を表す．このことより，Ψ を流れ関数と呼ぶ．

$\widetilde{V}$ の回転 $\mathrm{Rot}(\widetilde{V})$ を計算すると，ダルシーの法則より，

$$\begin{aligned}\mathrm{Rot}(\widetilde{V}) &= \frac{\partial V_y}{\partial x} - \frac{\partial V_x}{\partial y} \\ &= \frac{\partial^2 \Psi}{\partial x^2} + \frac{\partial^2 \Psi}{\partial y^2} = -k\frac{\partial^2 H_T}{\partial x \partial y} + k\frac{\partial^2 H_T}{\partial y \partial x} = 0\end{aligned} \tag{5.36}$$

したがって，ダルシーの法則を満たす流れは渦なしの流れとなり，流れ関数 Ψ もラプラスの式を満たす．流れ関数の差は，後で示すように，その間を流れる流量に等しい．

この式が定常状態の多次元浸透問題の基礎方程式である．この式の，境界条件を満たす解を求める方法としては，数学的方法 [直接解法, 数値解法 (差分法, 有限要素法, 境界要素法)]，図式解法 [流れ線図を用いるフローネット解法, フラグメント解法] や実験的方法 [粘性流モデル (Hele–Shaw), 電気的相似模型, 光弾性モデル等] などがある．

b. 流線網 (フローネット) による解析

フローネット (flow net) とは水の粒子の運動の軌跡である流線と全水頭の等しい等ポテンシャル線で作られる網目図で，流速, 水頭, 方向等を求めるのに便利である．以下, 2 次元問題を考える．

流線はその接線方向が速度ベクトルの方向に一致するから，流線 ($d\Psi = 0$) に沿って，式 (5.34) から，次式が成り立つ．

$$\left(\frac{dy}{dx}\right)_{(\Psi = \mathrm{const.})} = \frac{V_y}{V_x} \tag{5.37}$$

等ポテンシャル線 ($\Phi = $ 一定) に沿っては全水頭が一定だから，

$$dH_T = \frac{\partial H_T}{\partial x}dx + \frac{\partial H_T}{\partial y}dy = 0 \tag{5.38}$$

したがって，ダルシーの法則より, 等ポテンシャル線に沿って次式が成り立つ．

$$\frac{dy}{dx} = -\frac{k_y}{k_x}\frac{V_x}{V_y} \tag{5.39}$$

$k_x = k_y$ の時, 式 (5.37), (5.38) より,

$$\left(\frac{dy}{dx}\right)\text{等ポテンシャル線の勾配} \times \left(\frac{dy}{dx}\right)\text{流線の勾配} = -1 \tag{5.40}$$

したがって, 流線と等ポテンシャル線は直交する.

c. 水平方向と垂直方向の透水係数が等しい場合の流線網の描き方
流線網を描くに当たっての基礎事項
① 流線と等ポテンシャル線は直交する (図 5.10).
② 各流管を流れる流量は等しい.
③ 等ポテンシャル線間の水頭の損失量は等しい.
④ 等ポテンシャル線間の間隔と流線間の間隔の比は一定.
⑤ 不透水層に接する線は 1 つの流線, 大気に接する線は 1 つの等ポテンシャル線となる.

単位奥行き当たりの流量 ΔQ_1, ΔQ_2 は,

$$\Delta Q_1 = k\frac{\Delta H_1}{L_1}b_1 = k\frac{\Delta H_1}{L_2}b_2 \tag{5.41}$$

$$\Delta Q_2 = k\frac{\Delta H_1}{L_3}b_3 \tag{5.42}$$

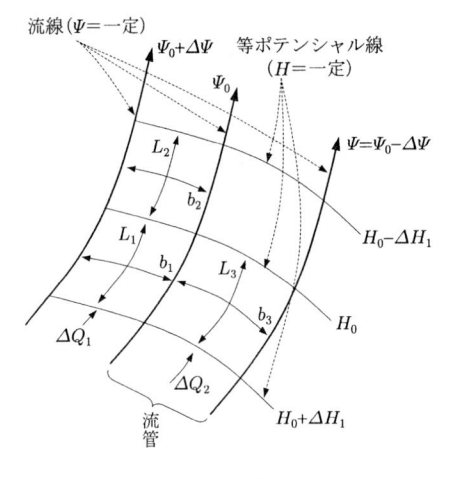

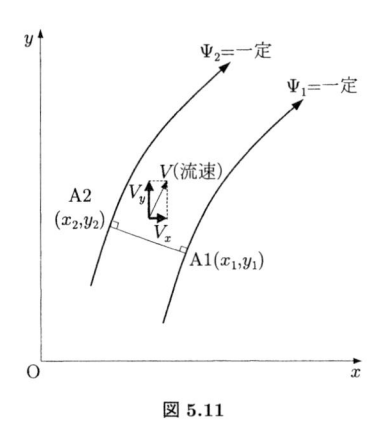

図 5.10

図 5.11

$\Delta Q_1 = \Delta Q_2$ より,
$$\frac{b_1}{L_1} = \frac{b_2}{L_2} = \frac{b_3}{L_3} \tag{5.43}$$

等ポテンシャル線間のスペースの数を N_h, 流管の数を N_f とする. N_f, N_h を流線網から読みとれば, 全流量はダルシーの法則から求められる.

$$\Delta Q = k \frac{Hb}{N_h L} \tag{5.44}$$

$$Q = \Delta Q N_f = kH \frac{N_f}{N_h} \left(\frac{b}{L}\right) \tag{5.45}$$

ここで, ΔQ: 1つの流管の流量, H: 水頭損失量, b: 流線網の辺の長さ, L: ポテンシャル線の間隔.

流線網が正方形の時,

$$Q = \Delta Q N_f = kH \frac{N_f}{N_h} \tag{5.46}$$

ここで, 先に述べた流れ関数の物理的な意味を考えよう. 図 5.11 のように流れ関数が一定となる2つの線を考える. この2つの線に直行する断面を A1–A2 とする. ここで A1–A2 面を流れる流量 Q は次式で表される.

$$Q = \int_{y1}^{y2} V_x dy + \int_{x2}^{x1} V_y dx = \int_{y1}^{y2} \frac{\partial \Psi}{\partial y} dy + \int_{x1}^{x2} \frac{\partial \Psi}{\partial x} dx = \int_{1}^{2} d\Psi = \Psi_2 - \Psi_1 \tag{5.47}$$

となって, 流れ関数の差はその間を流れる流量に等しい.

図 5.12 に示す矢板で仕切られた砂地盤の流線網について, 点 A–K での位置水頭, 全水頭, 圧力水頭および間隙水圧の分布と紙面方向 1 m 当たりの透水量を求めよう. ただし, 砂の透水係数は 1.0×10^{-5} m/sec とする.

透水量は式 (5.45) より,

$$Q = \Delta Q N_f = kH \frac{N_f}{N_h} = 1.0 \times 10^{-5} \times 10 \times \frac{4}{8} \times 1 = 5.0 \times 10^{-5} \text{ m}^3/\text{sec}$$
$$= 4.326 \text{ m}^3/\text{day}$$

図 5.13 のような水平な成層構造を持つ地盤がある. 第 i 層の透水係数を K_i, 層厚を H_i とした時, 鉛直浸透流に対する地盤全体としての等価鉛直透水係数 K_V と, 水平浸透流に対する地盤全体としての等価水平透水係数 K_H を求めよう.

鉛直浸透流に対して, その速度を V, 地盤層厚 H における全水頭の差を ΔH_T とおき, 層の数を n とすると, 全水頭の差は各層での全水頭の差 (H_{Ti}) の合計だ

図 5.12

図 5.13

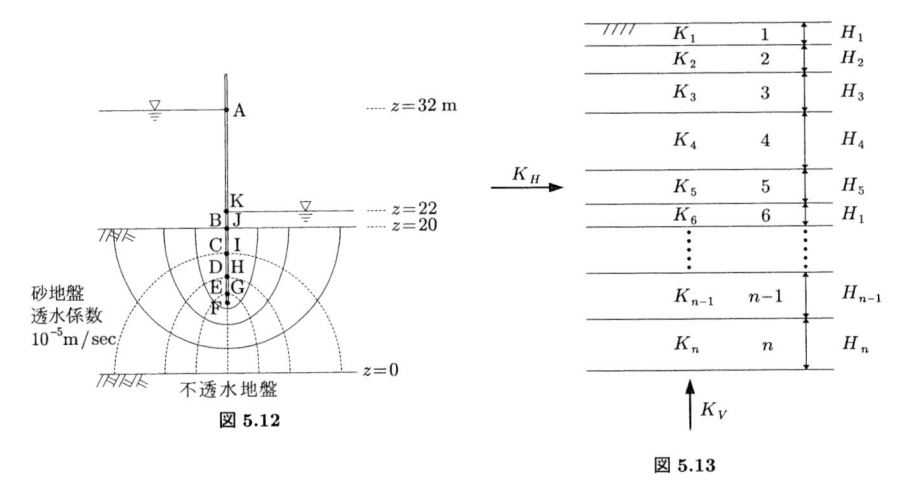

から,

$$\Delta H_T = \sum_{i=1}^{n} H_{Ti} \tag{5.48}$$

一方, 浸透流の流速 V_i は各層間で等しいから全層で一定である. たとえば, $n=2$ の時, ダルシーの法則より, 全体としての等価透水係数を K_V, 各層の厚さを H_1, H_2, 透水係数を K_1, K_2 とすると,

$$V = -K_V \frac{\Delta H_T}{H_1 + H_2}, \quad V_1 = -K_1 \frac{\Delta H_{T1}}{H_1}, \quad V_2 = -K_2 \frac{\Delta H_{T2}}{H_2} \tag{5.49}$$

$V = V_1 = V_2$ と $\Delta H_T = \Delta H_{T1} + \Delta H_{T2}$ より,

$$\frac{H_1 + H_2}{K_V} = \frac{H_1}{K_1} + \frac{H_2}{K_2}$$

よって, 等価鉛直透水係数 K_V は,

$$K_V = \frac{H_1 + H_2}{H_1/K_1 + H_2/K_2}$$

同様にして, n 層の場合, $V = V_1 \cdots = V_n$ と $\Delta H_T = \Delta H_{T1} \cdots + \Delta H_{Tn}$ より,

$$\frac{H_1 \cdots + H_n}{K_V} = \frac{H_1}{K_1} \cdots + \frac{H_n}{K_n}$$

よって, 等価鉛直透水係数は,

$$K_V = \frac{H}{H_1/K_1 + H_2/K_2 + \cdots + H_n/K_n} \tag{5.50}$$

次に，等価水平透水係数 K_H を求めよう．全水平浸透流量 Q は各層の流量 Q_i の和で表されるから，

$$Q = \sum_{i=1}^{n} Q_i \tag{5.51}$$

水平方向の流管の長さを L とすると，

$$Q = -K_H \frac{\Delta H_T}{L} H \tag{5.52}$$

$$Q_i = -K_i \frac{\Delta H_{T_i}}{L} H_i \tag{5.53}$$

$\Delta H_T/L = \Delta H_{T_i}/L$ だから，全体の水平透水係数 K_H は，

$$K_H = \frac{\sum_{i=1}^{n} K_i H_i}{H} \tag{5.54}$$

と表される．

図 5.13 のような厚さ H_i, $i = 1, \cdots, n$ の n 層からなる水平層状地盤の鉛直等価透水係数 K_V と水平等価透水係数 K_H の大小関係は，次の不等式で表されることが証明されている (岡, 1995).

$$K_V = \frac{\sum_{i=1}^{n} H_i}{\sum_{i=1}^{n} \frac{H_i}{K_i}} \tag{5.55}$$

$$K_H = \frac{\sum_{i=1}^{n} K_i H_i}{\sum_{i=1}^{n} H_i} \tag{5.56}$$

$$K_H \geq K_V \tag{5.57}$$

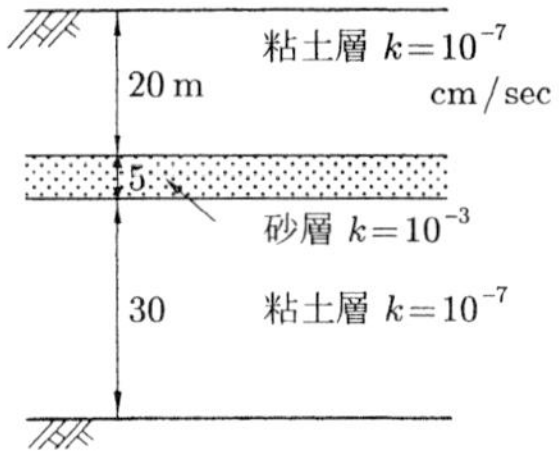

図 5.14 のような薄い砂層を含む粘土地盤の粘土地盤全体としての水平方向と鉛直方向の透水係数を求めよう．

図 5.14

水平方向の透水係数 k_h は，

$$k_h = \frac{20 \times 100 \times 10^{-7} + 5 \times 100 \times 10^{-3} + 30 \times 100 \times 10^{-7}}{55 \times 100}$$
$$= 9.1 \times 10^{-5} \text{ cm/sec}$$

鉛直方向の透水係数 k_v は，

$$k_v = \frac{55 \times 100}{\frac{2000}{10^{-7}} + \frac{500}{10^{-3}} + \frac{3000}{10^{-7}}} = 1.10 \times 10^{-7} \text{ cm/sec}$$

となり，水平方向の透水係数の方が大きくなる．

d. 土の種類と透水係数

土の種類によって透水係数は異なってくる．表 5.2 に主な土と透水係数との対応を示す．テイラー (1948) は細い円管の中の流れ (ポアズイユ (Poiseuille) の流れ) を仮定し，透水係数と間隙比などとの関係式 (5.58) を求めている．

表 5.2 土の透水性（Milligan, 1975）

透水係数 (k)

| 10^2 | 10 | 1 | 10^{-1} | 10^{-2} | 10^{-3} | 10^{-4} | 10^{-5} | 10^{-6} | 10^{-7} | 10^{-8} | (cm/sec) |

← 礫 | 砂 | シルト | 均質な粘土 →
風化した割れ目のある粘土
過圧密破砕性粘土 | 良質の岩または
破砕性の高い岩 | ジョイントを少し含む岩 →

$$k = CD_s^2 \frac{\gamma_w}{\mu} \frac{e^3}{(1+e)} \tag{5.58}$$

C：土粒子構造に関係する形状係数，D_s：有効粒子径，μ：浸透流体の粘性係数．一方，ハーゼン (Hazen) は均等な (均等係数 2 以下) 緩い砂の透水係数と D_{10} との関係を明らかにしている．

$$k = C_1 D_{10}^2 \tag{5.59}$$

$C_1 = 100$ から 150 くらい．このことより，D_{10} を有効径と呼ぶ．ただし，k の単位は cm/sec，D_{10} の単位は cm である．

粘土の透水係数特性　タベナ (Tavenas) ら (1983) によれば，粘土の透水係数について，少なくとも体積ひずみが 20% より小さい場合，間隙比に対する鉛直透水係数 (水理的伝導性 (hydraulic conductivity)) は次のように表される (Taylor, 1948)．

$$\log_{10} k = \log_{10} k_0 - \frac{e_0 - e}{C_k} \tag{5.60}$$

ここで，k と k_0 は，それぞれ間隙比が e と e_0 での透水係数，C_k は透水係数の変化率である．

タベナら (1983) はまた，C_k が初期間隙比 e_0 に関係することを示した．

一次近似として，次式を示している．

$$C_k = 0.5 \, e_0 \tag{5.61}$$

透水係数 k は間隙流体の性質に依存しない材料固有の透水係数 K, 動的な粘性係数 μ, 間隙流体の密度 ρ, 重力加速度 g を用いて次のように表される.

$$k = K\frac{\rho g}{\mu} \tag{5.62}$$

水の密度は温度によって顕著に変化しないが, 水の動的な粘性は温度によって強く影響されるため, 透水係数は間隙流体の動的な粘性に逆比例することになる.

自由水の粘性は近似的にみれば指数的に温度に依存している.

$$\mu = Ae^{B/T} \tag{5.63}$$

ここで, A と B は定数, T は温度である.

たとえば, 温度が 5°C から 35°C に変化すると, 水の動的粘性は 1/2.1 に減少し, 透水係数は 2.1 倍に増加することになるが, この時 $B = 4.33$ となる.

e. 揚圧力とヒービング

ダムの底面や排水時のドック底面に働く水圧を揚圧力と呼ぶが, ドック底面に働く揚圧力が大きいと, 底面の膨れ上がり, ヒービング (heaving) が起こる. このような現象は, 粘土地盤の掘削時に下部に被圧滞水砂層などが存在する時に粘土地盤のヒービングとして発生することもある. このように揚圧力は水圧であるから, 水の動きがない場合は静水圧であるが, 浸透現象がある場合は圧力水頭から求める. 図 5.15 のようなダム底面点 A における揚圧力 (uplift water pressure) は次のようにして求められる.

ダム貯水池底面の位置水頭を 0 とすると, A 点の全水頭は,

$$H_{T,A} = 5 - 7 \times \frac{5}{14} = 2.5 \text{ m}$$

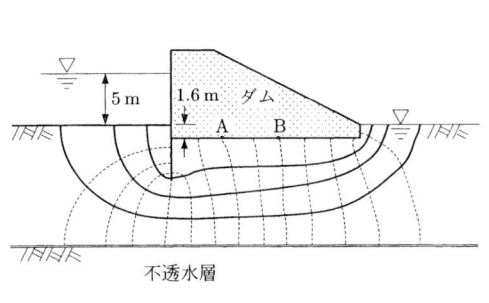

図 5.15

図 5.16

したがって，A 点での圧力水頭は，

$$H_p = 2.5 - (-1.6) = 4.1 \text{ m}$$

揚圧力は，4.1 m× 9.8 kN/m³=40.2 kN/m² となる．

次に，図 5.16 に示すようなシートパイル付近のクイックサンド (ボイリング) 現象について，その安定性を検討しよう．

シートパイルの深さを D として，パイル近傍 $D/2$ の幅の安定を検討する．図 5.16 の abcd の全重量は $\gamma_t D^2/2$, ab 面での破壊時の全水頭は $F_s h_m$, F_s は安全率，ab の位置水頭は $-D$. したがって，ab 面の平均間隙水圧は $(F_s h_m + D)\gamma_w$. この時，ab 面に働く全間隙水圧は $D(F_s h_m + D)\gamma_w/2$. 以上より，abcd に働く力の釣合いから，

$$\frac{\gamma_t D^2}{2} - \frac{D(F_s h_m + D)\gamma_w}{2} = \frac{\gamma' D^2}{2} - \frac{F_s h_m \gamma_w D}{2} = 0$$

$$F_s = \frac{D^2 \gamma'/2}{h_m D \gamma_w/2} = \frac{i_c}{h_m/D}$$

ここで，i_c は限界動水勾配で

$$i_c = \frac{G_s - 1}{1 + e} \tag{5.64}$$

である．

f. パイピング

浸透水圧による有効応力の低下であるクイックサンド現象が局所的に発生すると，パイプ状に水みちが発生する．これをパイピング (piping) と呼ぶ．堤防や，アースダムの欠壊事故の原因となる．

次に，土中の水の流れで浸潤面を持つ場合を考えよう．

デュピュイの仮定　図 5.17 に示すような土中の浸潤面を考える．浸潤面の勾配が大きくない時，水頭に関して次のような仮定がなされる．図の A 点の全水頭を，B 点から垂直に立てた直線と浸潤面との交点 a で近似するのである．同様に，C 点の全水頭を c 点で近似する．このように仮定することにより，全水頭の勾配は座標の勾配で置き換えられる．

$$\frac{\Delta h}{\Delta s} = \frac{\Delta z}{\Delta x}$$

この仮定をデュピュイ (Dupuit) の仮定という．

図 5.17

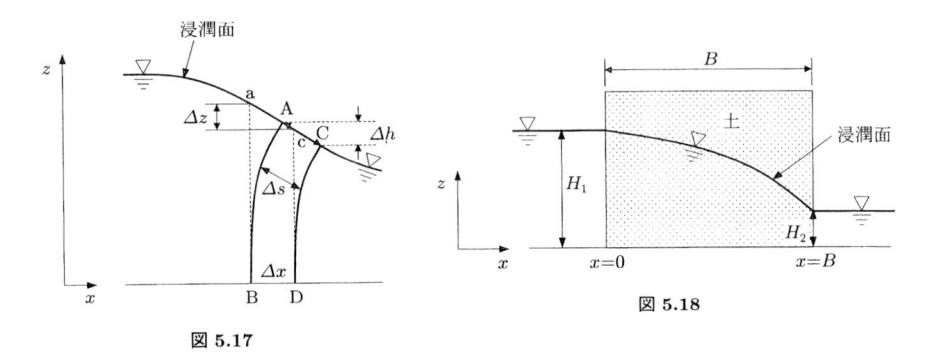

図 5.18

図 5.18 のような堤体内の浸潤面を考えよう．上流側の水位 H_1，下流側の水位 H_2 を一定とする．次に，デュピュイの仮定が成り立つとして，定常状態での堤体内の浸潤面の形を求めよう．

デュピュイの仮定が成り立つ場合，ダルシーの法則より，

$$Q = -k\frac{\Delta z}{\Delta x}z$$

流量 Q が一定の時は積分できて，

$$Qx = -\frac{kz^2}{2} + 積分定数$$

したがって，浸潤面は放物線で表される．また，$x = B$ で $z = H_2$ だから，流量 Q は

$$Q = \frac{k}{2B}(H_1^2 - H_2^2) \tag{5.65}$$

となる．

g. 地下水の揚水

地下水は井戸で汲み上げるが，地下水の汲み上げに伴う地下水流が単純な重力流で自由水面を持ち不圧の場合と，上部が粘土層などの難透水性の地盤で覆われている被圧流の2つの場合がある．不圧地下水から汲み上げる井戸を重力井戸，被圧地下水から汲み上げる井戸を掘抜き井戸という．

井戸から地下水を汲み上げる場合，周りから十分な地下水の供給があると，汲み上げ開始後，しばらくすると地下水面がほぼ一定となる定常状態に達する．まず，定常状態での揚水量を求めよう．

1) 定常揚水理論

重力井戸　デュピュイの仮定が成り立つとすると，動水勾配 i は

$$i = \frac{dh}{dr}$$

したがって，ダルシーの法則より，

$$Q = 2\pi k r h \frac{\partial h}{\partial r} \qquad (5.66)$$

$r = R$ で $h = H$ の条件で積分すると，

$$H^2 - h^2 = \frac{Q}{\pi k} \ln \frac{R}{r} \qquad (5.67)$$

ここで，ln は自然対数を表すものとする．よって，揚水量 Q は，

$$Q = \pi k \frac{H^2 - h_0^2}{\ln \frac{R}{r_0}} \qquad (5.68)$$

井戸からの距離がそれ以上遠いと水位の低下が無視できる半径 R を，影響半径という．通常，井戸の半径の 3000～5000 倍，または 500～1000 m とすることが多い．式 (5.68) を用いて揚水解析をする方法をティーム (Thiem) の方法という．

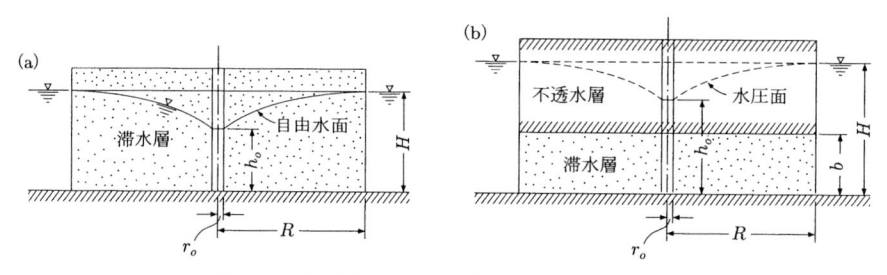

図 5.19　(a) 重力井戸と (b) 掘抜き井戸（赤井，1980）

掘抜き井戸　一方，図 5.19 のような堀抜き井戸に対しては，重力井戸の場合の水面形を仮定すると，

$$Q = 2\pi k r b \frac{\partial h}{\partial r} \qquad (5.69)$$

$r = R$ で $h = H$ の条件で積分すると，

$$H - h = \frac{Q}{2\pi k b} \ln \frac{R}{r} \qquad (5.70)$$

ここで，ln は自然対数を表すものとする．よって，揚水量 Q は，

$$Q = 2\pi k b \frac{H - h_0}{\ln \frac{R}{r_0}} \qquad (5.71)$$

2) 非定常揚水理論

定常状態に至る過程では，水圧 (掘抜き井戸の場合) や水面の変化 (重力井戸の場合) がある．このような遷移的な状態での揚水理論を非定常揚水理論という．

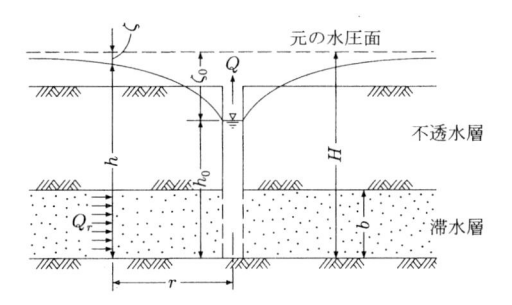

図 5.20 被圧地下水の揚水による水圧低下(赤井，1980)

掘抜き井戸 図 5.20 のような上部に不透水層を持つ厚さ b の被圧滞水層を考えよう．このような滞水層に掘った井戸による水の流れは対称な放射状の流れと考えることができる．初期水頭を H，井戸から r の距離の水位低下量を ζ とすると，揚水量 Q は，ダルシーの法則から

$$Q = 2\pi r b k \frac{\partial h}{\partial r} \tag{5.72}$$

ここで，$h = H - \zeta$, k は透水係数である．

連続の式から，

$$\frac{\partial Q}{\partial r} = 2\pi r \kappa b \frac{\partial h}{\partial t} \tag{5.73}$$

ここで，κ は圧縮率である．

両式から，

$$\frac{\partial h}{\partial t} = \frac{k}{\kappa}\left(\frac{\partial^2 h}{\partial r^2} + \frac{1}{r}\frac{\partial h}{\partial r}\right) \tag{5.74}$$

一定揚水 $Q(\mathrm{cm}^3/\mathrm{sec})$ に対する境界条件は，

初期条件：$\zeta = 0$, $t = 0$　　境界条件：$\zeta = 0$, $r = \infty$,　　$Q = Q_0$, $r = 0$, $t > 0$

ここで，$\xi = \dfrac{r}{2\sqrt{kt/\kappa}}$ とおくと，

$$\frac{\partial}{\partial t} = \frac{\partial \xi}{\partial t}\frac{d}{d\xi} = -\frac{1}{4\sqrt{kt/\kappa}}\frac{r}{t}\frac{d}{d\xi}, \quad \frac{\partial}{\partial r} = \frac{\partial \xi}{\partial r}\frac{d}{d\xi} = \frac{1}{2\sqrt{kt/\kappa}}\frac{d}{d\xi} \tag{5.75}$$

だから，

$$\frac{d^2\zeta}{d\xi^2} + \left(\frac{1}{\xi} + 2\xi\right)\frac{d\zeta}{d\xi} = 0 \tag{5.76}$$

ξ に関して積分すると，

$$\frac{d\zeta}{d\xi} = C\frac{e^{-\xi^2}}{\xi} \tag{5.77}$$

ここで, C は積分定数である.

初期条件から

$$\zeta = -C\int_{\xi}^{\infty} \frac{e^{-\xi^2}}{\xi}d\xi \tag{5.78}$$

境界条件 ($Q = Q_0 : r = 0$) を考慮して,

$$Q_0 = 2\pi r b k \frac{\partial \zeta}{\partial r}\bigg|_{r=0} = -2\pi k b C \frac{\exp(-\xi^2)}{\xi}\frac{r}{2\sqrt{kt/\kappa}}\bigg|_{r=0} = -2\pi k b C \tag{5.79}$$

より, $C = -Q_0/(2\pi k b)$.

よって,

$$\zeta = \frac{Q_0}{2\pi k b}\int_{\xi}^{\infty} \frac{e^{-\xi^2}}{\xi}d\xi \tag{5.80}$$

ここで,

$$\lambda = \xi^2 = \frac{r^2}{4(k/\kappa)t} \tag{5.81}$$

とおくと,

$$\zeta = \frac{Q_0}{4\pi k b}\int_{\lambda}^{\infty} \frac{e^{-\lambda}}{\lambda}d\lambda = -\frac{Q_0}{4\pi k b}Ei(-\lambda) \tag{5.82}$$

なお,

$$\lambda = \frac{\kappa r^2}{4kt} = \frac{S}{4T}\frac{r^2}{t} \tag{5.83}$$

と表し, $S = \kappa b$ は貯留係数または全圧縮率, $T = kb$ は伝達係数と呼ばれる.

$W(\lambda) = -Ei(-\lambda)$ は井戸関数と呼ばれ, $\lambda < 1$ に対して, 次のように展開できる.

$$W(\lambda) = -0.5772 - \ln\lambda + \lambda - \frac{\lambda^2}{2\cdot 2!} + \frac{\lambda^3}{3\cdot 3!} - \cdots\cdots \tag{5.84}$$

$\lambda \ll 1$ の場合 (1/1000 以下) は, 第 3 項以下が無視できて,

$$W(\lambda) \simeq -0.5772 - \ln\lambda \tag{5.85}$$

タイスの方法

式 (5.82) と式 (5.83) は, $W(\lambda)$ と r^2/t の定数倍だから, 両辺対数をとると,

$$\ln\zeta = \ln W(\lambda) + \ln\frac{Q_0}{4\pi k b}$$

$$\ln\lambda = \ln\frac{r^2}{t} + \ln\frac{S}{4T}$$

両式の右辺第 2 項は定数だから,

$$\ln\zeta - C_3\ln\frac{r^2}{t} = \ln W(\lambda) - C_3\ln\lambda$$

5.3 2次元透水問題の解析

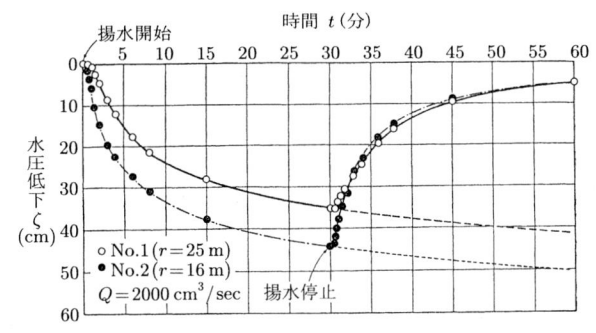

(a) 揚水開始および停止による水圧の変動

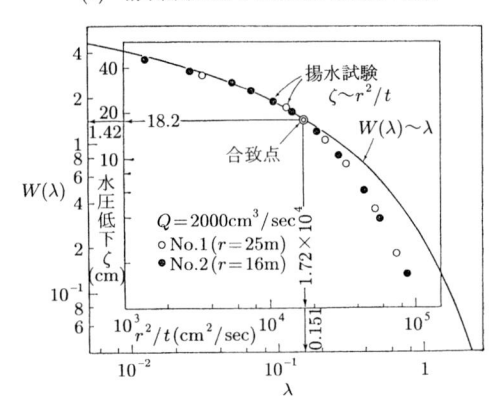

(b) 水圧低下期間中の $\log_{10}\zeta$ と $\log_{10}(r^2/t)$ の関係

図 5.21 タイスの図式解法（赤井, 1980）

ここで，$C_3 = -\ln \frac{Q_0}{4\pi kb} / \ln \frac{S}{4T}$．

したがって，同じスケールの両対数用紙上では，$\ln\zeta - \ln\frac{r^2}{t}$ 関係は $\ln W(\lambda) - \ln\lambda$ 関係と同形の曲線を表す．

この性質を利用して，図 5.21 のように，2つの図から合致点（マッチングポイント）を選び，$\ln\zeta$, $\ln\frac{r^2}{t}$, $\ln W(\lambda)$, $\ln\lambda$ の値を読みとると，滞水層定数を求めることができる．

この方法は，タイス (Theis) の方法と呼ばれている．図 5.21 の場合は，

$$T = \frac{2000 \times 1.42}{4\pi \times 18.2} \text{ (cm}^2\text{/sec)}$$

$$S = \frac{4 \times 0.151 \times 12.4}{1.72 \times 10^4} = 4.35 \times 10^{-4}$$

となる．

ヤコブの方法

式 (5.82) の積分値は, $\lambda \ll 1$ の時, $W(\lambda)$ の 2 項までとれば十分であり, $-0.5772 - \ln \lambda$ で近似できるから, 式 (5.82) は,

$$\zeta = \frac{Q_0}{2\pi kb} \ln \frac{2.25tk/\kappa}{r^2} = \frac{2.303 Q_0}{4\pi kb} \left(\log_{10} \frac{t}{r^2} - \log_{10} \frac{\kappa}{2.25k} \right) \tag{5.86}$$

式 (5.86) で表される $\zeta - \log t$ 関係を半対数紙上にプロットすると, Q_0 がわかっていれば, 勾配から伝達係数 $T = kb$ が, また, $\zeta = 0$ での t/r^2 の値から貯留係数 $S = \kappa b$ が求められる. この方法を, ヤコブ (Jacob) の方法という.

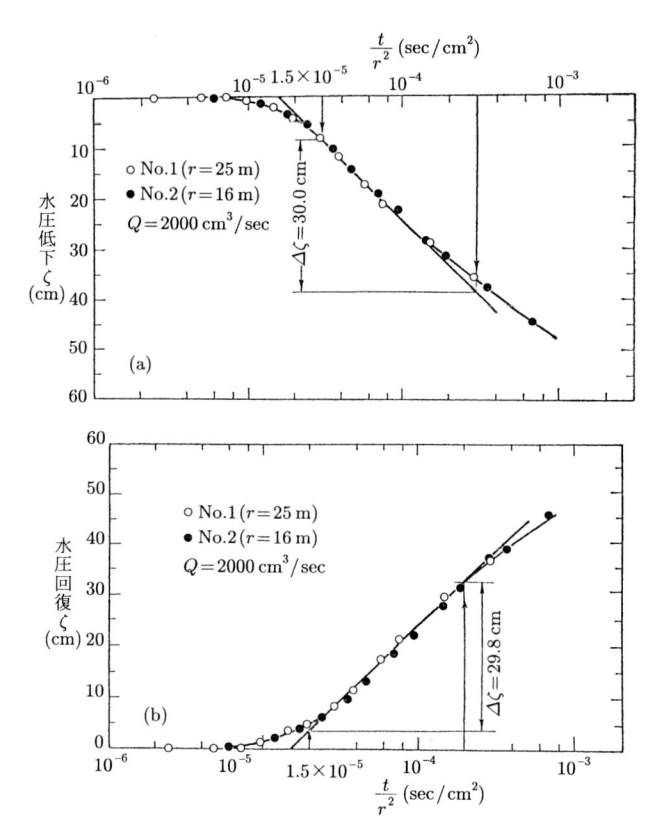

図 5.22 水圧低下または回復期間中の ζ と $\log_{10}(t/r^2)$ の関係 (ヤコブの方法) (赤井, 1980)

図 5.22 (a) (赤井, 1980) の場合は, $T=12.2 \text{ cm}^2/\text{sec}$, $S=4.12\times 10^{-4}$ となる. また, 図 5.22 (b) の場合, 水位回復時のデータから, $T=12.3 \text{ cm}^2/\text{sec}$, $S = 4.15 \times 10^{-4}$ と求められる.

図より, 十分時間がたち, つまり, λ が小さく, 揚水による水位低下が落ちついたとして,

式 (5.86) を 2 つの観測点に適用すると,

$$\zeta_1 - \zeta_2 = \frac{2.303Q_0}{4\pi kb} \left(\log_{10} \frac{t}{r_1^2} - \log_{10} \frac{t}{r_2^2} \right)$$
$$= \frac{2.303Q_0}{2\pi kb} \left(\log_{10} \frac{r_2}{r_1} \right) \tag{5.87}$$

となり, 定常問題の式 (5.71) が得られることに注意したい. ただし, 定常状態という意味は, 井戸水位が一定の状態を指すが, 井戸の水位が変化しても水圧低下量 ($\Delta \zeta$) が一定であればよい. 定常状態になるには, $\lambda < 1/50$ 程度で十分といわれる.

重力井戸 揚水前の滞水層底面から自由水面までの高さを H, 揚水中の高さを h とすると, 水面降下量滞 $\zeta = H - h$ は次の微分方程式を満足する.

ダルシーの法則から

$$Q = -2\pi r h k \frac{\partial \zeta}{\partial r} \tag{5.88}$$

連続の式から,

$$\frac{\partial Q}{\partial r} = -\beta 2\pi r \frac{\partial \zeta}{\partial t} \tag{5.89}$$

ここで, β は滞水層の有効間隙率である. つまり, 間隙率 n のうちで, 重力水が通過できる部分である. また, $k/\beta = c$ は流通係数と呼ばれる.

式 (5.88) を r で微分し, 式 (5.89) に代入すると, $\zeta/H \ll 1$ の場合,

$$\frac{\partial \zeta}{\partial t} = cH \left(\frac{\partial^2 \zeta}{\partial r^2} + \frac{1}{r} \frac{\partial \zeta}{\partial r} \right) \tag{5.90}$$

と近似され, 掘抜き井戸の場合と同型の式となる.

ただし,

$$\lambda = \frac{r^2}{4cHt} = \frac{\beta r^2}{4kHt} \tag{5.91}$$

式 (5.83) との比較から, 伝達係数 T, 貯留係数 S は, $T = kH$, $S = \beta$ となる. したがって, 重力井戸と同様に, タイスの方法やヤコブの方法を用いることが可能である. しかしながら, 係数 $\kappa/4k$ はかなり小さい値となるため, ティームの方法が適用できる $\lambda \ll 1$ の状態に達するためには時間がかかる.

■ 文 献

1) Darcy, H.：Les fontaines publiques de la ville Dijon, Dalmont, 1856 (Public fountains of the city of Dijon, experiments and application, Principles to follow and formulas to be used, in the question of the distribution of water, work finishes with an appendix relating to the water supplies of several cities (フランス語の英訳)).
2) 岡　二三生：土質力学演習, 森北出版, 1995.

3) Taylor, D.W.：Fundamentals of Soil Mechanics, John Wiley & Sons, New York, 1948.
4) Tavenas, F., Jean, P., Leblond, P. and Leroueil, S.：The permeabilty of natural clays, Part II ：Permeability characteristics, *Can. Geotech. J.*, **20**(4), pp.645-660, 1983.
5) 赤井浩一：土質力学 (訂正版), 朝倉書店, 1980.
6) Lambe, T.W. and Whitman, R.V.：Soil Mechanics, John Wiley & Sons, 1969.
7) 土質工学会編：土質試験法, 土質工学会, 1990.
8) Milligan, V.：Field measurement of permeability in soil and rock, Proc. ASCE Speciality Conf. on In Situ Measurement of Soil Properties, Raleigh, *NC*, **2**, pp.3-36, 1975.
9) 山内恭彦：物理数学, 岩波書店, 1971.
10) 和達三樹：例解物理数学演習, 物理入門コース 5, 岩波書店, 1990.
11) 地盤工学会：数値解析入門, 地盤工学会, 2000.
12) Zienkiewicz, O.C.：Finite element method, 4th ed., 1994.
13) Hall, H.P.：A historical review of investigations of seepage toward wells, *J. Boston Soc., C.E.*, **41**, pp.251-311, 1954.
14) 赤井浩一, 宇野尚雄：自由水面をもつ地下水の揚水試験に対する考察, 土と基礎, **12** (7), pp.15-19, 1964.
15) 村山朔郎, 赤井浩一, 鈴木伸彦：被圧地下水の揚水による帯水層常数の決定に関する二, 三の考察, 土木学会論文集, **49**, pp.25-31, 1957.
16) 地盤工学会：地盤工学ハンドブック, pp.26-27, 1999.

6 不飽和，締固め，凍結と凍上

　地下水面上は，次に述べる毛管水帯と被膜水帯から形成されているが，これらの領域は，一般的に不飽和状態にある．土は種々の大きさの土粒子から構成されており，その間隙は小さく，入り組んでいるため，連続した間隙には水の毛管作用によって水が引き上げられている．この領域が毛管水帯であり，その上に，土粒子表面に水の付着する被膜水帯が存在する．

6.1 毛管現象

　円筒状のガラスの細管を考えると，水の表面張力による毛管現象 (capillary) により，水が引き上げられる．この時，引き上げられた水の表面は，表面張力により湾曲型の形をしており，これをメニスカス (meniscus) と呼ぶ．水の表面には表面張力が働くが，これは水が極性をもつため，分子間引力が働き，液面から分子を飛び出させない性質があるためである．水の表面張力は，15℃で $T=0.074\,\mathrm{N/m}$ である．

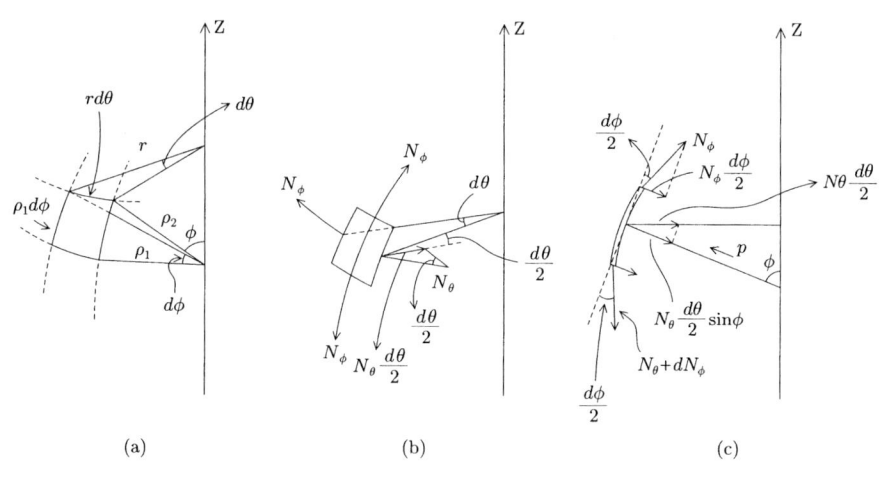

図 6.1

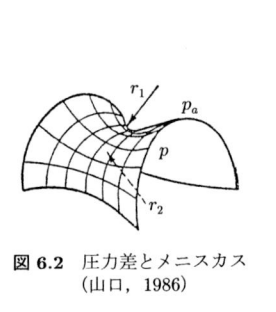

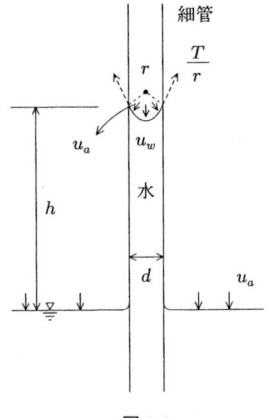

図 6.2 圧力差とメニスカス
(山口, 1986)

図 6.3

メニスカス直下の水の圧力は以下のように考えられる．表面には表面張力が働いているため，一種の膜構造が形成されていると解釈できる．したがって，図 6.1 に示すような内圧 p の作用する曲面状の薄膜に働く力の釣合い式を考えると，釣合い式は次のように与えられる (たとえば，川本, 1969).

$$\frac{d\phi}{2}2N_\phi r d\theta + 2\frac{N_\theta d\theta}{2}\rho_1 d\phi \sin\phi = p\rho_1 d\phi r d\theta \tag{6.1}$$

$r = \rho_2 \sin\phi$ だから，

$$\frac{N_\phi}{\rho_1} + \frac{N_\theta}{\rho_2} = p \tag{6.2}$$

ここで，N_ϕ, N_θ を T_1, T_2, ρ_i を R_i とおくと，

$$\frac{T_1}{R_1} + \frac{T_2}{R_2} = p \tag{6.3}$$

R_1, R_2 は曲率半径，T_1, T_2 は張力，p は内圧である．

メニスカスが鞍形の場合，図 6.2 から

$$p = p_a - \left(\frac{T}{r_1} - \frac{T}{r_2}\right) \tag{6.4}$$

次に，図 6.3 のような細管の上部のメニスカスを考えよう．メニスカスの曲率半径を r とすると，式 (6.3) より，

$$\frac{2T}{r} = p \tag{6.5}$$

メニスカスの内部の水圧 u_w と大気圧 u_a の差は，

$$u_a - u_w = \frac{2T}{r} \tag{6.6}$$

となる.つまり,水圧 $u_w = u_a - 2T/r$ は大気圧より小さくなり負圧が発生しているのである.

この時の毛管高さ h は

$$h = \frac{2T}{r\gamma_w}(ただし\ r \approx d\ の場合) \tag{6.7}$$

となり,細管の直径 d に逆比例する. $u_a - u_w$ のことをサクション (suction, 吸引圧) と呼ぶ.

6.2 土粒子間に働く毛管結合力

毛管水帯の水はほぼ飽和されているが,被膜水帯などでは,含水比が低く,不飽和になっており,含水比が低くなると土粒子間にはメニスカスの形で少量の水が存在していることになる.ここでは,図 6.4 のような等球の土粒子間に働く毛管結合力を考えよう.図 6.4 より,

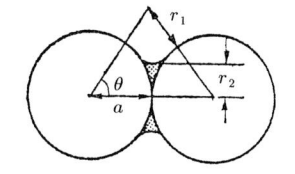

図6.4 粒子間のメニスカス
(山口, 1986)

$$u_a - u_w = \frac{T}{r_1} - \frac{T}{r_2} \tag{6.8}$$

$$r_1 = a(\sec\theta - 1), \qquad r_2 = a(1 + \tan\theta - \sec\theta) \tag{6.9}$$

だから,

$$u_a - u_w = \frac{T}{a}\frac{(2\cos\theta + \sin\theta - 2)\cos\theta}{(1 - \cos\theta)(\cos\theta + \sin\theta - 1)} \tag{6.10}$$

ここで, a は粒子の半径である.

図 6.4 より,2 粒子間に働く粒子間力 F は,

$$F = \pi r_2^2(u_a - u_w) + 2\pi r_2 T = \frac{2\pi a T}{1 + \tan(\theta/2)} \tag{6.11}$$

θ が減少,つまり,含水比が低下すると, $F \approx 2\pi aT$ となる.土単位面積中の粒子数は, a^2 に逆比例するから結局,粒子間力は粒径 $2a$ に逆比例することになる.このように,不飽和土では,粒子間に存在する水の表面張力は粘着力が発生する 1 つの要因である.

6.3 サクション (吸引圧) の測定法

テンシオメータ法は図 6.5 のようなポーラスカップや多孔のセラミックを土に差込み，脱気した水の吸引圧 (負圧) を測ることにより求めることができる．その他，圧力変換器を使うものや間隙水圧計の改良型などが用いられている．サクションは圧力水頭に対応する値に直した後，その常用対数で求められる pF で表される．

$$pF = \log_{10}(S/\gamma_w), \qquad S = u_a - u_w \qquad (6.12)$$

ここで，γ_w は水の単位体積重量である．

他にサクションプレート法が用いられる．サクションプレート法は pF が 3 以下の範囲で用いられることが多い．

サクションは含水比によってかわるが，乾燥させた土の含水比を増加させる過程と低下させる過程で異なることが知られている．

サクション S と体積含水率 θ の関係は水分保持特性を表す．図 6.6 は豊浦砂の水分保持曲線である．図 6.6 より，含水比が増加するとサクションが低下する．一方，一度高含水比にしてから，負圧をかけて含水比を下げるためには含水比増加過程より大きなサクションが必要となる．このように，含水比の増加はサクションの低下，すなわち粒子間力を低下させる．このことは，乾燥期の後の集中豪雨で自然斜面が崩壊しやすい原因となっている．

図 6.5 テンシオメータの原理[9]

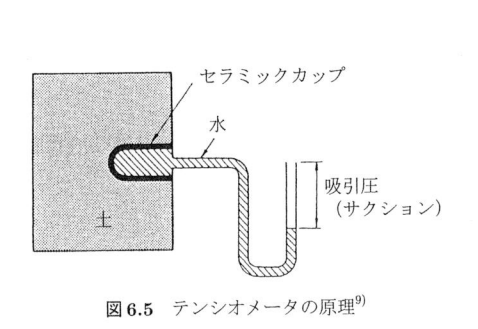

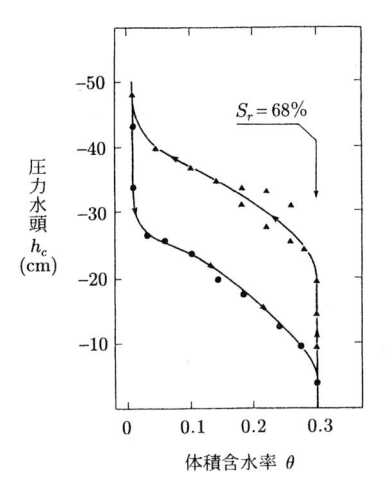

図 6.6 サクション水頭と体積含水比の関係 (河野, 1982)

6.4 土の締固め

アースダムや盛土などの土構造物の施工などに際しては，土を掘削して他の場所から移動させて用いたり，岩石材料を破砕したりして用いるため土を締め固める必要がある．土を締め固めると，土の密度が増加するが，この密度増加は，土の強度の増加，圧縮性の減少，透水性の低下をもたらすため，地盤構造物にとって重要である．理想的定義をすると，土の締固め (soil compaction) とは含水比一定で間隙空気の量を減らすことであると定義できる．締固め特性は，土の粒度，含水比，締固めの方法やエネルギに依存する．締固め特性の評価は，締固め試験によって得られる密度で行われている．土の締固めは，プロクター (R.R. Proctor) による締固めの考え方に基づいて行われてきた．プロクターはロスアンゼルス市の水道技術者 (Bureau of waterworks and supply, Los Angels, California) であったが，水道用のアースダムの建設に際しての仕事から締固めに関する4つの論文をEngineering News Record (1933) に書いている．その1つが，締固めの基本原理に関するもので，締固め土の密度は，土の含水比と締固めに使われるエネルギに依存し，エネルギが一定の場合に乾燥密度が最大となる含水比，すなわち最適含水比 (optimum water content) が存在することを見出した (図 6.7)．図 6.8, 6.9 は，同じ方法を用いて，砂質粘土を 13 の異なる含水比で締め固めた土のデータから得られたもので，乾燥密度はある含水比で最大になっている．さらに，プロクターは乾

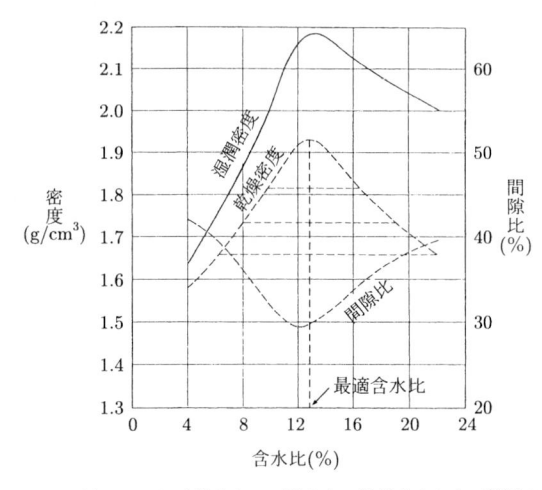

図 6.7 締め固めた砂質粘土の湿潤密度，乾燥密度および間隙比と含水比との関係（河上・柳沢，1975）

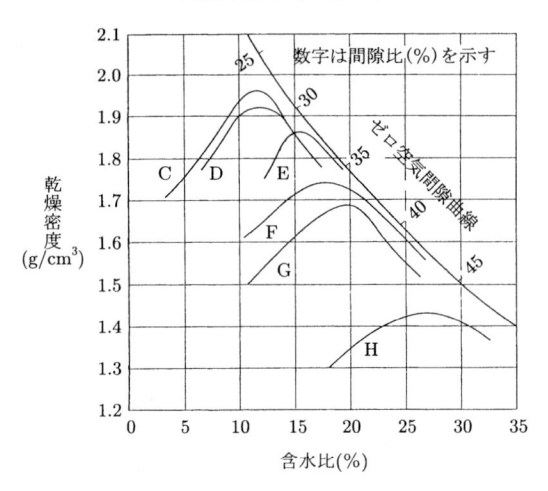

図 6.8 土質による締固め密度−含水比関係の相違 (Procter, 1933)
試料の粒度分布は図 6.9 に示す.

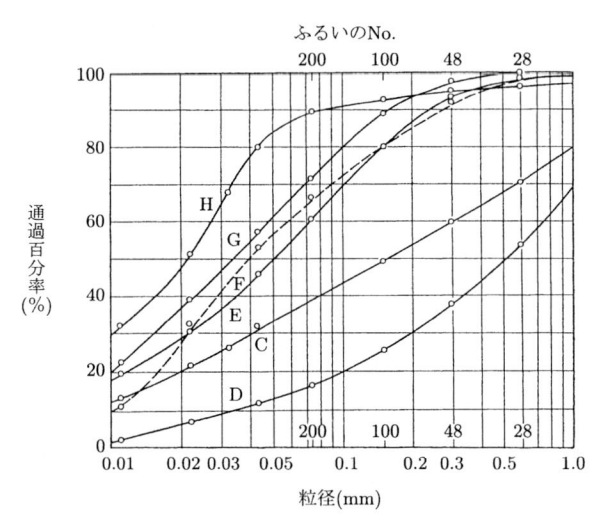

図 6.9 図 6.8 の締固め試験に用いた試料の粒度分布 (Procter, 1933)

燥密度と締固め土の強度の関係を,針 (Proctor needle) の貫入量で評価し,針の貫入抵抗が最適乾燥密度の付近で最大になることを示した.

突き固め試験 (JIS A 1210) の A 法では,内径 10 cm,体積 1000 cm^3 のモールドを三層に分けて突き固める.突き固めは,質量 2.5 kg のランマーを 30 cm 落下させ,突き固める.突き固め回数は,各層 25 回である.許容最大粒径は 19 mm

である.

試料の作成には,いったん炉乾燥させた試料を用いる乾燥法と,自然含水比から,最適含水比をはさむように空気乾燥させた試料と湿潤させた試料を用いる湿潤法がある.通常,乾燥させた試料を繰返し使用するが,粒子破砕を受けやすい土では,非繰返し法が用いられる.また,火山灰質粘性土や凝灰質の細砂など乾燥により影響を受けやすい土では乾燥-湿潤過程で影響を受けやすいので湿潤非繰返し法が用いられる.

締固めの程度は,次式で求められる乾燥質量密度 ρ_d で表す.

$$\rho_d = \frac{\rho_t}{1+w/100} = \frac{\rho_w G_s}{1+wG_s/S_r} \tag{6.13}$$

図 6.8 中のゼロ空気間隙曲線は,間隙に空気がなくなった状態を示し,空気の満たす間隙の体積がないことからゼロ空気間隙曲線と呼ばれる.

$$\rho_d = \frac{G_s \rho_w}{1+wG_s/100} \tag{6.14}$$

砂分が多い場合は,最適含水比は低下し,密度は増加する.また,その曲線は尖った形となる.一方,細粒分が増えると,最適含水比は高くなり,密度は低下する.砂分が多い土は,低含水比でサクションによる強度増加があるが,細粒分が多い土では,比表面積が大きいため,含水比の変化に対する密度の変化は小さくなる.

強度は,以上のようにして求められた最適含水比よりやや低い含水比で最大となり,透水性は最適含水比よりやや高い含水比で最小となる.

a. 締固めエネルギの影響

$$E_c = \frac{W_R H N_B N_L}{V} \tag{6.15}$$

E_c:締め固め仕事量 (N·cm/cm^3), W_R:ランマーの重量, H:ランマーの落下高さ, N_B:一層当たりの突き固め回数, N_L:層の数, V:モールドの容積,である.

図 6.10 に示すように,締固め曲線は,締固めエネルギに依存する.締固めエネルギが大きい場合,低い含水比であっても,大きな乾燥密度が得られる.このため,締固め試験も,実際の締固めで用いられるエネルギに対応する試験を行う必要がある.JIS でも高いエネルギでの締固め試験が定められている.

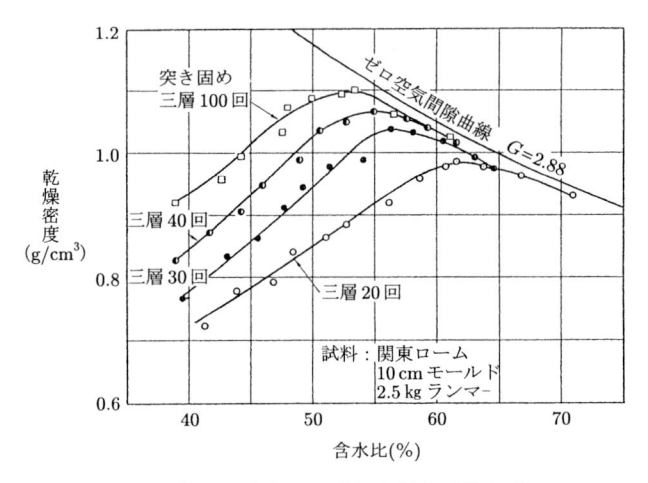

図 6.10 締固め仕事量による締固め曲線の変化（久野，1963）

6.5 土の凍結と凍上

冬季気温が 0℃以下になるような寒冷地では，気温の低下とともに水を含む地盤は表面から凍結 (soil freezing) する．水は 0℃では，4℃の体積に対して 9％膨張するため，凍結により土の体積の膨張が発生する．粗粒の土では，内部の水がほぼその位置で凍結するため，膨張に伴い水の移動がスムーズに行われれば，凍結に伴う体積変化は顕著でない．一方，シルト質などの細粒土では，凍結に伴う透水係数の減少と，水の膨張に伴う体積膨張により，周りからの水の供給による体積膨張は著しい．また，透水係数の小さい粘土においては，水の供給が小さいため凍上 (frost heaving) は顕著ではない．細粒土では，土の水が一様に凍るのではなく，アイスレンズ (ice lens) が形成される．図 6.11 はアイスレンズの発生位置と温度分布を示す模式図である．土粒子の吸着水は 0℃以下でも凍らないた

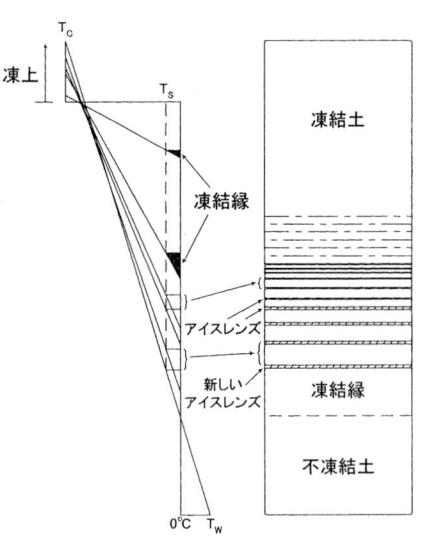

図 6.11 温度分布の時間変化

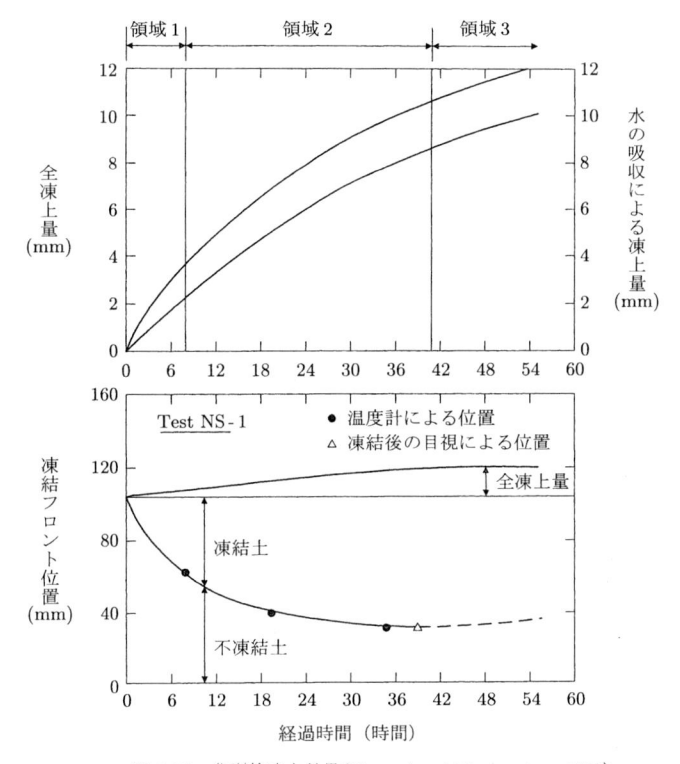

図 6.12 典型的凍上効果(Konrad and Morgenstern,1980)

め，温度が0℃以下の位置にアイスレンズが形成される．このため，0℃から温度 T_s (<0℃) の間に凍結縁領域ができる．0℃以上の領域は非凍結である．図6.12は シルト（デボンシルト）を凍結させた時の凍上量と経過時間である．このシルトは 液性限界 $w_L = 46.1\%$，塑性限界 $w_P = 19.8\%$，比重 $(\rho_s/\rho_w)G_s = 2.70$, 2 mm 以下が 95%，粘土分 28% である．領域1では，ほぼ水の供給が一定であり，領域 2では水の供給が連続的に減少し，領域3では，凍上量が一定に達している．領域 3開始時では，$T_w = 1.1$℃，$T_c = -3.4$℃，試料の初期高さは10.4 cm，透水係数 1.0×10^{-7} cm/sec, 温度勾配は 0.37 ℃/cm, 水の供給速度は 31.5×10^{-6} mm/sec である．アイスレンズは凍結領域から非凍結領域に向かって，温度勾配に直交して 多数形成される．領域3では，最後のアイスレンズが形成され定常状態に達する．

凍上のメカニズムは，アイスレンズの形成に使われる吸着水を補給する形で水が 供給されることである．この時の不凍結土中の間隙水速度 (v_i) は，凍結縁 (frozen fringe) での温度勾配に依存するが，コンラッド (Konrad) とモルゲンシュタイン

(Morgenstern, 1981) は熱的な定常状態付近で，ステップ凍結 (温度差一定) 時に，この間に線形関係があるとして，次の関係が有効であるとしている．

$$v_i = SP \frac{\partial \theta}{\partial x_i} \tag{6.16}$$

ここで，SP は分離ポテンシャル (segregation potential) で土に固有のものであるとしている．SP は拘束圧に依存する．

凍結縁での不凍結間隙水量は，温度とサクションに依存するため，間隙凍結面のサクション変化は SP に影響することとなる．

不均一な地盤の凍上は，道路やその他の上部の構造物に不等変形を与えるため悪影響を及ぼす．また，温度が上がって氷が融ける，凍結–融解によって土の構造が乱され，軟弱になるなどのため，このような地域の地盤構造物には凍結融解に対する対策が必要となる．凍結特性は土によって異なる．

細粒分であって透水係数の小さい粘土分の多い土は，シルトに比べて凍上量は少ない．

a. 凍結工法

地盤は凍結すると強度が増すとともに，遮水性が得られる．この2つの特徴により，地盤の凍結が凍結工法として利用されている．地盤の凍結は，1862年にイギリスのウェールズで土木工事に利用されたといわれている．図6.13は凍結した砂の応力–ひずみ曲線である．凍結温度により，強度が増加し，温度が低いとひずみ軟化傾向が顕著になる．このように，砂質土では，凍結すると強度が増加するが，シルト質土では，先に述べたように凍上が起こる．このため，凍結により周辺地盤の上昇をまねき，周辺構造物に悪影響を及ぼす．このため，シルト質の粘性土では凍結による地盤の膨張量を正確に予測し，対策を立てておく必要がある．地盤の凍結にはブラインと呼ばれる不凍液 (塩化カルシウム水溶液を冷却した液で凝固点 $-55℃$) を用いる方法や低温の液化ガス (液化窒素，気化温度は $-196℃$) を用いる方法がある．

b. 熱的性質

凍土の問題や高温物質の近傍の地盤中の熱問題を解くためには，求められる熱伝導方程式が必要となる．内部での熱発生がなく，変形との連成がない場合，熱伝導の基礎方程式は以下のようになる．一般の場合は，エネルギ保存則と連成させる必要がある．

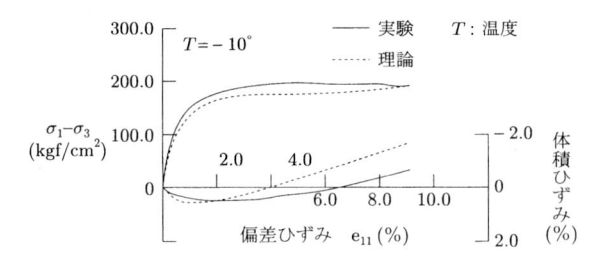

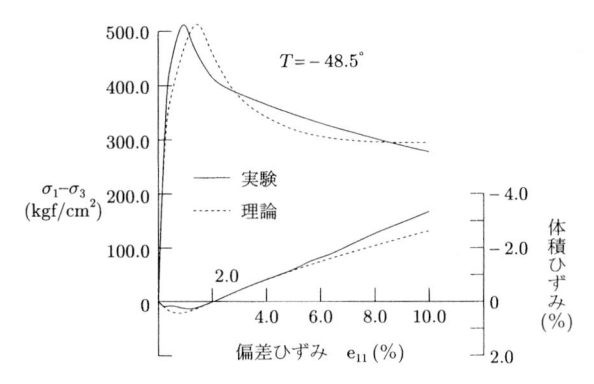

図 6.13 凍結砂の応力-ひずみ関係

熱流速ベクトルを q_i とし, x_i 方向の熱流速を考えると, 単位体積に流入する熱量は, 熱の流出を正とするから,

$$-\frac{\partial q_i}{\partial x_i} \tag{6.17}$$

この熱流量によって温度上昇は

$$\rho c \frac{\partial \theta}{\partial t} = -\frac{\partial q_i}{\partial x_i} \tag{6.18}$$

ここで, ρ は質量密度, c は比熱容量である.

フーリエ (Fourier) の法則により, 熱流速ベクトル q_i は, 温度勾配に比例するから,

$$q_i = -\lambda \frac{\partial \theta}{\partial x_i} \tag{6.19}$$

ここで, λ は熱伝導率である.

式 (6.19) を式 (6.18) に代入すると, 次の熱伝導方程式が得られる.

$$\frac{\partial \theta}{\partial t} = \kappa \frac{\partial^2 \theta}{\partial x_i^2} \tag{6.20}$$

$$\kappa = \frac{\lambda}{\rho c} \tag{6.21}$$

ここで，κ は熱拡散率または温度伝導率と呼ばれている．ρ は質量密度，c は単位質量の温度を 1℃ 上げるために必要な熱量で比熱 (比熱容量) である．

表 6.1 に，土を含めた比熱 (比熱容量) の値を示す．

表 6.1 比熱容量 (kJ/kg·K × 0.2389 = kcal/kg·℃)

材料	比熱容量 (kJ/kg·K)
水 (0℃)	4.2174
水 (20℃)	4.1816
氷 (−18~−78℃)	1.938
石英砂 (20~98℃)	0.8
花崗岩 (12~100℃)	0.804
カオリン (20~98℃)	0.938

通常の生活での温度では気体を除き，水の比熱容量は一番大きいが，比熱容量は温度によって変化する．従来単位 (kcal/kg·℃) で，水の比熱容量は 15℃ で 1.0 で，0℃ の氷は 0.505 だが，比熱容量 (kcal/kg·℃) が 1 より大きいものとしては，H_2(水素)：15 K(液体) で 1.65, 298.15 K(気体) で 3.419 などがある．

c. 熱伝導率

熱伝導率の単位は，$Wm^{-1}K^{-1}$(ワット/(メートル・ケルビン)) で，厚さ 1m の板状物質の両面に 1K の温度差がある時，1 秒間に 1m^2 の面積を通して流れる熱量である．表 6.2~6.4 に熱伝導率，温度伝導率の値を示す．

表 6.2 熱伝導率 ($Wm^{-1}K^{-1}$= 0.8600 kcal/m·h·℃)

材料	熱伝導率
空気	0.0241
水 (0℃)	0.561
水 (80℃)	0.673
氷 (0℃)	2.2

表 6.3 地盤材料の熱伝導率 (Jumikis, 1966 による) (kcal/m·h·℃)

材料	熱伝導率
花崗岩	2.70~3.50
粘土 (含水比 25%)	1.00
シルト質粘土 (含水比 25%)	1.20
細砂 (含水比 18%)	2.7

表 6.4 温度伝導率 ($m^2h^{-1}=2.78\times10^{-4}m^2/s$, Jumikis, 1966, 石原, 2001)

材料	温度伝導率
水	0.00053
氷	0.0036
花崗岩	0.0027
砂 (未凍結)	0.0015〜0.0025
砂 (凍結)	0.004
粘土 (未凍結)	0.001 〜0.0015
粘土 (凍結)	0.0035〜0.0045

■文 献

1) 山本善之：弾性・塑性, 朝倉書店, 1969.
2) 山口柏樹：土質力学, 技報堂出版, 1986.
3) 河野伊一郎：浸透と地下水, 土質工学ハンドブック, pp.64-105, 1982.
4) Proctor, R.R.：Fundamental Principle of Soil Compaction, First of four articles on the design and construction of rolled-earth dams, *Engineering News-Record*, **111** (9), pp.245-248, 1933.
5) Konrad, J.-M. and Morgenstern, N.R.：A mechanistic theory of ice formation in fine-grained soils, *Can. Geotech. J.*, **17**, pp.473-486, 1980.
6) 久野吾郎：土の締固め (主として道路土工に関連して), 技報堂出版, pp. 55-57, 1963.
7) Jumikis, A.R.：Thermal Soil Mechanics, Rutgers Univ. Press, 1966.
8) 石原研而：土質力学 (第 2 版), 丸善, 2001.
9) 土質工学会 (現地盤工学会)：不飽和土, ジオテクノート 5, 1993.
10) 木下誠一編：凍土の物理学, 森北出版, 1982.
11) 地盤工学会：地盤工学ハンドブック, 地盤工学会, 1999.
12) Konrad, J.-M.：Frost heave in soils：concepts and engineering, *Can. Geotech. J.*, **31**, pp.223-245, 1994.
13) 国立天文台編：理科年表, 丸善, 1999.

7 圧密理論

7.1 圧密モデル

　水で飽和された土に荷重をかけると，体積変形が起こるが，この現象は主に間隙水の流出によって発生する．粘性土のように透水係数が小さい場合，間隙水の流出に時間がかかるため体積の変化に時間を要する．このような間隙水の流出による変形の時間的遅れ，時間依存性圧縮現象を"圧密"という．すなわち，水で飽和した粘土は圧縮しても，間隙水が流出しない限りその体積はほとんど変わらない．その原因は間隙水が非圧縮性に近く，土粒子骨格の体積変形を拘束しているからである．一方，透水係数の大きい砂は水を含んでいても短時間で間隙水が流出するため，容易に圧縮することができる．圧密現象は多孔質性を有する土特有の現象である．圧密現象を解析する圧密理論では準静的な条件下で固相(土粒子骨格)と流体相(間隙水)の変形(体積変化)に関する相互作用を取り扱う．

　粘性土の圧密現象は図 7.1 のような模式図で説明することができる．図 7.1 は水の流れに抵抗する穴のあいたピストンとばねのユニットが水に浸されているモデルである．ばねは土骨格の変形特性を，穴のあいたピストンは土の透水性を表している．

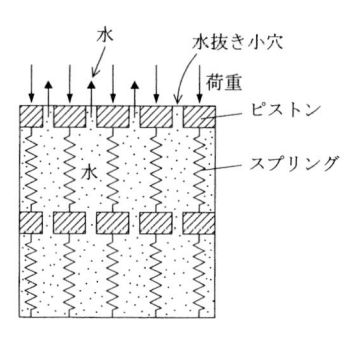

図 7.1 圧密のモデル

7.2　土の圧縮変形における応力−ひずみ関係

a. 粘土の圧縮変形

　粘土の圧密特性を調べるために，圧密試験が行われる．図 7.2 は拘束圧密試験用の圧密試験装置の模式図である．粘土層の厚さに比べて非常に広い範囲に等分布

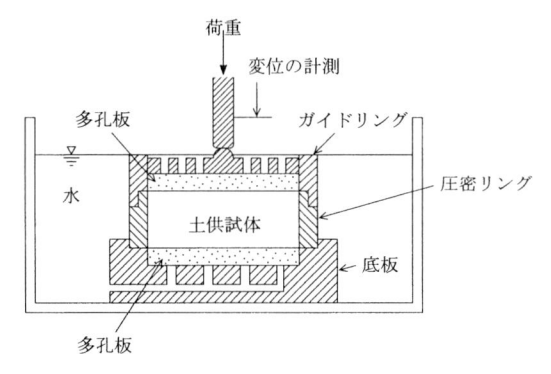

7.2 土の圧縮変形における応力−ひずみ関係

図7.2 圧密試験装置

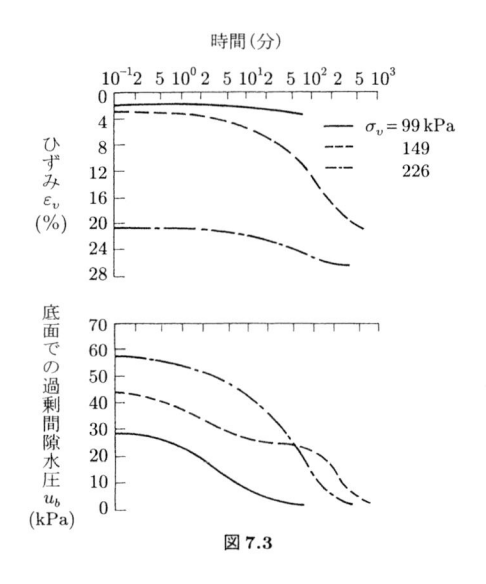

荷重が作用するような場合には側方への変形は無視でき，1次元変形が仮定できる．そのような状態での現象を模擬する圧密試験装置が拘束 (1次元) 圧密試験機である．通常は荷重制御方式が用いられるが，ひずみ速度依存性や構造の変化を調べるためにひずみ制御型の試験も行われている．

試験では，載荷後，排水を許しながら時間とともに変化する変形 (沈下量)，排水量や間隙水圧を測定する．図7.3 は拘束圧密試験で得られた一定荷重下での圧縮ひずみ−時間および間隙水圧−時間曲線である．載荷直後は，透水係数が小さいため近似的に非排水状態となり，載荷全応力にほぼ等しい間隙水圧が発生する．排水が進み，変形が進行するとともに間隙水圧は減少するが，透水係数が小さい場合は，その減少に時間がかかる．

図7.3

過剰間隙水圧がほぼ消散した後も，ひずみの発生は一定応力下で進行する．一定荷重下での変形の発生はクリープと呼ばれる．このようなクリープ変形が卓越した領域を二次圧密と呼び，それ以前を一次圧密と呼ぶ．ただし，クリープ変形は一次圧密領域においても発生しているのであるが，有効応力が変化する領域ではクリープ変形だけを分離することは難しい．また，二次圧密中にも微量ではある

が排水は続いている.

圧密試験における間隙比–荷重関係を半対数グラフに描いたものを e–$\log p$ ($\log$ は常用対数, p は載荷応力, 図7.4) と呼ぶ. 載荷応力 p は3次元では等方応力に対応するが, 拘束圧密試験のような1次元変形の場合は軸応力を示すのが慣用である. すでに述べたように, 粘土の圧密には時間がかかるので, 荷重の載荷時間を決めておかなければ一意的に e–$\log p$ 曲線を描くことができない.

e–$\log p$ 曲線に関して, その折れ曲がり点 p_y (または p_c) を圧密降伏応力 (または先行圧密圧力:歴史的には先行圧密圧力と呼ばれてきたが, 必ずしも折れ曲がり点は先行応力に依存しないため, 圧密降伏応力と呼ばれる) という (図7.4). 応力がこの点を越えると圧縮変形が大きくなり, 除荷しても元に戻らない変形が起こる (降伏). B点から除荷し, さらに再載荷すると除荷した点に戻るまで大きな変形は発生しない. このことから, 圧密降伏応力は先行圧密圧力と呼ばれてきた. また, p_y からB点に至る部分を処

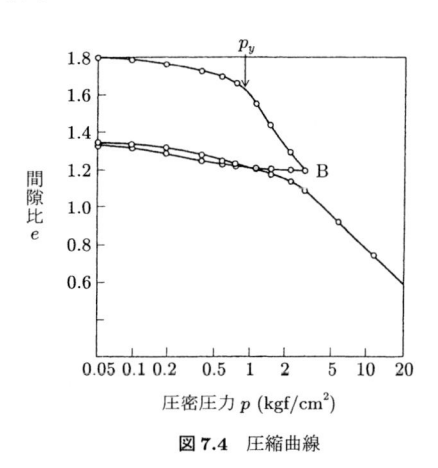

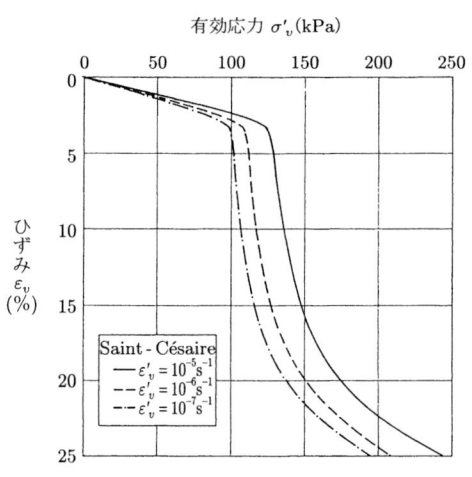

図7.4 圧縮曲線

図7.5 Saint-Césaire 粘土のひずみ速度の異なる有効応力–ひずみ関係

7.2 土の圧縮変形における応力−ひずみ関係

女圧縮曲線,その傾きを圧縮指数という.自然粘土では,侵食による荷重の減少や年代効果によるセメンテーションの発達など種々の原因により,過去に大きな荷重を受けなくても圧密降伏応力は現在の応力を超えている場合がある.図7.5は,ひずみ速度制御型の圧密試験による結果である.ひずみ速度の違いによって圧密曲線が異なるため,圧密降伏応力もひずみ速度に依存することを示している.

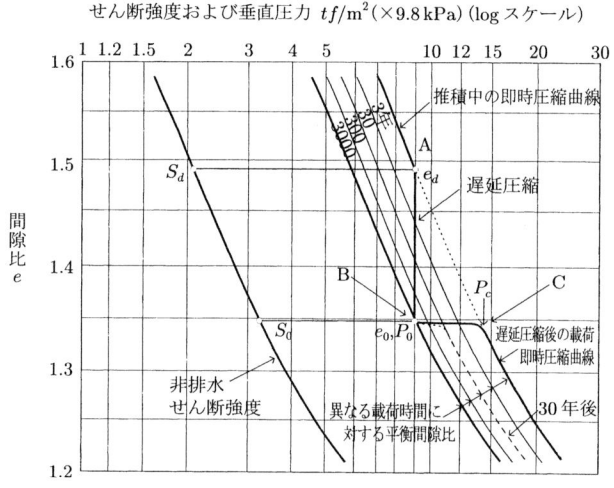

図 7.6 遅延圧密時における粘性土の圧縮性とせん断強度 (Bjerrum, 1967)

図7.6は,遅延圧密による見かけの圧密降伏応力の増加を示す模式図である.A点において有効応力が一定であっても,二次圧密(遅延圧密)により間隙比は減少する.したがって,B点まで達した粘土に荷重をかけると圧密降伏応力はC点の有効応力として求められる.このように,先行応力はB点の応力であっても,圧密降伏応力は先行応力を超えていることになり,このような粘土は二次圧密(遅延圧密)による過圧密粘土または擬似過圧密粘土と呼ばれる.図7.7はパリー(Parry)とロス(Wroth)(1981)によってまとめられた遅延圧密による過圧密比の深度分布である.地下水位の変動による過圧密比は深さとともに減少するが,遅延圧密によるものは深さに対してほぼ一定となる傾向にある.

$$\text{圧縮指数}(C_c, \lambda): C_c = \frac{-\Delta e}{\Delta(\log_{10} p)}, \quad \lambda = \frac{-\Delta e}{\Delta(\log_e p)} \tag{7.1}$$

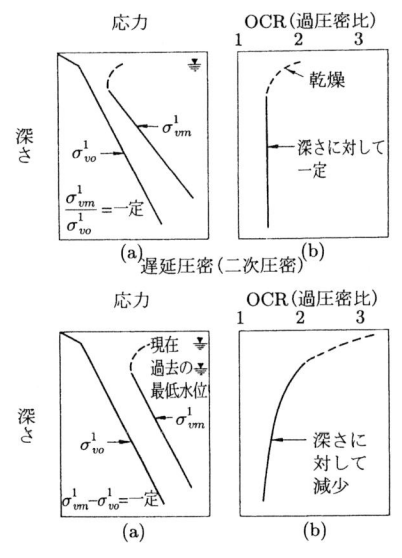

図 7.7 遅延（二次）圧密と地下水位の変動による鉛直圧密降伏応力と OCR の変化

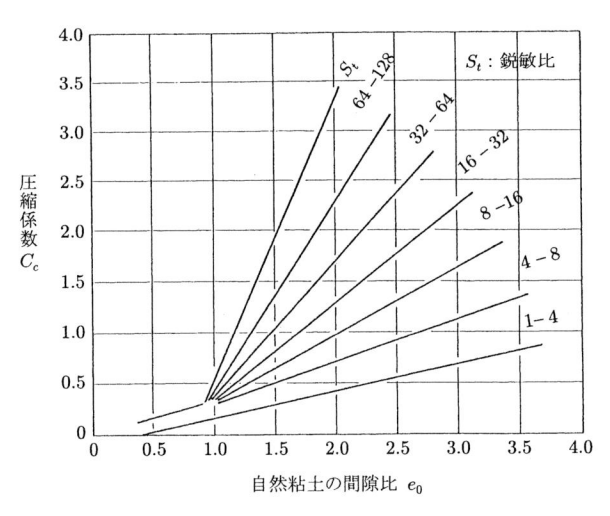

図 7.8 間隙比と C_c (Leroueil ら, 1983)

$$\text{圧縮係数}: a_v = -\frac{\Delta e}{\Delta p} \tag{7.2}$$

$$\text{体積圧縮係数}: m_v = \frac{\Delta \varepsilon_v}{\Delta p} \tag{7.3}$$

ただし, 微小変形では, $\Delta \varepsilon_v = -\frac{\Delta e}{1+e_0}$. e_0 は初期間隙比である. したがって, 圧縮係数 a_v と体積圧縮係数 m_v の間には, $a_v = m_v(1+e_0)$ の関係がある.

膨潤指数 (C_s, κ) または C_r(再圧縮時の傾き) は, 次に示す通りである.

$$C_s(C_r) = \frac{-\Delta e}{\Delta(\log_{10} p)}, \quad \kappa = \frac{-\Delta e}{\Delta(\log_e p)} \tag{7.4}$$

圧縮指数 C_c は間隙比の増加とともに増大する場合がある (Leroueil ら, 1983). また, C_c と初期間隙比 e_0 の間には鋭敏比をパラメータとして図 7.8 のような関係も報告されている.

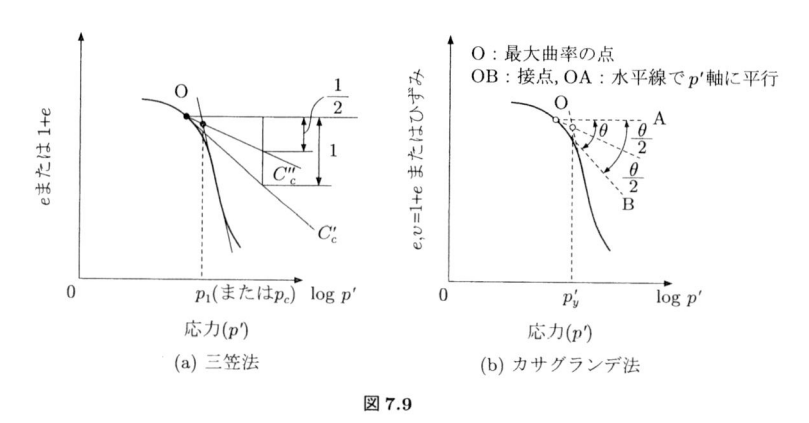

図 7.9

(a) 三笠法 (b) カサグランデ法

圧密降伏応力の決定法には, 三笠法やカサグランデ法がある (図 7.9).

b. 砂の圧縮変形

図 7.10 は, 拘束圧密試験機を用いて密な砂を圧縮した場合の応力-ひずみ関係である. 粘土と同様にある応力まで載荷した後, 応力を下げてもひずみの一部しか回復しない. 一方, 図 7.11 に示すように圧縮に要する時間についていえば, 砂は透水係数も大きく粘性変形も小さいため, 変形の大半は数分で終了するが, 圧縮変形の一部は時間に依存する. この原因は, 荷重の載荷に対して砂の粒子は再配列するが, これにより砂の構造が変化するのに時間を要するためであると考えら

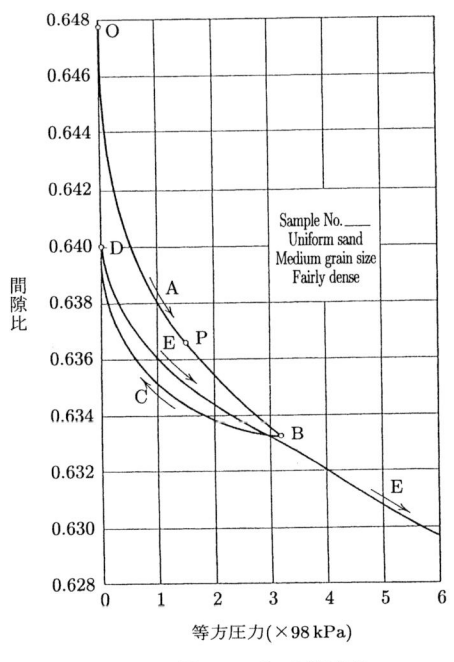

図 7.10 砂の圧縮曲線

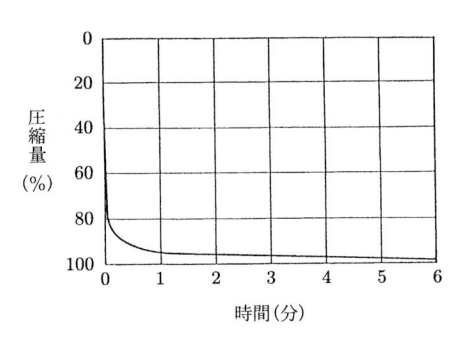

図 7.11 応力増分に対する砂における圧縮-時間曲線

れている. 砂の変形が落ち着くのに, 緩い砂では 1000 分以上かかる例も報告されている (di Prisco and Imposimato, 1996). 図 7.12 は等方圧縮試験結果であるが, 密になるに従い圧縮量は小さくなる.

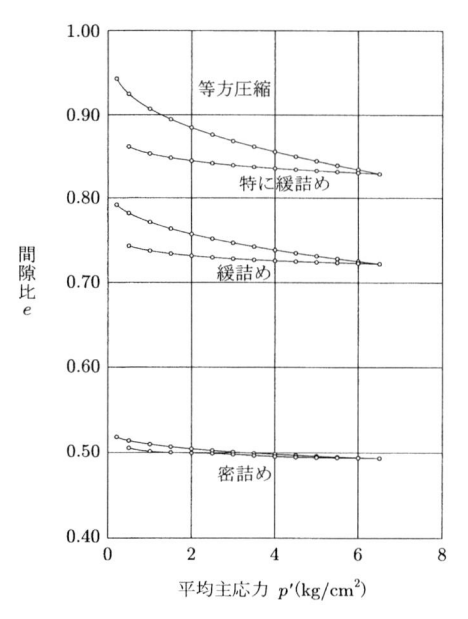

図 7.12 砂の等方圧縮曲線(龍岡, 1975)

7.3 圧密沈下量の計算

1次元圧密での圧密沈下量,すなわち粘土層厚の減少量は次式で求めることができる.層厚 H の粘土層が有効応力増加 Δp を受けたとすると,初期有効応力を p_0 として,

$$S = H\Delta\varepsilon_v = H\frac{-\Delta e}{1+e} \tag{7.5}$$

ここで, $\Delta\varepsilon_v$ は体積ひずみ増分であり, $-\Delta e$ は間隙比の減少量である.
e–$\log p$ 曲線より,

$$S = H\frac{C_c}{1+e_0}\log_{10}\frac{p_0+\Delta p}{p_0} \tag{7.6}$$

e–$\log p$ 曲線を線形化し,体積圧縮係数 m_v を用いる場合は,

$$\Delta S = Hm_v\Delta p \tag{7.7}$$

a. 二次圧密

一般に,圧密が進行し,排水量がほぼゼロになっても,長時間排水が進み,圧密が続行する.この原因は,粘性土が弾性体ではなく,粘性を持つ塑性材料,すなわ

ち弾粘塑性体であることに起因する.

このような現象は二次圧密と呼ばれるが,粘性土の土骨格からみれば,二次圧縮と捉えることができる.二次圧縮の問題はテイラーとマーチャント (Merchant)(1940) によって二次圧縮として初めて指摘された.

二次圧縮での間隙比変化は,$\log t$ に比例することが知られている.

$$\Delta e = C_\alpha \log_{10} \frac{t}{t_0} \tag{7.8}$$

ここで,Δe は間隙比変化,C_α を二次圧縮係数 (二次圧密速度) と呼ぶ.

間隙水圧がほぼ消散するまでの圧密過程を一次圧密と呼ぶ.二次圧密過程では,ほぼ間隙水圧が消散した後の圧密で,有効応力もほぼ一定であるが,間隙水の流出は,微量ではあるが継続している.後で述べるが,実際には,テルツアギーの理論曲線に一致する部分を一次圧密と呼んでいる.圧密曲線は,初期は弾性体を仮定するテルツアギーの解で近似できるが,圧密の進行とともにずれ始める.すなわち,工学的には,テルツアギーなどの理論では説明できない圧密後半の部分を指すと考えることができる.しかしながら,粘塑性的な変形は圧密の前半から発生しているため,二次圧密と一次圧密を正確に区別することはできない.特に,実際の地盤のように地盤が厚い場合は,一次圧密の時間が長くなり,時間依存性挙動による二次圧密は一次圧密の部分に包含されることになる.二次圧縮 (圧密) 速度は,C_c に比例しており,C_α/C_c は,非有機質のものでは 0.025〜0.06 くらいであるが,有機質のものでは 0.10 という大きな値をとるものもある.泥炭などの有機質の大きい粘性土の C_α は大きく,圧密の大半が二次圧密で占められる場合もある.図 7.13 は北米 Leda 粘土の C_α と C_c の値が圧密圧力に依存する非線形性を示している.

7.4　1 次元圧密理論

粘土は透水係数が小さいため,7.2 節で述べた粘土の圧縮においては間隙水の流出,間隙水圧の消散に非常に長い時間がかかる.次に,圧密現象を支配する方程式について考えよう.簡単のために,1 次元問題を考える.

圧密理論は次のような理論構成になっている.

① 水 (流体相) および 土粒子骨格 (固相) の質量保存則 (式 (5.31))
② 飽和土全体の運動方程式 (釣合い式)(式 (5.18))
③ 水の運動方程式 (ダルシーの法則)(式 (7.7))
④ 間隙水および土粒子の非圧縮性 (6 章)
⑤ ④より,水の非圧縮性を仮定した場合,有効応力 (式 (6.3)) が使えるから,有

7.4 1次元圧密理論

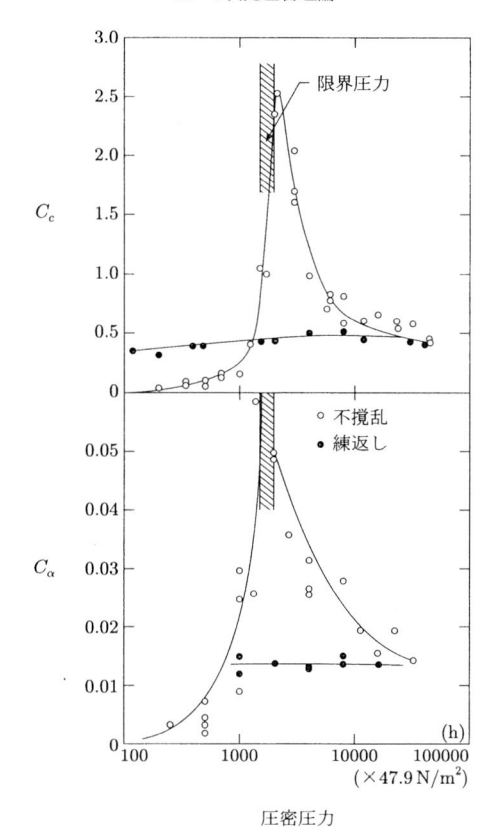

図 7.13 C_α, C_cと圧密圧力

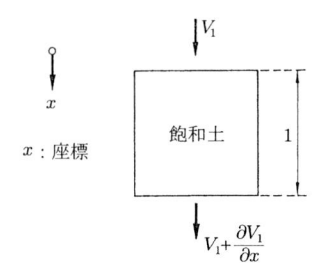

図 7.14 1次元的水の流れ

効応力による土の応力-ひずみ関係 (構成式, 弾性体の場合は式 (4.21))
⑥ 適合条件式, ひずみと変位関係式 (式 (4.8))
⑦ 水と土骨格の初期条件と境界条件

①に③を代入した式を圧密の連続式と呼ぶこともある．

水で完全に飽和された均質な粘土の1次元的な変形，運動を仮定して圧密の式を求めてみよう．ここでは，1次元変形と1次元流れを仮定する．

図7.14に示すような1次元的な水の流れを単位体積の土に対して考える．①の質量保存則は④の非圧縮性を仮定した場合，次のように表現できる．この時，飽和土から流出した水の体積と土の圧縮量は等しい．したがって，単位時間当たり飽和土の単位体積から出てゆく水の量 Q_0 は

$$Q_0 = \frac{\partial V_1}{\partial x} \tag{7.9}$$

また，単位時間当たりの土の圧縮ひずみ Q_2 は

$$Q_2 = \frac{\partial \varepsilon_{kk}}{\partial t} \tag{7.10}$$

したがって，式 (3.72) に対応する次式が成り立つ．

$$\frac{\partial V_1}{\partial x} = \frac{\partial \varepsilon_{kk}}{\partial t} \tag{7.11}$$

次に，土中の水の運動方程式 (5.16) の両辺を x で微分し，式 (7.10) を用いると，

$$\frac{\partial \varepsilon_{kk}}{\partial t} = -\frac{\partial}{\partial x}\left(\frac{k}{\gamma_w}\left(\frac{\partial (u - \gamma_w x)}{\partial x}\right)\right) \tag{7.12}$$

式 (7.12) から，典型的な2つの1次元圧密方程式を導こう．以下，全応力が一定で，土全体の釣合い式が成立しているとする．

a. テルツアギーの圧密方程式

線形の弾性応力–ひずみ関係を仮定すると，

$$\varepsilon = m_v \sigma' \tag{7.13}$$

ε：ひずみ（一般には体積ひずみ ε_{kk}），m_v：体積圧縮係数，σ'：有効応力．

全応力が一定の時は，

$$\frac{\partial \sigma'}{\partial t} = -\frac{\partial u}{\partial t} \tag{7.14}$$

だから，m_v が時間的に一定で，k（透水係数）が空間的に一定の場合，次のような熱伝導型の偏微分方程式であるテルツアギーの式 (1943) が得られる．

$$\frac{\partial u}{\partial t} = C_v \frac{\partial^2 u}{\partial x^2} \tag{7.15}$$

$$C_v = \frac{k}{\gamma_w m_v} \text{ (圧密係数)} \tag{7.16}$$

b. 三笠の圧密方程式

式 (7.13) の代わりに，次のような増分関係の応力–ひずみ式を仮定すると式 (7.11), (7.12), (7.14) より，ひずみに関する三笠の圧密方程式が導かれる．

$$\Delta \varepsilon = m_v \Delta \sigma' \tag{7.17}$$

$$\begin{aligned}
\frac{\partial \varepsilon}{\partial t} &= -\frac{\partial}{\partial x}\left(\frac{k}{\gamma_w}\frac{\partial u_e}{\partial x}\right) \\
&= \frac{\partial}{\partial x}\left(\frac{k}{\gamma_w}\frac{\partial \sigma'}{\partial x}\right) \\
&= \frac{\partial}{\partial x}\left(\frac{k}{\gamma_w m_v}\frac{\partial \varepsilon}{\partial x}\right)
\end{aligned}$$

k/m_v が空間的に一定の場合，

$$\frac{\partial \varepsilon}{\partial t} = \frac{k}{\gamma_w m_v}\frac{\partial^2 \varepsilon}{\partial x^2} \tag{7.18}$$

ここで，$C_v = \frac{k}{\gamma_w m_v}$ が一定であれば，透水係数および体積圧縮係数が空間的に一定でない場合にも適用できることに注意したい．

7.5 圧密方程式の解

圧密方程式の解を求めよう．

テルツアギーの1次元圧密方程式について，時間係数 T_v を用いて無次元化すると次のようになる．

$$\frac{\partial u}{\partial T_v} = \frac{\partial^2 u}{\partial Z^2} \tag{7.19}$$

$$T_v = \frac{C_v t}{H^2} \tag{7.20}$$

$$Z = \frac{X_1}{H} \tag{7.21}$$

ここで，H は図 7.15 のような片面排水の場合の粘土の層厚である．両面排水の場

7 圧密理論

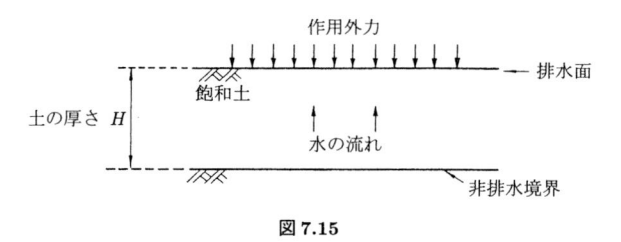

図 7.15

合は層厚の $1/2$ となる.

式 (7.19) を次の境界条件の下で解くと, 解は式 (7.24) で与えられる.

$$\text{初期条件}: T_v = 0 \text{ で } u = u_0, \quad 0 < Z < 2 \tag{7.22}$$

$$\text{境界条件}: Z = 0, \quad Z = 2 \text{ で } u = 0 \tag{7.23}$$

この時,

$$u = \sum_{m=0}^{\infty} \frac{2u_0}{M} (\sin MZ) \exp(-M^2 T_v) \tag{7.24}$$

$$M = \frac{\pi(2m+1)}{2} \tag{7.25}$$

式 (7.24) の数値計算結果はシフマン (Schiffman, 1959) によって求められている.

さらに, 圧密の進行の程度を表すパラメータとして, 圧密度 (consolidation ratio) U_Z が定義されている.

$$U_Z = 1 - \frac{u}{u_0} \tag{7.26}$$

粘土層全体の平均圧密度 U は次のように定義される.

$$U = \frac{\text{ある時刻}\, t\, \text{における圧縮量 (沈下量)}}{\text{最終圧縮量 (沈下量)}} \tag{7.27}$$

粘土層が弾性体と仮定する時は, 変形と間隙水圧に 1 対 1 の対応があるから, 次のようにも表現できる.

$$U = 1 - \frac{\int_0^2 u(T_v, Z) dZ}{\int_0^2 u_0(Z) dZ} \tag{7.28}$$

U：平均圧密度 (% で示すこともある), $u_0(Z)$：初期間隙水圧分布.

7.5 圧密方程式の解

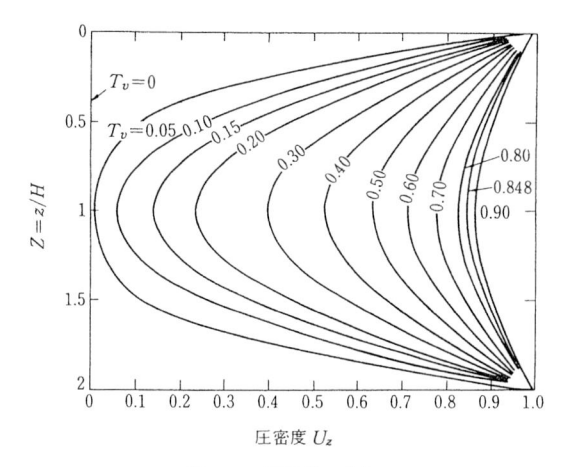

図 7.16 圧密度の分布

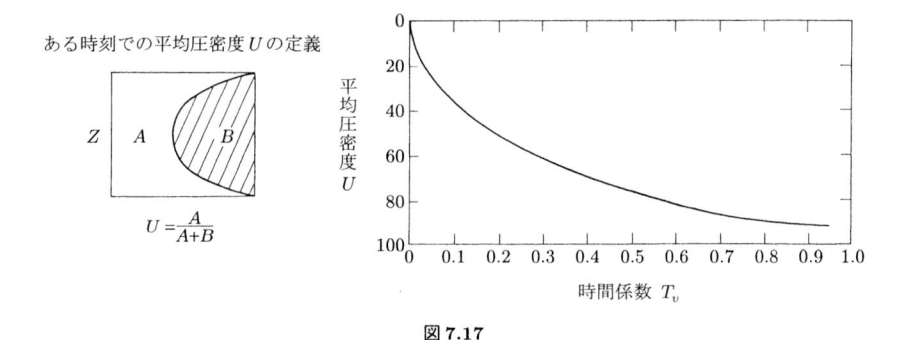

図 7.17

初期間隙水圧分布が深さに対して一定の場合，式 (7.28) に式 (7.24) を代入すると，

$$U = 1 - \sum_{m=0}^{\infty} \frac{2}{M^2} \exp(-M^2 T_v) \qquad (7.29)$$

図 7.16 は圧密度と深さ，図 7.17 は平均圧密度と時間係数の関係を表している．

放物型の偏微分方程式である 1 次元圧密方程式を次のような境界条件の下で解いてみよう．以下の境界条件は，載荷重一定下での圧密に対応している．

初期条件：$T_v = 0$ で $u = U_0(Z)$

境界条件：$Z = 0$, $Z = 2$ で $u = 0$

$$\frac{\partial u}{\partial T_v} = \frac{\partial^2 u}{\partial Z^2} \tag{7.30}$$

$$T_v = \frac{C_v t}{H^2} \tag{7.31}$$

$$Z = \frac{X_1}{H} \tag{7.32}$$

式 (7.30) の解が次のように変数分離できるとして,

$$u(Z,T) = S(Z)W(T), \quad T = T_v \tag{7.33}$$

式 (7.29) へ代入して,

$$\frac{\partial u}{\partial T} = W^1(T)S(Z) \tag{7.34}$$

$$\frac{\partial^2 u}{\partial Z^2} = S^2(Z)W(T) \tag{7.35}$$

よって,

$$\frac{W^1}{W} = \frac{S^2}{S} = C \tag{7.36}$$

ただし, W^1, S^2 は W と S の T および Z に関する 1 回および 2 回微分である. 式 (7.36) が成立するためには, C が定数とならねばならない. 定数を $C = -(n\pi/2)^2$ とおくと,

$$\frac{\partial W}{\partial T} + \left(\frac{n\pi}{2}\right)^2 W = 0 \tag{7.37}$$

$$\frac{\partial^2 S}{\partial Z^2} + \left(\frac{n\pi}{2}\right)^2 S = 0 \tag{7.38}$$

$u(0,\ T) = 0$, $u(2,\ T) = 0$ だから,

$$S = \sin\frac{n\pi Z}{2} \tag{7.39}$$

また, 式 (7.37) より,

$$W = \exp\left(-\left(\frac{n\pi}{2}\right)^2 T\right) \tag{7.40}$$

$n = 1, 2, 3, \cdots$ の場合も解である. 線形偏微分方程式の解であるから, 重ね合わせによって,

$$u = \sum_{n=1}^{\infty} B_n \exp\left(-\left(\frac{n\pi}{2}\right)^2 T_v\right) \sin\frac{n\pi Z}{2} \tag{7.41}$$

となる. $\sin nx$ と $\cos nx$ が正規直交関数系をなすから, 式 (7.41) より B_n が求められる.

$n = m$ の時,

$$\int_0^2 \sin\frac{m\pi Z}{2} \sin\frac{n\pi Z}{2} dZ = 0 \tag{7.42}$$

だから,

7.5 圧密方程式の解

$$B_n = 0 \tag{7.43}$$

$n \neq m$ の時,

$$\int_0^2 \sin\frac{m\pi Z}{2} \sin\frac{n\pi Z}{2} dZ = 1 \tag{7.44}$$

したがって,

$$B_n = \int_0^2 U_0(Z) \sin\frac{n\pi Z}{2} dZ \tag{7.45}$$

以上より, 式 (7.45) を式 (7.41) に代入して式 (7.30) の一般解が求められる.

次に, 式 (7.22), 式 (7.23) の条件下で, 初期間隙水圧分布が深さ方向に一定で U_0 の時の, テルツアギーの 1 次元圧密方程式から求められる間隙水圧式 (7.24) を求めよう.

初期間隙水圧分布が深さ方向に一定で U_0 の時は, 式 (7.45) から,

$$\begin{aligned}
B_n &= \int_0^2 U_0 \sin\frac{n\pi Z}{2} dZ \\
&= \frac{2}{n\pi} U_0 \left[-\cos\frac{n\pi Z}{2} \right]_0^2 \\
&= \frac{2}{n\pi} U_0 (-\cos n\pi + 1)
\end{aligned} \tag{7.46}$$

ここで, $n = 2m$ の時,

$$B_n = 0 \tag{7.47}$$

$n = 2m + 1$ の時,

$$B_n = 2U_0 \times \frac{2}{n\pi} = \frac{2U_0}{M} \tag{7.48}$$

よって,

$$u = \sum_{m=0}^{\infty} \frac{2U_0}{M} (\sin MZ \exp(-M^2 T_v)) \tag{7.49}$$

ただし,

$$M = \frac{(2m+1)\pi}{2} \tag{7.50}$$

m は任意の正の正数.

a. 圧密係数 c_v の決め方

圧密係数は圧密試験結果から求められるが，その決定法は，弾性1次元圧密の解に基づいて行われる．

1) $\sqrt{t}$ 法

テルツアギーの解に基づいて，U–$\sqrt{T_v}$ 関係を描くと，初期の傾きの 1.15 倍の勾配の直線と U–$\sqrt{T_v}$ 曲線との交点は，ほぼ 90% 圧密の点に対応することから，t_{90} に対応する $T_v = 0.848$ と排水距離 H から，

$$c_v = \frac{T_{v(90)} H^2}{t_{90}} \tag{7.51}$$

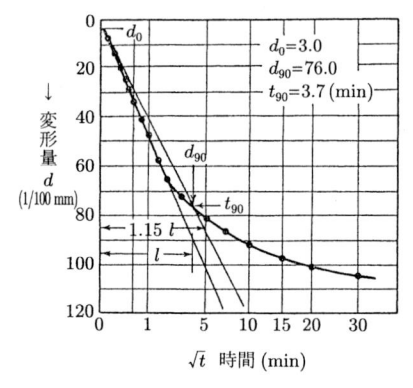

図 7.18 $\sqrt{t}$ 法による変形量–時間曲線（赤井, 1980）

により圧密係数 c_v を求める．

実データでは，曲線の初期部分がずれるため，中間部分の直線部分を外挿して，$l = 0$ での点を求め，その点から直線を引くように初期補正を行う（図 7.18）．

2) $\log t$ 法

あらかじめテルツアギーの解から圧密沈下量と $\log t$ のグラフを種々の沈下量に対して作成しておく．これを曲線定規と呼ぶが，この曲線が最も合う曲線から図 7.19 のように d_{100} を求める．さらに，50% 圧密の点から t_{50} を求め，排水距離と $T_{v(50)}$ から c_v を決定する．テルツアギーの理論曲線に適合する沈下量 d_{100} までを一次圧密と呼んでいる．

$\log t$ 法の1つであるカサグランデ法は，d–$\log t$ 関係の中間の直線部と後半の直線部との交点を 100% 圧密の点として，$(d_0 + d_{100})/2 = d_{50}$ として 50% 圧密の点を求め，c_v 値を求める方法である．d_0 は初期補正値で，初期曲線部分上で $t_1 : t_2 = 1 : 4$ となる任意の時間に対する沈下量 d_1, d_2 から $d_0 = 2d_1 - d_2$ として求められる．カサグランデ法は二次圧密の影響を受けやすいため，曲線定規法が望ましいといわれている．

b. 圧密理論解の応用

浅岡 (1978) は，三笠の圧密方程式の解を以下のように展開形で表した．

z を粘土層の表面からの深さ，c_v を圧密係数，t を時間とすると，三笠の方程式は

$$\frac{\partial \varepsilon}{\partial t} = c_v \frac{\partial^2 \varepsilon}{\partial z^2}$$

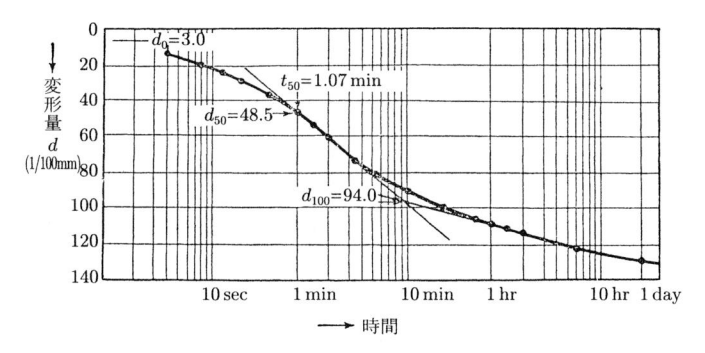

図7.19 log t 法による変形量 - 時間曲線（赤井, 1980）

$$\varepsilon(t,z) = T + \frac{1}{2!}\left(\frac{z^2}{c_v}\dot{T}\right) + \frac{1}{4!}\left(\frac{z^4}{c_v^2}\ddot{T}\right) + \cdots + zF + \frac{1}{3!}\left(\frac{z^3}{c_v}\dot{F}\right) + \frac{1}{5!}\left(\frac{z^5}{c_v^2}\ddot{F}\right) + \cdots \tag{7.52}$$

ここで,

$$T = \varepsilon(t, z = 0) \tag{7.53}$$

$$F = \varepsilon_z(t, z = 0) \tag{7.54}$$

$$\varepsilon_z = \frac{\partial \varepsilon}{\partial z}$$

である.

ここで，載荷応力が一定の場合を考える．この条件は以下で述べる方法にとって重要である．この時，両面排水条件下では，粘土層の両面で間隙水圧がゼロで応力が一定，すなわちひずみ一定だから,

粘土層の厚さを H とすると,

$$\varepsilon(t, z = 0) = \bar{\varepsilon} : 一定, \quad \varepsilon(t, z = H) = \underline{\varepsilon} : 一定 \tag{7.55}$$

ここで, $\bar{\varepsilon}$ と $\underline{\varepsilon}$ は未知である.

式 (7.54) より,

$$T = \bar{\varepsilon} \tag{7.56}$$

よって, 式 (7.54) より,

$$F + \frac{1}{3!}\left(\frac{H^2}{c_v}\dot{F}\right) + \frac{1}{5!}\left(\frac{H^4}{c_v^2}\ddot{F}\right) + \cdots = \frac{\underline{\varepsilon} - \bar{\varepsilon}}{H} \tag{7.57}$$

上表面からのみの片面排水の場合，表面で間隙水圧がゼロで応力が一定，すなわちひずみ一定だから,

$$\varepsilon(t, z = 0) = \bar{\varepsilon} : 一定, \quad \varepsilon(t, z = H) = 0 \tag{7.58}$$

同様に,

$$T = \bar{\varepsilon} \tag{7.59}$$

となる.

したがって,

$$F + \frac{1}{2!}\left(\frac{H^2}{c_v}\dot{F}\right) + \frac{1}{4!}\left(\frac{H^4}{c_v^2}\ddot{F}\right) + \cdots = 0 \tag{7.60}$$

ここで, 時刻 t の沈下量は,

$$\rho(t) = \int_0^H \varepsilon(t,z) dz \tag{7.61}$$

したがって, 式 (7.54) を式 (7.63) に代入して,

$$\rho(t) = \bar{\varepsilon}H + \frac{1}{2!}(H^2 F) + \frac{1}{4!}\left(\frac{H^4}{c_v}\dot{F}\right) + \frac{1}{6!}\left(\frac{H^6}{c_v^2}\ddot{F}\right) + \cdots \tag{7.62}$$

上式を時間で微分すると,

$$\rho(t)^{(n)} = \frac{1}{2!}\left(H^2 F^{(n)}\right) + \frac{1}{4!}\left(\frac{H^4}{c_v}F^{(n+1)}\right) + \frac{1}{6!}\left(\frac{H^6}{c_v^2}F^{(n+2)}\right) + \cdots \tag{7.63}$$

ここで, 上指標の (n) は時間に関して n 回の時間微分を表す.

式 (7.59) と式 (7.61), 式 (7.64) と式 (7.65) から, 両面排水の場合,

$$\rho + \frac{1}{3!}\left(\frac{H^2}{c_v}\dot{\rho}\right) + \frac{1}{5!}\left(\frac{H^4}{c_v^2}\ddot{\rho}\right) + \cdots = \frac{H}{2}(\bar{\varepsilon} + \underline{\varepsilon}) \tag{7.64}$$

また, 片面排水の場合,

$$\rho + \frac{1}{2!}\left(\frac{H^2}{c_v}\dot{\rho}\right) + \frac{1}{4!}\left(\frac{H^4}{c_v^2}\ddot{\rho}\right) + \cdots = H\bar{\varepsilon} \tag{7.65}$$

これらの式で, 高次の時間微分の項を無視すると,

$$\rho + c_1\dot{\rho} + c_2\ddot{\rho} + \cdots + c_n\rho^{(n)} = C \tag{7.66}$$

ここで, $c_1, c_2, \cdots, c_n, C$ は未知数である.

この式は, 載荷応力が一定の場合, 両面排水, 片面排水に限らず成立することに注意したい.

ここで, 次のような離散的な時間を導入する.

$$t_j = \Delta t \cdot j \ (j = 0, 1, 2, 3, \cdots), \quad 時間間隔 \Delta t = 一定$$

この時, 式 (7.68) は書き換えられて,

$$\rho_j = \beta_0 + \sum_{s=1}^n \beta_s \rho_{j-s} \tag{7.67}$$

ここで, ρ_j は時刻 $t = t_j$ での沈下量, β_0, β_s は未知のパラメータである.

7.5 圧密方程式の解

最も簡単な $n=1$ の場合を考えよう.

$$\rho + c_1 \dot{\rho} = C \tag{7.68}$$

$c_1 = H^2/6c_v$：両面排水, $H^2/2c_v$：片面排水.

沈下量の初期値を ρ_0, 最終沈下量を ρ_f とすると, 上式は簡単に解けて,

$$\rho(t) = \rho_f - (\rho_f - \rho_0)\exp\left(-\frac{t}{c_1}\right) \tag{7.69}$$

ここで, $\rho_f = C$.

式 (7.68) を差分化すると,

$$\rho_j = \beta_0 + \beta_1 \rho_{j-1} \tag{7.70}$$

最終沈下量 ρ_f は, $\rho_j = \rho_{j-1} = \rho_f$ より,

$$\rho_f = \frac{\beta_0}{1-\beta_1} \tag{7.71}$$

また,

$$\dot{\rho} = \frac{\rho_j - \rho_{j-1}}{\Delta t} \tag{7.72}$$

と差分化し, 式 (7.68) で $\rho = \rho_j$ とおくと,

$$\beta_1 = \frac{c_1/\Delta t}{1 + c_1/\Delta t} \tag{7.73}$$

と求められる.

したがって, β_1 は載荷応力にも境界条件にも依存しない.

差分化した式 (7.70) から, 縦軸に ρ_j, 横軸に ρ_{j-1} をとると, 図 7.20 のように, $\rho_j = \rho_{j-1}$ となる点がグラフから, 最終沈下量として容易に求めることができる. 図 7.20 は, 神戸港におけるデータ (図 7.21) をプロットして求めたものであるが, このように, 施工中の観測値から, 沈下量を求める方法を観測的方法と呼んでいる.

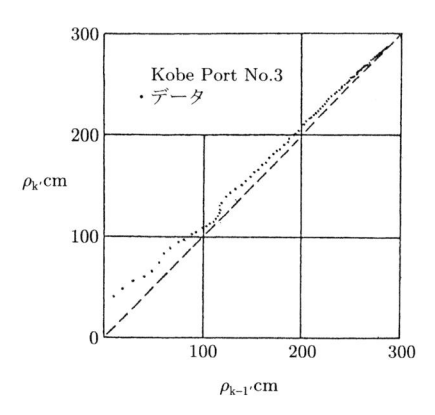

図 7.20 $\rho_j - \rho_{j-1}$ 関係 (Asaoka,1978)

c. 圧密の促進

すでに述べたように，圧密の進行には時間がかかる．したがって，圧密の進行を早め地盤を安定させるために透水係数の大きな砂柱を粘土地盤中に作り，荷重を加えることにより圧密を促進する地盤改良工法，サンドドレーン工法が発案され用いられている．

バロン (Barron, 1948) はサンドドレーンによる間隙水圧の消散に関して，等ひずみと自由ひずみの仮定を設け，次のようなバロンの解 (1948) を求めている．

サンドドレーンは図 7.22 のように，多数の砂柱を粘土地盤中に配置し，集水するもので，有効集水半径 d_e の粘土中に砂杭を設置したモデルでモデル化される．

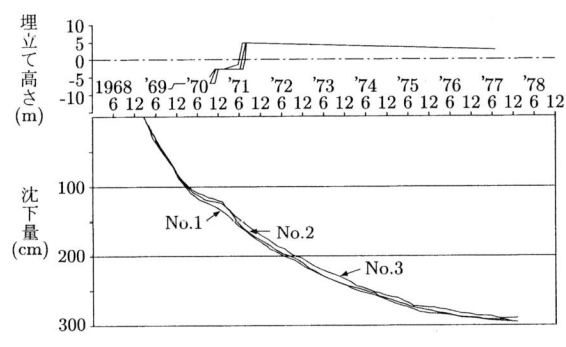

図 7.21 神戸港での埋立て地の沈下曲線 (Asaoka, 1978)

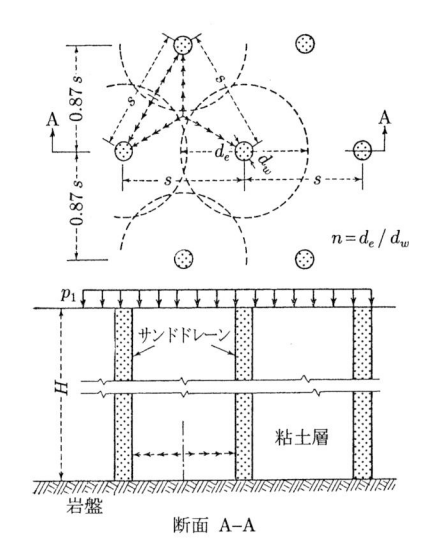

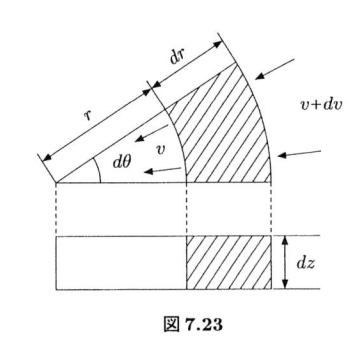

図 7.22 サンドドレーンの配置 (赤井, 1980)

図 7.23

したがって，以下，半径 b の粘土柱の中に半径 a の砂杭があるモデルを考える．

サンドドレーンの集水直径は千鳥形 (図 7.22) と正方形配置の場合，それぞれ，$d_e = 1.05\,d$, $d_e = 1.13\,d$ となる．

等ひずみ問題

等ひずみ問題では，① 流れは水平，② 鉛直ひずみ ε_z は r, z に無関係と仮定する．

② の仮定から等ひずみ問題と呼ばれる．

図 7.23 のような砂柱の周りの扇形の粘土要素から出てゆく水の体積 dV は，粘土の圧縮量に等しいから，水平方向の透水係数を k_h, 水の密度を γ_w, 圧縮係数 m_v として，

$$dV = vr d\theta dz - (v + dv)(r + dr)d\theta dz \tag{7.74}$$

$$= -\frac{k_h}{\gamma_w}\left(\frac{\partial^2 u}{\partial r^2} + \frac{\partial u}{\partial r}\right) r dr d\theta dz dt \tag{7.75}$$

$$= \frac{\partial \varepsilon_z}{\partial t} r dr d\theta dz dt \tag{7.76}$$

粘土の圧縮ひずみは，

$$\frac{\partial \varepsilon_z}{\partial t} dt = -m_v d\bar{u}(t) \tag{7.77}$$

ここで，$\bar{u}$ は r に関する平均値であり，r に依存しないひずみは，r に関する間隙水圧の平均値 $\bar{u}$ で表されるとした．

したがって，

$$\frac{\partial \bar{u}}{\partial t} = C_h \left(\frac{\partial^2 u}{\partial r^2} + \frac{\partial u}{\partial r}\right) \tag{7.78}$$

ここで，

$$C_h = \frac{k_h}{\gamma_w m_v} \tag{7.79}$$

$$\bar{u} = \frac{2}{b^2 - a^2}\int_a^b u(r,t) r dr \tag{7.80}$$

解は，次のように求められる．

$$\bar{u}(t) = \bar{u}(0)\exp\left(\frac{-2c_h t}{b^2 F(n)}\right) \tag{7.81}$$

ここで，$F(n) = \frac{n^2}{n^2-1}\ln n - \frac{3n^2-1}{4n^2}$, $n = b/a$ である．a, b はサンドパイルの周囲の中空粘土層の内径，外径である．

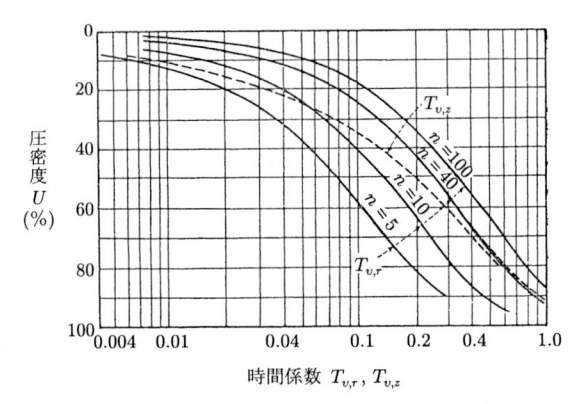

図 7.24 種々の載荷状態と排水条件に対する圧密度−時間係数曲線 (赤井, 1980)

バロンの解を図示すると，図 7.24 のように圧密度−時間係数関係が得られる．図中の $n = d_e/d_w$ は，砂柱の直径 d_w と有効収水直径 d_e の比である．d_w は施工性と砂柱の切断を避けるため 30〜50 cm 程度のものが用いられている．砂柱の間隔は，圧密時間と建設工期との関係から定められる．

バロンは他に自由ひずみ問題を解いている．

$$\frac{\partial \varepsilon_v}{\partial t} = -\frac{k}{\gamma_w}\left(\frac{\partial^2 u}{\partial x^2} + \frac{\partial^2 u}{\partial y^2} + \frac{\partial^2 u}{\partial z^2}\right) \tag{7.82}$$

弾性構成式から，

$$\varepsilon_v = \frac{1-2\nu}{E}(\sigma_1 + \sigma_2 + \sigma_3 - 3u) \tag{7.83}$$

σ_m が時間的に一定とすると，

$$\frac{\partial u}{\partial t} = -\frac{kE}{3\gamma_w(1-2\nu)}\left(\frac{\partial^2 u}{\partial x^2} + \frac{\partial^2 u}{\partial y^2} + \frac{\partial^2 u}{\partial z^2}\right) \tag{7.84}$$

バロンは，自由ひずみ問題に上式を用いた．自由ひずみ条件で求められた解と等ひずみ問題の解には大きな差はない．

d. 圧密沈下計測例

図 7.25 は神戸市ポートアイランドでの沈下測定の記録である．図中の層 2-1 はポートアイランド (一期埋立て地) 西南端での沈下計の結果であり，他は南公園に設置された沈下計の結果である．1977 (昭和 52) 年測定開始後，1876 日後までの

結果であるが, 全沈下は 230 cm である. 沈下の内訳は, a–b で沖積粘土層の沈下が 121 cm, 洪積層の沈下は 109 cm となる. このうち, b–c から上部洪積互層は約 10%, c–d で洪積粘土層が約 8% であるのに対し, 下部洪積互層は約 82% の沈下となっている. 図 7.26 は, ポートアイランドにおける圧密降伏応力 (p_c) の深度分布である. 初期土かぶり圧に対して, 洪積互層より下は過圧密になっている. 一方, 盛土荷重で K.P.+13 m 地点では, 下部粘土層においても正規圧密状態へ移行しており, これが下部洪積互層で沈下の大きい原因となっている. これは, セメンテーションなど年代効果を受けた地盤では, 沖積粘土の土かぶり (荷重)–間隙比関係から求められるものより間隙比が大きい (土田, 2001), つまり, 古い年代の土ほど土かぶりに対する間隙比が大きく, 載荷による構造の破壊などにより, 圧縮性が大きいことが原因と考えられる.

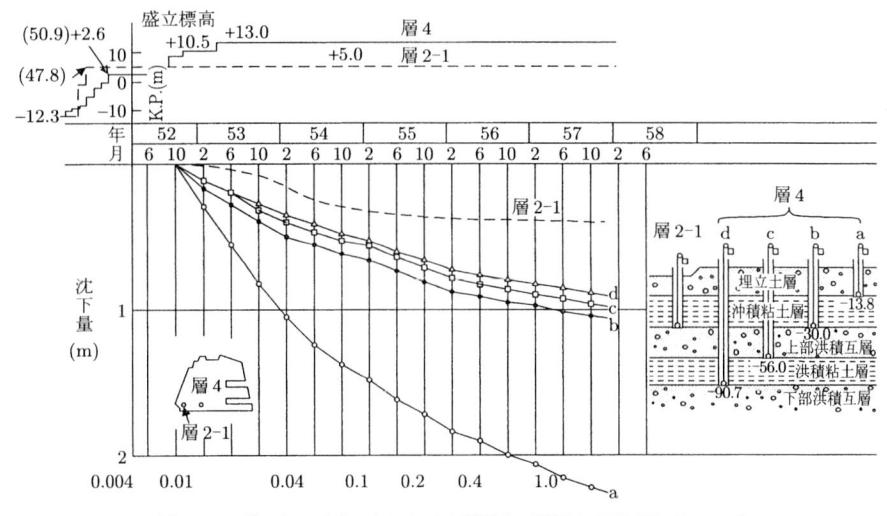

図 7.25 ポートアイランドにおける層別沈下計測定記録 (渡辺ら, 1983)

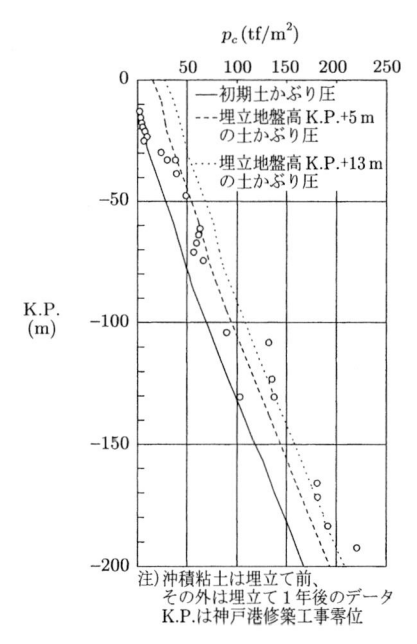

図 7.26 ポートアイランド中央部における圧密降伏応力(p_c)の深度分布(渡辺ら, 1983)

■文　献

1) Bjerrum, L.：Engineering geology of Norwegian normally consolidated clays as related to settlements of buildings, *Géotechnique*, **17**, pp.81-118, 1967.
2) Parry, R.H.G. and Wroth, C.P.：Shear stress-strain properties of soft clay, Soft clay Engineering, Brand, E.W. and Brenner, R.P. eds., Elsevier Sci. Pub., pp.309-364, 1981.
3) di Prisco, C. and Imposimato, S.：Time dependent mechanical behavior of loose sands, *Mechanics of Cohesive-Frictional Materials*, **1**(1), pp.45-73, 1996.
4) 龍岡文夫：「非常にゆるい砂」の非排水セン断特性についての考察, 土質工学会論文報告集, *Soils and Foundations*, **15**(3), pp.93-95, 1975.
5) Taylor, D.W. and Merchant, W：A theory of clay consolidation accounting for secondary compression, *J. Math. & Phys.*, **19**, pp.167-185, 1940.
6) Schiffman, R.L.：Field application of soil consolidation under time-dependent loading and varying permeability, *Bull. HRB*, **248**, 1959.
7) Asaoka, A.：Observational Procedure of settlement prediction, *Soils and Foundations*, **18** (4), pp.87-101, 1978.
8) Barron, R.A.：Consolidation of finite grained soils by drain wells, *Trans. ASCE*, **113**, pp.718-754, 1948.
9) 土田　孝：海底粘土地盤の自然間隙比と土被り圧の関係に関する統一的な解釈, 地盤工学会論文報告集, **41** (1), pp.127-143, 2001.
10) Taylor, D.W.：Fundamentals of Soil mechanics, John Wiley & Sons, 1948.

11) 土田　孝：三軸試験による自然粘性土地盤の強度決定法に関する研究, 港湾技研資料, **688**, 1990.
12) Leroueil, S., Tavenas, F. and Le Bihan, J.P.：Propriétés caractéristiques des argiles de l'est du Canada, *Can. Geotech. J.*, **20** (4), pp.681-705, 1983.
13) Leroueil, S., Kabbaj, M., Tavenas, F. and Bouchard, R.：Stress-strain-strain rate relation for the compressibility of sensitive natural clays, *Géotechnique*, **35** (2), pp.159-180, 1985.
14) Leroueil, S., Tavenas, F. and Le Bihan, J.P.：Propriétés charactéristiques des argiles de l'est du Canada, *Rapport GCS* **8209**, Genie Civil Faculte des Science et de Genie, Laval University, 1982.
15) Lambe, T.W. and Whitman, R.V.：Soil Mechanics, John Wiley & Sons, 1969.
16) Diaz-Rodrigues, J.A., Leroueil, S. and Aleman, J.D.：On yielding of Mexico clay and other natural clays, *J. Geotechnical Engineering, ASCE*, **118** (7), pp.981-995, 1992.
17) Crawford, C.B.：Interpretation of the consolidation test, *Proc. ASCE*, **90**, SM5, pp.87-102, 1964.
18) 土質試験法編集委員会：土質試験の方法と解説, 土質工学会, 1990.
19) 赤井浩一：土質力学, 朝倉書店, 1986.
20) 山口柏樹：土質力学 (全改訂), 技報堂出版, 1985.
21) 山口柏樹：土質解析法, 山口柏樹先生退官記念事業会発行, 技報堂出版制作, 1987.
22) Mesri, G. and P.M. Godlewski：Time- and Stress-compressibility interrelationship, *Proc.ASCE*, **103**, GT5, pp.417-430, 1977.
23) 三笠正人：軟弱粘土の圧密, 鹿島出版会, 1963.
24) 渡辺嘉道, 水間収三, 田中伸佳：神戸港の洪積層について, 土と基礎, 土質工学会誌, **31-6** (305), pp.45-49, 1983.

8 　土の変形と強度

　土の圧縮特性についてはすでに6章と7章で取り扱ったが，本章ではせん断応力を受けた場合の土の変形・強度特性と破壊規準を中心に述べる．

8.1　土の応力–ひずみ挙動

　砂や粘土などの粒状体の変形特性の特徴は，固体に比較して比較的大きな圧縮性を持ち，せん断抵抗力が小さいことである．したがって，せん断力に対する抵抗力を調べることが工学的には重要である．図8.1は，ある拘束圧下で円柱供試体を変形させた場合の，過圧密粘土や密な砂などの比較的硬い土の典型的な応力–ひずみ曲線の模式図である．せん断応力の増加とともに，ひずみが増加するが，ひずみがある値になるとせん断応力は最大となり，その後減少してゆく．ひずみが増加するにつれ，荷重は減少するが，大ひずみでほぼ一定の応力に収束する．一方，体積ひずみは，変形の初期に一度減少するが，ひずみの増加とともに膨張し始め，大ひずみで一定の体積に達する．このように，せん断変形時に体積変化を示す性質はダイレイタンシー (dilatancy) と呼ばれ，レイノルズ (O. Reynolds, 1885) によって見出された粒状体の持つ特徴的な性質である．4章で述べたように，破壊以後の応力が減少する過程は，ひずみ軟化過程と呼ばれているが，このような応答は，ひずみ制御型の試験機によって得られる．

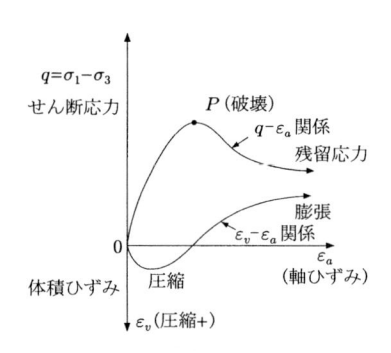

図 8.1　土の典型的な応力–ひずみ関係

　次節では，せん断変形特性を調べるための試験法について概観する．

8.2　土のせん断試験

　土のせん断変形–特性を把握するために，次のような試験方法が用いられている．

1) 一面せん断試験

土は拘束圧に依存する摩擦性材料であるから，拘束圧によってせん断時の強度が異なる．図 8.2 に示すせん断箱を用い，垂直応力 P を変化させてせん断を行う試験を一面せん断試験という．この試験から，クーロン (C. A. Coulomb) の破壊規準の強度定数，c, ϕ（有効応力表示では c', ϕ'）を決定することができる．

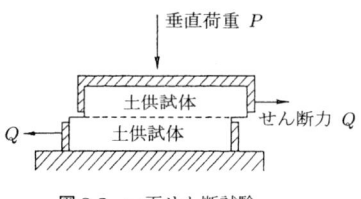

図 8.2 一面せん断試験

2) 一軸圧縮試験

拘束圧を試料に作用させないで行う圧縮試験で，円柱形の供試体が用いられる．非排水強度を求める最も簡単な強度試験であり，1%/min 程度の比較的速い速度で圧縮を行う．ひずみ制御と応力制御の二通りの制御方式があるが，ひずみ制御方式がよく用いられる．拘束圧を作用させないので，粘着力の小さい砂質土には適していない．

3) 三軸圧縮試験

図 8.3 に示すように，圧力をコントロールできるセル内に，ゴムスリーブをかぶせた円柱形の土の供試体をセットし，間隙水の移動と側圧を制御しながら，軸圧を変化させて土の要素を変形させ，せん断変形特性を明らかにする試験を三軸試験と呼んでいる．

セル内の圧力 (側圧) を一定にして，間隙水の排水を許し，軸圧を増加させる三

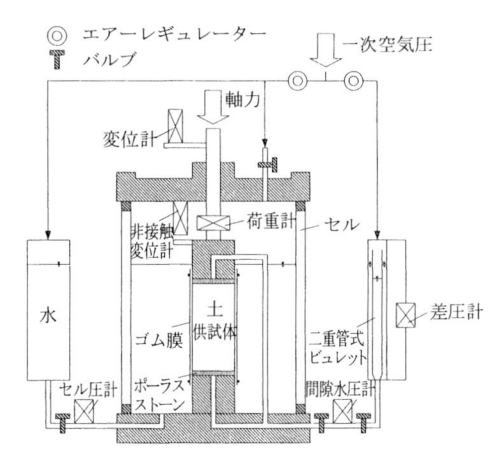

図 8.3

軸圧縮試験の破壊時のモールの応力円は図 8.4 のようになる. 側圧を変えて, いくつかの実験を行うと, モールの円の包絡線から, モール・クーロンの破壊規準の強度定数 c' (粘着力), ϕ' (内部摩擦角) を決定することができる. また, 応力–ひずみ関係から破壊応力および変形係数も求められる. 軸圧を増加させるタイプの圧縮試験や軸圧を減少させる伸張試験が単調載荷試験としてよく行われる. 一方, 液状化強度曲線のような地震時などにおける繰返し載荷時の挙動を調べるためには, 繰返し三軸試験が行われる.

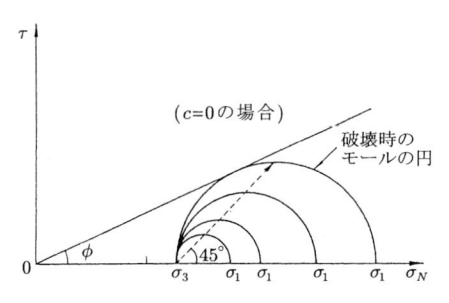

図 8.4 排水三軸圧縮試験でのモールの応力円

4) 単純せん断試験

単純せん断変形での土の強度変形特性を明らかにするために行う試験で, NGI 型 (図 8.5) と剛性の載荷板, 側板を用いるケンブリッジ型の試験機がある. また, 中空ねじり試験機を用いても実施されている. 中空ねじり試験機による実験は主応力の回転を詳しく調べることができる, より一般的なせん断試験方法である (図 8.6).

x_1 軸と主応力 σ_1 との角度 β は次式で求められる.

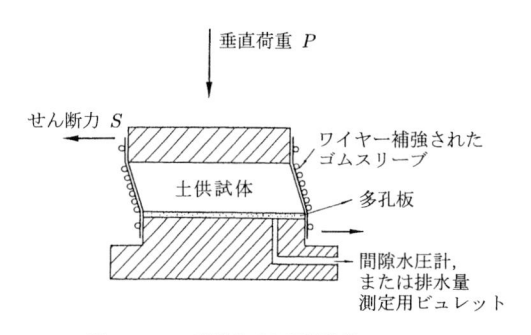

図 8.5 NGI 型単純せん断試験機

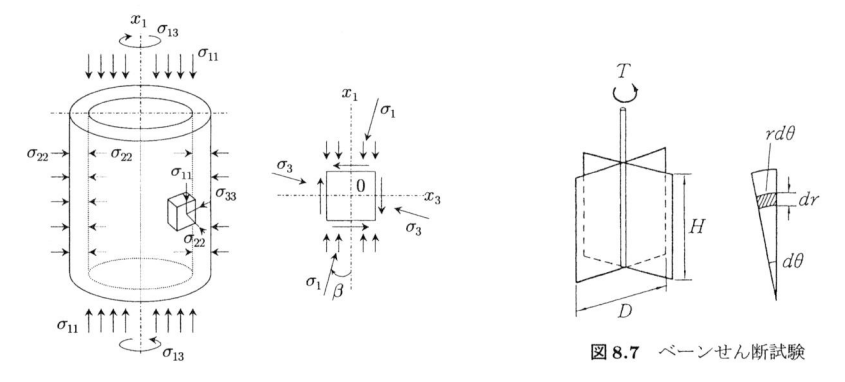

図 8.6 中空ねじり試験機

図 8.7 ベーンせん断試験

$$\tan 2\beta = \frac{2\sigma_{13}}{\sigma_{11} - \sigma_{33}} \tag{8.1}$$

5) ベーンせん断試験

4枚の長方形の羽をつけた棒からなるベーン (vane) を土中に圧入し,ベーンを回転させるのに必要なトルク (ねじりモーメント) から強度を求める.これは軟らかい粘性土に適用される.原位置で行うために開発されたが,室内でも行われることがある (図 8.7).

ベーンせん断試験によって粘土の非排水せん断強度は次のようにして求められる.ベーンが回転したときの円柱状の側面と上下面での抵抗力を考える (図 8.7).土の強度を c_u とし,$H = 2D$ の場合,

$$\text{側面では} \quad HD\pi \times c_u \times \frac{D}{2}$$

$$\text{上下面では} \quad 2 \times \int_0^{2\pi} \int_0^{D/2} c_u r r d\theta dr = \frac{D^3 c_u \pi}{6}$$

ベーンを回転させるトルクを T とすると,

$$T = \frac{\pi D^2 H c_u}{2} + \frac{\pi D^3 c_u}{6}$$

だから,

$$c_u = \frac{T}{\frac{\pi D^2 H}{2} + \frac{\pi D^3}{6}} \tag{8.2}$$

となる.

8.3 土の破壊規準

土をせん断すると,図 8.1 に示すようにせん断応力が弾性限界 (降伏点) を越え,最大強度 (破壊) に至る.その後,ひずみを与えると,応力が低下するひずみ軟化を起こし,残留強度へと至る.せん断試験方法のところで述べたように,土の変形–破壊挙動は拘束圧に強く影響を受ける.破壊状態は,その時の応力成分の組合わせに依存する.これまでに行われた多くの破壊試験によって土の破壊仮説,すなわち破壊時の組合わせ応力に関する規準が求められてきた.まず,土が破壊する時の条件である破壊規準を考えよう.

土の破壊規準に関しては次のような破壊仮説 (規準) が代表的である.

a. クーロンの破壊仮説 (規準)

物体接触面の摩擦力は接触面積に依存しないことおよび垂直力に比例することを見出したのはレオナルド・ダ・ヴィンチ (Leonard da Vinci) であるが,その後アモントン (d'Amontons, 1699) によって再発見された.これらの研究に続き,物体接触面の摩擦力に関してクーロン (1773) は次式のような破壊規準を考えた (図 8.8).

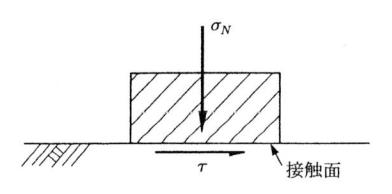

図 8.8 2 物体間の摩擦

$$\tau = \sigma_N \tan\phi + c \tag{8.3}$$

ここで,τ:せん断力,σ_N:垂直応力,ϕ:摩擦角である.c は垂直力に無関係な成分であり,粘着力と呼ばれる.

b. トレスカの破壊規準

トレスカ (H.Tresca, 1864) の破壊規準とは,最大せん断応力一定説であり,次式で表される.

$$\tau = \frac{\sigma_1 - \sigma_3}{2} = c \text{ (一定)} \tag{8.4}$$

ここで,c:最大せん断強度である.式 (8.4) は平均有効応力の影響を考慮していないが,平均有効応力 σ'_m の効果を考慮した次式

$$\tau = \frac{\sigma_1 - \sigma_3}{2\sigma'_m} = c \text{ (一定)} \tag{8.5}$$

は,拡張トレスカ規準と呼ばれる.

c. フォンミーゼスの破壊規準

フォンミーゼス (R.Von Mises, 1913) の破壊規準とは, 弾性せん断エネルギ一定説で, 中間主応力の効果が考慮されている.

$$(\sigma_1 - \sigma_2)^2 + (\sigma_2 - \sigma_3)^2 + (\sigma_3 - \sigma_1)^2 = 一定 \tag{8.6}$$

せん断弾性係数を G とすると, せん断弾性エネルギ W は

$$W = \frac{1}{12G}[(\sigma_1 - \sigma_2)^2 + (\sigma_2 - \sigma_3)^2 + (\sigma_3 - \sigma_1)^2] \tag{8.7}$$

平均有効応力 σ'_m の影響を考慮した拡張フォンミーゼスの規準は以下の通りである.

$$\frac{(\sigma_1 - \sigma_2)^2 + (\sigma_2 - \sigma_3)^2 + (\sigma_3 - \sigma_1)^2}{\sigma'_m} = 一定 \tag{8.8}$$

d. モールの破壊仮説 (規準)

モール (1900) の破壊仮説では, 土の破壊がすべりを伴うことから, 土中の潜在すべり面上のせん断強度 τ はその面に働く垂直応力の関数であると仮定し, 中間主応力の影響はないものとする (図 8.9).

$$\tau = F(\sigma_N) \tag{8.9}$$

与えられた応力下では, 土のある面上の応力はモールの円上の点で表されるから, 破壊規準は拘束圧を変えて行われた実験から求められる破壊時のモールの応力円の包絡線として求められる.

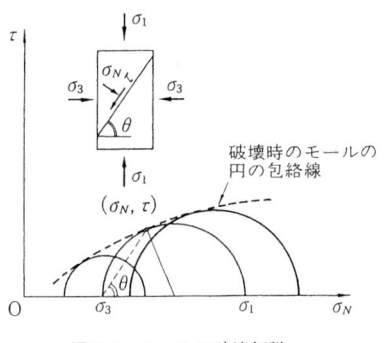

図 8.9 モールの破壊仮説

e. モール・クーロンの破壊仮説 (規準)

モールの破壊規準において, 式 (8.9) をクーロン型の直線で近似した場合を, モール・クーロン (Mohr-Coulomb) の破壊規準と呼ぶ. 図 8.10 より, 次のように表される. 以下, 応力成分は有効応力の成分とし, 簡単のため c', ϕ' は c, ϕ と書く.

$$\frac{\sigma_1 - \sigma_3}{2} = \frac{\sigma_1 + \sigma_3}{2} \sin\phi + c\cos\phi \tag{8.10}$$

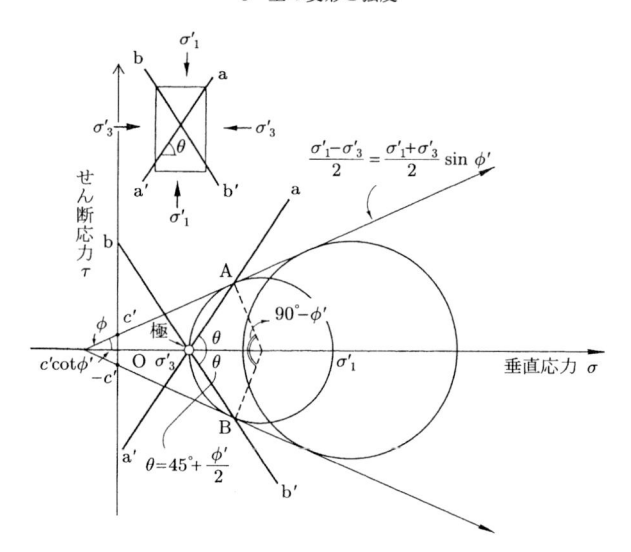

図 8.10 粘着力 $c' \neq 0$ の場合のモール・クーロンの破壊規準

ここで, σ_1, σ_3 はそれぞれ, 最大, 最小主応力, c は粘着力である. 粘着力が無視できる場合, 式 (8.10) を書き直すと,

$$\frac{\sigma_1}{\sigma_3} = \frac{1 + \sin\phi}{1 - \sin\phi} \tag{8.11}$$

モール・クーロンの破壊規準は中間主応力の影響を考慮していないが, 土の破壊規準としてよく用いられている.

f. 松岡・中井の破壊規準

松岡・中井の破壊規準 (1974) とは, モール・クーロンの破壊規準を一般化した規準で, 中間主応力の効果を考慮している.

$$\frac{\sigma_3}{\sigma_1} + \frac{\sigma_1}{\sigma_3} + \frac{\sigma_2}{\sigma_3} + \frac{\sigma_3}{\sigma_2} + \frac{\sigma_2}{\sigma_1} + \frac{\sigma_1}{\sigma_2} = 一定 \tag{8.12}$$

不変量で書き直すと,

$$\frac{I_1 I_2}{I_3} - 3 = 一定 \tag{8.13}$$

ここで, I_1, I_2, I_3 は応力テンソルの不変量である ($I_1 = \sigma_1 + \sigma_2 + \sigma_3$, $I_2 = \sigma_1\sigma_2 + \sigma_2\sigma_3 + \sigma_3\sigma_1$, $I_3 = \sigma_1\sigma_2\sigma_3$).

粘着力に相当する強度はないとした場合, 次のようにも表現できる.

8.3 土の破壊規準

$$\frac{I_1 I_2}{I_3} - (9 + 8\tan^2 \phi) = 0 \tag{8.14}$$

ここで, ϕ は内部摩擦角である.

図 8.11 のような主応力 $(\sigma_1, \sigma_2, \sigma_3)$ を軸とする応力空間において, どの軸とも同じ角度である軸を静水圧軸と呼び, その軸に直交する平面を π 面 (または正八面体面 (octahedral plane), oct 面) と呼ぶ.

この π 面上での破壊規準の形を求めてみよう. 図 8.11 のような π 面上での座標 (x, y, z) を考える. z 軸は紙面直角方向である. この時, 座標間には次のような関係がある.

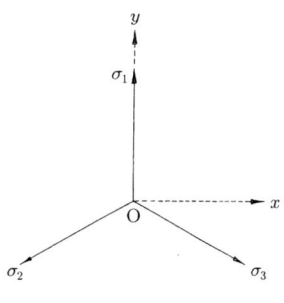

図 8.11 π 面

$$\begin{pmatrix} \sigma_1 \\ \sigma_2 \\ \sigma_3 \end{pmatrix} = \begin{pmatrix} 0 & 2/\sqrt{6} & 1/\sqrt{3} \\ -1/\sqrt{2} & -1/\sqrt{6} & 1/\sqrt{3} \\ 1/\sqrt{2} & -1/\sqrt{6} & 1/\sqrt{3} \end{pmatrix} \begin{pmatrix} x \\ y \\ z \end{pmatrix} \tag{8.15}$$

式 (8.16) での (x, y) 点と原点 $(0, 0)$ との距離 $\sqrt{x^2 + y^2}$ は次式で与えられる.

$$\sqrt{x^2 + y^2} = \frac{1}{\sqrt{3}} \sqrt{(\sigma_1 - \sigma_2)^2 + (\sigma_2 - \sigma_3)^2 + (\sigma_3 - \sigma_1)^2}$$

一方, 応力ベクトルの, 静水圧軸 (z 軸) の方向の成分 σ_{oct} (正八面体垂直応力) と π 面に平行な成分 τ_{oct} (正八面体せん断応力) は次式となる.

$$\sigma_{\text{oct}} = \frac{\sigma_1 + \sigma_2 + \sigma_3}{3} = \sigma_m \tag{8.16}$$

$$\tau_{\text{oct}} = \frac{1}{3} \sqrt{(\sigma_1 - \sigma_2)^2 + (\sigma_2 - \sigma_3)^2 + (\sigma_3 - \sigma_1)^2} \tag{8.17}$$

粘着力がない場合, π 面上でのモール・クーロンの破壊規準の形を求めてみよう.

モール・クーロンの破壊規準において粘着力がなく, 最大主応力を σ_1, 最小主応力を σ_3 とする場合,

$$\sigma_1 - \sigma_3 = (\sigma_1 + \sigma_3) \sin \phi \tag{8.18}$$

式 (8.16) より

$$\sigma_1 - \sigma_3 = \frac{3y}{\sqrt{6}} - \frac{x}{\sqrt{2}} \tag{8.19}$$

$$\sigma_1 + \sigma_3 = \frac{x}{\sqrt{2}} + \frac{y}{\sqrt{6}} + \frac{2z}{\sqrt{3}} \tag{8.20}$$

したがって，式 (8.19) から，

$$y = ax + \frac{2\sqrt{2}\sin\phi}{3 - \sin\phi}z \tag{8.21}$$

$$a = \frac{\sqrt{3}(1 + \sin\phi)}{3 - \sin\phi} \tag{8.22}$$

a の大きさは

$$\frac{1}{\sqrt{3}} \leq a \leq \sqrt{3} \tag{8.23}$$

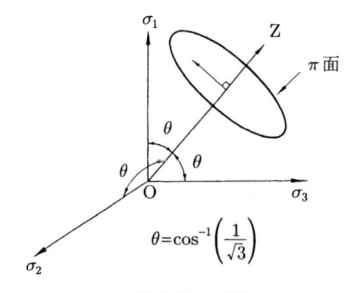

図 8.12 π面

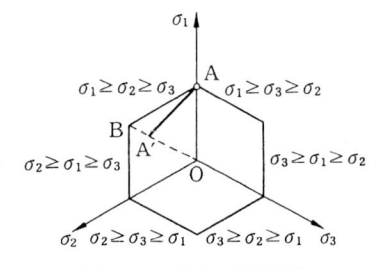

図 8.13 π面上の破壊規準

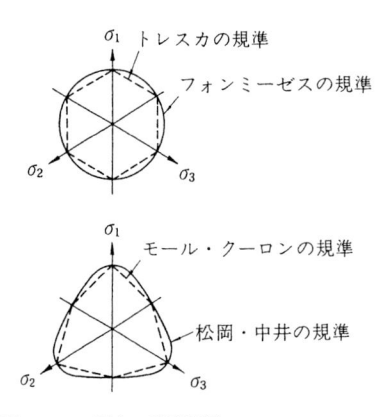

図 8.14 π面上の破壊規準

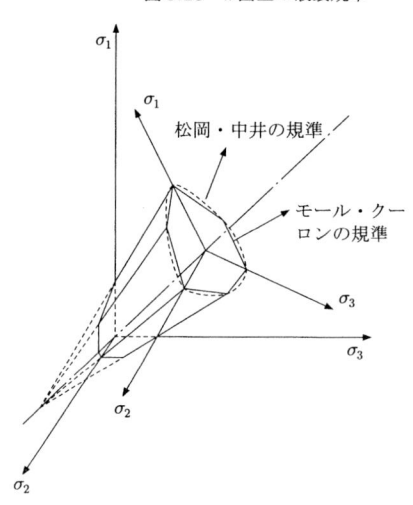

図 8.15 主応力空間でのモール・クーロン，松岡・中井の規準

したがって, 図 8.12 に示すように, $z=$ 一定の面で, 点 A を通る破壊線は, σ_3 軸に平行な AB 線 (傾き $\frac{1}{\sqrt{3}}$) より傾きが大きくなる. 同様にして, 一般的な応力条件では図 8.13 に示すような歪んだ六角形となる.

図 8.14 は, π 面内での先に述べた 4 つの破壊条件を示したものであり, 松岡・中井の規準とモール・クーロンの規準の関係は, トレスカとフォンミーゼスの規準との関係に対応している. 図 8.15 は, 主応力空間内での破壊規準を示している.

g. モール・クーロンの破壊規準の適用性

図 8.16 は, 最適含水比で締め固められた氷堆積物 (Glen Shira moraine) の, 非排水試験でのモールの円とその包絡線である. 包絡線は直線で近似することができ, 内部摩擦角 ϕ' と粘着力 c' が求められる. このように, 土や岩などの地盤材料の破壊線は, モールの破壊円の包絡線でよく近似できることが知られている. 図

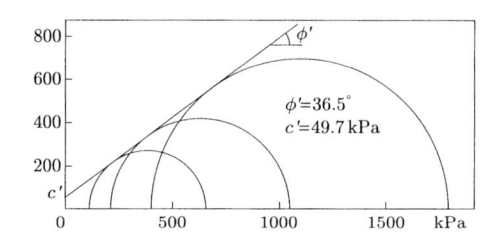

図 8.16 破壊時のモールの応力円 (Bishop and Henkel, 1962)

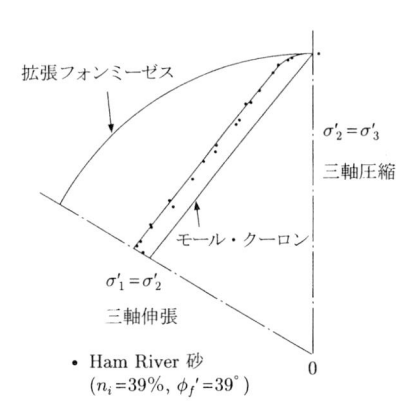

図 8.17 π 面上での Ham River Sand (Green and Bishop, 1969) の破壊応力状態

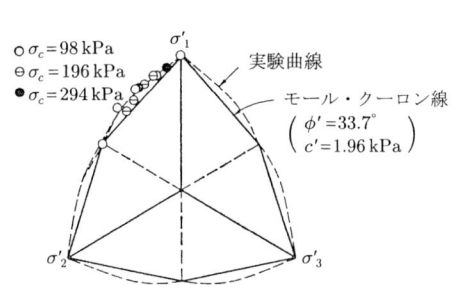

図 8.18 粘土の強度 (σ_c: 拘束圧)

8.17 (砂), 図 8.18 (正規圧密粘土) は, π 面上での破壊規準と土のデータを示す. ほぼモール・クーロンの規準を満たす. ただし, 中間主応力の影響を考慮する場合には, モール・クーロンの規準を一般化した松岡・中井の規準やラディー・ダンカン (Lade-Duncan) の規準 (1975) が用いられる.

8.4 粘性土のせん断変形—強度特性

本節では, 細粒分が 50%を超える細粒土に分類される粘性土, 特に水で飽和された粘性土の強度—変形特性について述べる. 一般に, 粘性土は正規圧密粘土と過圧密粘土に分類される. 歴史的には, 現在土が受けている有効応力が過去に受けたものの最大の有効応力である時, その粘土を正規圧密粘土, その粘土の現在の有効応力状態が過去に受けていた有効応力よりも小さい時, その粘土を過圧密粘土と呼んできた. 原因として地下水位の変動, 乾燥収縮, 侵食や氷河の後退などの応力履歴が考えられる. 過去に現在以上の有効応力を受けていなくても, 二次圧密や化学的セメンテーションにより, 圧密降伏応力が現在の有効応力よりも大きく過圧密になっている場合もある. したがって, 現在では, 現在の有効応力が圧密降伏応力以下の粘土を過圧密粘土と呼ぶ.

せん断試験方法には次のような試験法がある.

1) 非圧密非排水試験 (UU 試験, unconsolidated undrained test)

原位置における粘土の非排水強度を求めるための試験であって, 間隙比を変化させず, 原位置での拘束圧で実験を行う. 原位置での試料の状態を再現するため, なるべく乱さない試料を用いて実験する必要がある. 間隙水圧が測定されていない場合, この試験の結果の整理は全応力で行うことになる.

2) 圧密非排水試験 (CU 試験, consolidated undrained test)

サンプリングした試料を種々の拘束圧で圧密した後に, 非排水状態で行う試験である. 等方圧密後に行うものを CIU (等方圧密非排水) 試験, 異方圧密後に行うものを CKU (異方圧密非排水) 試験という. 半無限地盤での圧密状態を再現する, 側方変形を許さない状態で行う試験を, CK_0U (側方変位拘束圧密非排水) 試験と呼ぶ.

3) 圧密排水試験 (CD 試験, consolidated drained test)

圧密後, 間隙水の排水を許しながら行う試験で, 発生する過剰間隙水圧が実質的に無視できるような速度で試験を行う. 図 8.19 は圧密排水試験の応力—ひずみ曲線と体積変化特性を, 図 8.20 は圧密非排水試験での典型的な応力—ひずみ曲線と間隙水圧の変化を示している.

8.4 粘性土のせん断変形−強度特性

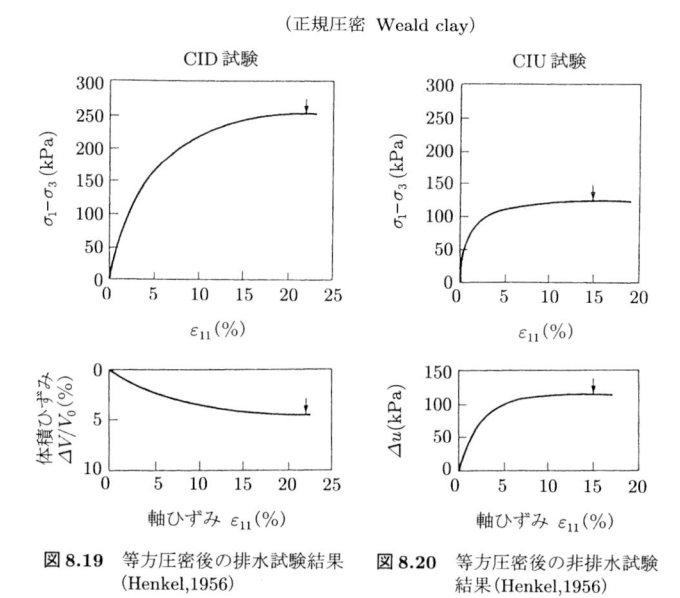

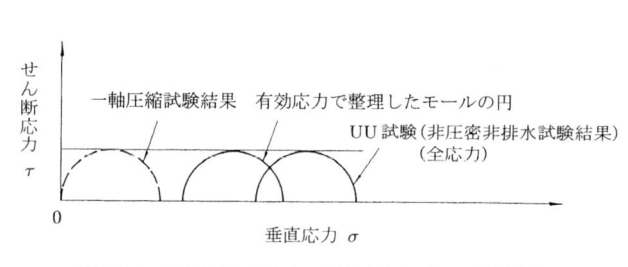

(正規圧密 Weald clay)

図8.19 等方圧密後の排水試験結果 (Henkel, 1956)

図8.20 等方圧密後の非排水試験結果 (Henkel, 1956)

図8.21 全応力で整理した一軸圧縮およびUU試験結果

4) 破壊包絡線 (failure envelope)

せん断強度を表現するために，せん断試験の破壊時における応力状態に対応するモールの円を描き，その包絡線を求める．整理法には全応力と有効応力の二通りがある．

a. 全応力による破壊包絡線の整理
1) 非圧密非排水試験の結果から求められる破壊包絡線

全応力でモールの円を描くと，非圧密では拘束圧を変えても全応力でのモールの円の半径はほとんど変化せず，見かけの内部摩擦角 ϕ は 0 となる．この ϕ を ϕ_u と書いて，この試験から求められるせん断強度 (モールの応力円の半径) を用いて安定解析を行う方法を $\phi_u=0$ 解析法という (図 8.21)．

粘土地盤などの支持力解析を行う場合，圧密による強度の増加が期待される場合や過圧密粘土地盤を除いた正規圧密地盤では，簡易地盤安定解析法で非圧密非排水せん断強度が用いられる．

非圧密非排水せん断強度を求めるために，対象とする地盤においてサンプリングを実行するが，経済的な理由から，同じ地点で数多くのサンプリングを行うことができない場合が多い．したがって，口径の小さなサンプラー (通常径 75 mm のものが使用されることが多い) を用いる場合，1 つのボーリング地点のある深さでサンプリングされた試料を 1 個とすると，まず考えられる試験は，その深さでの拘束圧で非圧密非排水試験を行うことである．しかしながら，三軸試験は費用もかかるため，わが国ではこれを一軸試験で代行する場合が多い．せん断強度は原位置でのベーン試験やコーン貫入試験でも求められる．

ある深さでサンプリングされた試料の非圧密非排水強度は，その深さでの拘束圧に対応する強度の情報しか表していないが，原位置の深さにおける拘束圧でのせん断強度が得られたことになる．つまり，トレスカの破壊規準での最大せん断応力が得られる．

一般に，対象とする地盤のすべての深さでの強度分布を求めておくのが望ましい．これは地盤が均質である場合，拘束圧の変化に対する強度の変化率 (c_u/p') (p'：鉛直有効応力) を求めておくことに対応する．鉛直有効応力は深さとともに増加するから，(c_u/p') が求められる．スケンプトン (Skempton) は欧米のデータを整理し，次のような関係を求めている．

$$\frac{c_u}{p'} = 0.11 + 0.0037 I_p \tag{8.24}$$

一方，わが国でのデータも含めて，多くのデータから次のような関係が提案されている．

$$\frac{c_u}{p'} = 0.25 \text{ から } 0.3 \tag{8.25}$$

ここに，p' は垂直有効応力，$c_u = q_u/2$ は非排水せん断強度，I_p は塑性指数．

図 8.22 は，全応力と有効応力で破壊包絡線を求めた例である．全応力で求めた摩擦角は有効応力で求めたものより小さな値になっている．

非圧密非排水試験の場合，非排水強度としての情報はせん断強度 c_u のみであるから，c_u のみを用いて地盤の強度を評価することは，地盤材料をトレスカの規準に従う材料と見なすことになるということもできよう．さらに，非排水状態では水で飽和された粘土は拘束圧を変化させてもせん断強度が変化しないことから，図

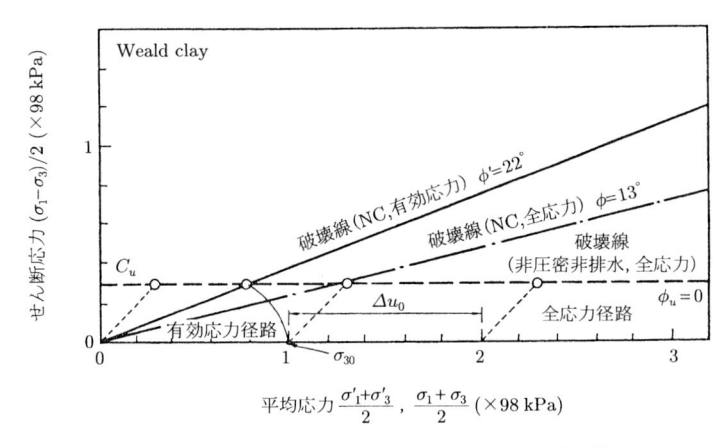

8.4 粘性土のせん断変形−強度特性

図 8.22 正規圧密飽和粘土の非圧密−非排水強度（足立・龍岡, 1981）

8.21に示すように，見かけ上，包絡線は垂直応力軸に平行になる．内部摩擦角との類似性から，$\phi_u = 0$ 解析法と呼ばれている．ただし，別の試験で求められる有効応力での内部摩擦角 ϕ' はゼロではないことに注意したい．

粘土地盤などの支持力の解析を行う場合，圧密による強度の増加が期待される場合や過圧密地盤を除いた正規圧密粘土地盤では，簡易解析法として，粘土の非排水せん断強度が用いられてきた．つまり，モール・クーロンの破壊規準に見られるように，地盤材料は，圧密によって有効拘束圧が増せば強度が増加する材料であるから，地盤に載荷が行われた場合，載荷直後は圧密による強度増加は期待できないため，安全率は最も低い値を示すと考えられる．このような理由で，高い塑性指数を示す粘性土に対して安定解析をする場合，ダイレイタンシーが正で，排水強度の方が非排水状態での強度より小さい場合を除いて，非排水強度が用いられてきたのである．非排水強度は確かにある深さでの (ある拘束圧での) 強度を示すが，拘束圧が変化した場合の (異なった深さでの) 強度の情報は含んでいないので，対象とする地盤の各深さでサンプリングした試料を用いて，せん断試験を実施しておかなければならない．これに対して，地盤が均質な材料で構成されている場合，ある深さで採取した数個のサンプルを用いて圧密非排水試験を行えば，内部摩擦角および粘着力が得られ，深さが変わった場合の非排水強度が求められる．

一軸圧縮試験による非排水せん断強度　　非圧密非排水試験に代わる経済的な試験法として，一軸圧縮試験がある．この試験は，側方拘束圧ゼロの状態での圧縮試験であるが，この試験が有効であるためには，側圧ゼロの状態においても有効圧密圧力が原位置のものから大きく変化しないことが条件となる．つまり，サンプ

ラーから取り出した試料に対して，乱れを与えず，吸水をさせずに試験をする必要がある．砂を含む粘土 (I_p が 10 以下の土) には適用できない．I_p が 30 以下のデータに対しては，補正をするのが普通である．吸水させると間隙比が増大して過圧密となり，有効拘束圧が減少して低い強度が得られる．つまり，深い地盤から採取された土は，全応力の低下分だけサクションが発生し，有効応力が維持されているが，吸水されるとこのサクションが開放され有効応力が低下するのである．

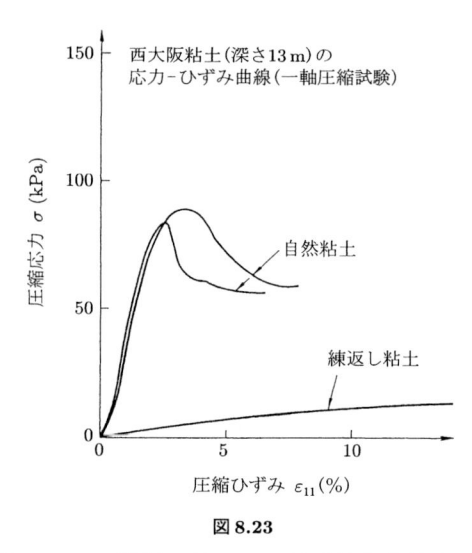

図 8.23

乱されていない試料と，練返した試料の 2 つの試料に対して一軸試験を実施すると，練返したものの強度は低下する (図 8.23)．この低下率を鋭敏比 S_t と呼び，次式で示す．

$$S_t = \frac{q_u}{q_{ur}} \tag{8.26}$$

q_u：乱されていない試料の一軸圧縮強度，q_{ur}：練返した試料の一軸圧縮強度．

S_t が 4 以上のものを鋭敏な粘土という．有明粘土 $S_t = 200$，東大阪粘土 $S_t = 10$〜15 くらいであるが，セントローレンス川流域のシャンプレイン (Champlain) 粘土 (カナダ東部，ケベック州) のように $S_t = 20$〜500 くらいのものもある．ノルウェーなどスカンジナビアの鋭敏な粘土はクイッククレイ (quick clay) と呼ばれる．鋭敏な粘土は，液性指数が 1.0 に近いかそれを超える場合がある．図 2.11 は，液性指数と練返し軟弱粘土の強度であるが，液性指数の増加とともに練返し強度は下がる傾向にある．

2) 圧密非排水試験の結果から得られる破壊包絡線

全応力による破壊包絡線の整理　　全応力による整理の場合，せん断中の間隙水圧のデータは不必要である．破壊包絡線の模式図は図 8.24 (a) のようになり，ϕ_{cu} が得られる．過圧密領域での強度は正規圧密粘土の破壊包絡線を越えて大きくなる (図 8.24 (b))．

有効応力による破壊包絡線の整理　　圧密非排水試験の結果の有効応力による整理では，せん断中の間隙水圧の計測が必要になる．図 8.25 のように有効応力で整理すると，破壊包絡線は圧密非排水試験の結果と圧密排水試験の結果から求

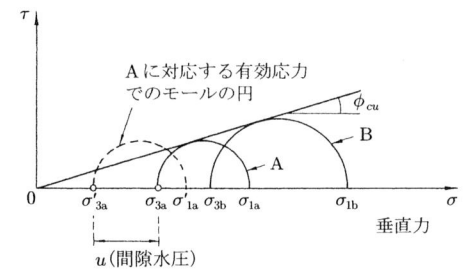

(a) 全応力で表示した圧密非排水試験での破壊時のモールの円

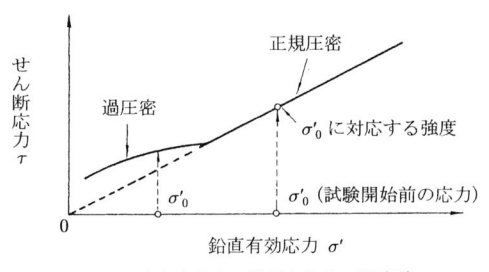

(b) 全応力で整理した土の強度線

図 8.24

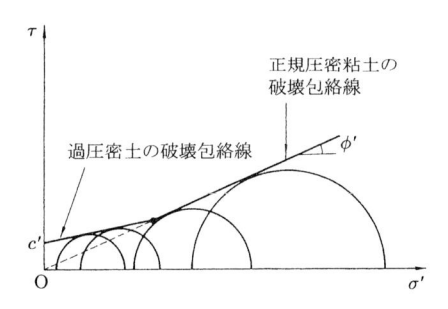

図 8.25 有効応力で整理した飽和土の破壊包絡線

められるものがほぼ一致するといわれている．ただし，圧密非排水試験と圧密排水試験を比べる場合，排水試験のひずみ速度を考慮して試験を実施する必要がある．

　有効応力による整理は，載荷速度の影響を除くと圧密非排水試験と圧密排水試験の結果が一致するので合理的であると考えられるが，これまでの工学的慣用としては間隙水圧の測定を必要とすることや，間隙水圧の予測を十分に行えないといった理由から，全応力による整理に比較して，用いられることは少なかった．しかしながら，詳細な検討が必要な場合，間隙水圧の予測が可能な解析では有効応力

による強度が必須であることに注意したい.

一方, 全応力による整理法はせん断時の応力条件を, できるだけ解析しようとする実際の問題に合わせて設定することにより, せん断時に発生する間隙水圧の予測を行うことなく解析できることが, 実際に斜面の安定解析などで全応力法が多く使用されている理由である.

8.5 応力径路図

圧縮試験やせん断試験において, 時間とともに推移する変形状態に対応して, その応力状態つまり応力テンソルの成分の値が変化していくが, それらの値を応力空間にプロットしたものを応力径路 (stress path) と呼ぶ. さらに, 有効応力に関する応力径路を有効応力径路 (effective stress path) という. 応力径路をどのような応力空間に表現するかで種々の方法があるが, 三軸応力状態に関するものに次の 2 つの方法がある.

1) 応力空間 (p', q) にプロットする方法

軸対称応力状態の応力径路を表すのに便利な方法の 1 つとして, 応力空間 (p', q) にプロットする方法がある (図 8.26).

$$p' = \frac{\sigma_1' + 2\sigma_3'}{3} \tag{8.27}$$

$$q = \sigma_1' - \sigma_3' = \sigma_1 - \sigma_3 \tag{8.28}$$

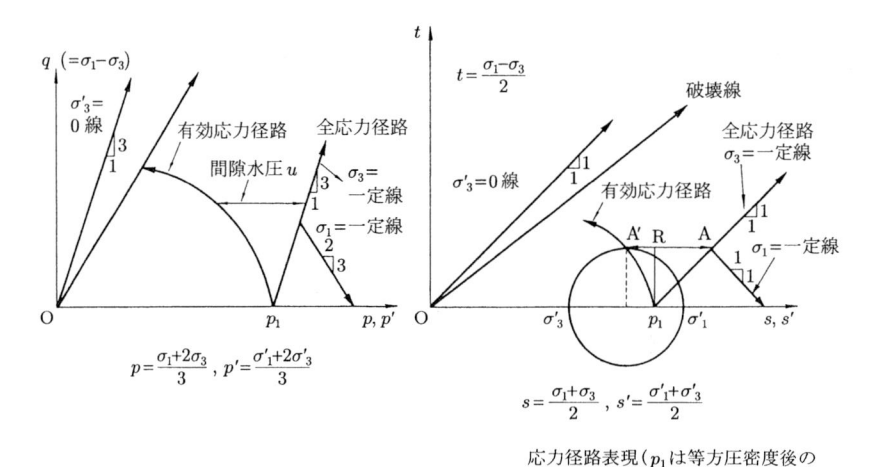

図 8.26 応力径路表現法

この方法は，ケンブリッジ (Cambridge) 大学の研究グループが用いたことから，ケンブリッジ法とも呼ばれる．

2) $s'-t$ 空間にプロットする方法

s', t はモールの応力円の頂点の応力の値に対応するもので，図 8.26 に示す通りである．

$$s' = \frac{\sigma_1' + \sigma_3'}{2} \tag{8.29}$$

$$t = \frac{\sigma_1 - \sigma_3}{2} \tag{8.30}$$

この方法は，アメリカの MIT のグループが用いたことから，MIT 法とも呼ばれる．

a. 間隙圧係数 A, B

せん断過程での間隙水圧の発生量を評価するパラメータとしてスケンプトン (1954) による間隙圧係数 A が用いられてきた．三軸応力状態での軸圧増分を $d\sigma_1$，側圧増分を $d\sigma_3$ とすると，間隙水圧増分 du_w は，

$$du_w = A(d\sigma_1 - d\sigma_3) \tag{8.31}$$

4 章での全応力の増加に対する間隙水圧の増加を表す間隙圧係数 B を用いると，

$$du_w = B\{d\sigma_3 + A(d\sigma_1 - d\sigma_3)\} \tag{8.32}$$

破壊時の間隙圧係数は A_f と表す (図 8.27)．

図 8.28 は正規圧密粘土の試料を用いて 2 つの CIU (等方圧密非排水) 試験を実施した結果である．有効応力径路を，$p-q'$ 空間に描いた有効応力経路から，破壊

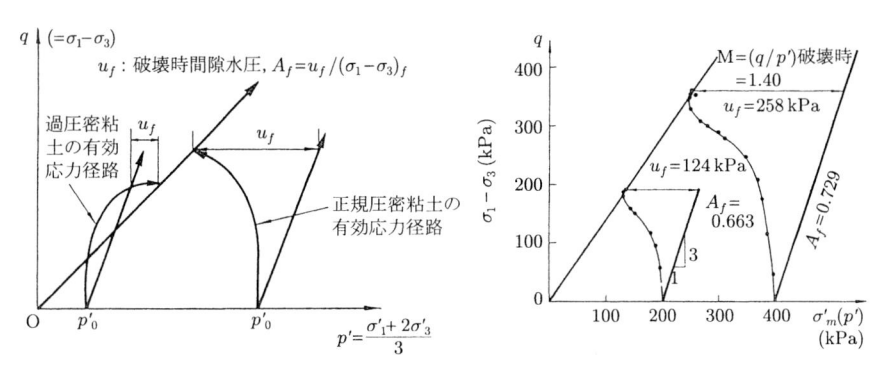

図 8.27 三軸圧縮試験での応力径路の模式図

図 8.28

時の応力比 q/p' および間隙圧係数 A_f を求めると、破壊応力比 $M = (q_f/p'_f) = 1.40$, 間隙圧係数は $A_f = 0.663$, $A_f = 0.729$. 平均間隙圧係数は $A_f = 0.696$ となる. 図 8.29 は初期平均有効応力が $200\,\mathrm{kPa}$ についての応力–ひずみ曲線である.

間隙圧係数 A は次のようにして求められる.

軸対称三軸応力状態において、体積変化ひずみ増分 $d\varepsilon_{kk}$ は 4 章での議論より、非排水状態で測定された間隙水圧が du_w の時、メンブレーンの外部では $\frac{1}{B}du_w$ の等方圧を作用させることが必要となる. 非排水状態で等方全応力増分による変形を無視しうるとすると、有効応力は次のように考えることができる.

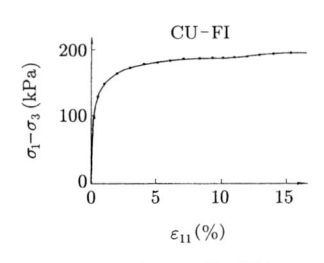

図 8.29 応力–ひずみ関係

$$d\sigma_m - \frac{1}{B}du_w \tag{8.33}$$

したがって、一般に三軸応力状態で土骨格の体積変化 $d\varepsilon_{kk}$ は次のように表される.

$$d\varepsilon_{kk} = \left(d\sigma_m - \frac{1}{B}du_w\right)C_b + D\{d(\sigma_1 - \sigma_3)\} \tag{8.34}$$

ここで、C_b は土骨格の圧縮性を表す係数、D はダイレイタンシー係数である. 非排水状態では体積変化がないから、$d\varepsilon_{kk} = 0$ より、

$$du_w = B\left\{d\sigma_m + \frac{D}{C_b}(d\sigma_1 - d\sigma_3)\right\} \tag{8.35}$$

$$= B\left\{d\sigma_3 + \left(\frac{1}{3} + \frac{D}{C_b}\right)(d\sigma_1 - d\sigma_3)\right\} \tag{8.36}$$

$$A = \left(\frac{1}{3} + \frac{D}{C_b}\right) \tag{8.37}$$

とおくと、

$$du_w = B\{d\sigma_3 + A(d\sigma_1 - d\sigma_3)\} \tag{8.38}$$

8.6 土の限界状態の概念

ケンブリッジ大学のロスコー (Roscoe) を中心とした研究者によって導かれた、練返し再圧密粘土の限界状態の概念について述べる.

a. 正規圧密粘土

ここでは練返し粘土を考えるので,単純に過去に受けた最大の応力(または圧密降伏応力)と現在の有効応力が等しい状態にある土を正規圧密土(粘土の場合,正規圧密粘土)と呼ぶこととする.

b. 限界状態

図 8.30 にいくつかの拘束圧で等方圧密した正規圧密粘土の非排水試験の応力–ひずみ曲線と応力径路の模式図を示す.図より,初期圧密圧力が変化した場合,破壊時の応力の値は増加するが,応力径路と応力–ひずみ曲線の形は相似型であることがわかる.次に,図 8.31 に排水試験での同様な図が示されている.この場合も,各曲線は相似型である.また,これらの排水,非排水試験での結果を1つの図に示すと,破壊時の応力比と間隙比は排水–非排水にかかわらずユニークな曲線上にあることが知られている(図 8.32, 8.33, 8.34).図 8.34 はヘンケル (Henkel) による非排水三軸試験と排水三軸試験での応力径路から,等間隙比線を描いたものを示したものである.飽和土では含水比と間隙比は対応するから,排水,非排水にかかわらず間隙比とせん断応力,平均有効応力の関係が一意的であることが理解できる.図 8.30, 8.31 などで,せん断応力と間隙比(体積ひずみ)が変化せず変形が進行する状態を限界状態 (critical state) と呼ぶ (Roscoe, Schofield & Wroth, 1958).

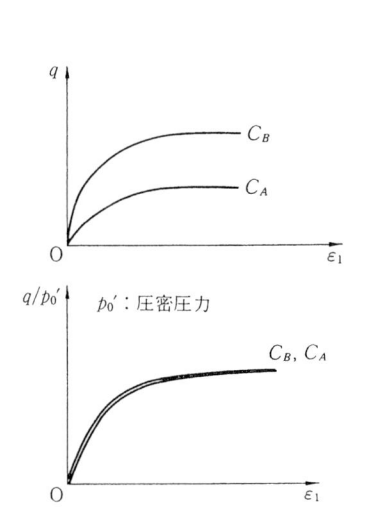

図 8.30 正規圧密粘土の非排水試験の応力-ひずみ曲線

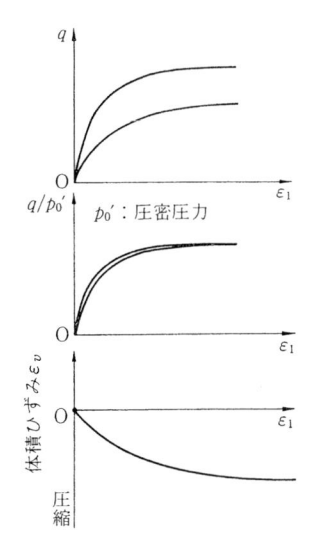

図 8.31 正規圧密粘土の排水試験の応力-ひずみ曲線と体積変化特性

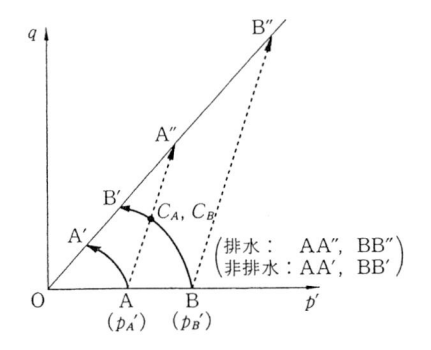

図 8.32 正規圧密粘土の排水および非排水応力径路

図 8.33 排水および非排水試験でのe-p'関係

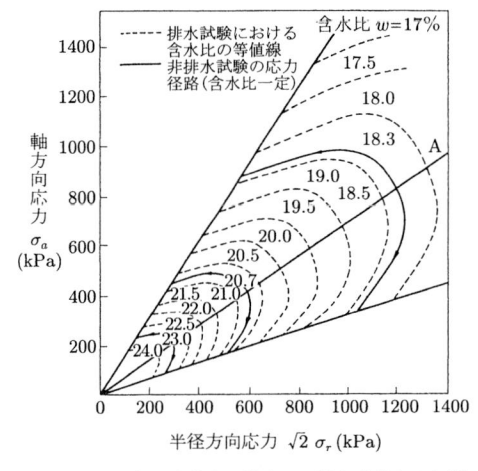

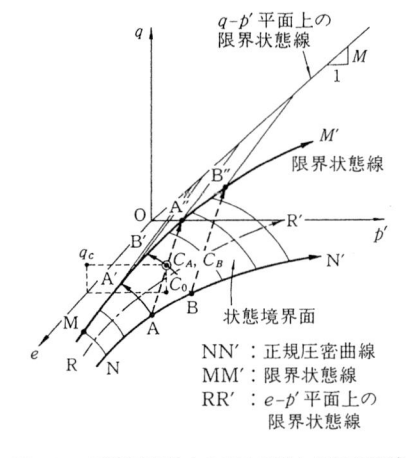

図 8.34 正規圧密粘土の排水せん断と非排水せん断における含水比の等値線 (Henkel, 1960)

図 8.35 正規圧密粘土の応力径路と限界状態線

NN′：正規圧密曲線
MM′：限界状態線
RR′：e-p'平面上の限界状態線

1) 状態境界面

図 8.32 で，破線 (A–A″, B–B″) は排水試験での応力径路，実線 (A–A′, B–B′) は非排水径路を表す．この時，2つの応力径路 (A–A″と B–B′) の上で，同じ p' と q を与える二点 C_A と C_B で間隙比は等しくなる (図 8.32)．したがって，p'-q-e 空間では C 点付近で2つの曲線が交わることから，局所的に平面が存在することになる．このような平面が空間で密に存在し，かつ連続していると，非排水，排水条件に限らず，応力径路は単一の曲面上を動いていることになる．この曲面のことを状態境界面 (state boundary surface, 図 8.35) と呼ぶ．

c. 過圧密粘土

練返し再構成粘土の中で,過去に受けた最大の応力 (または圧密降伏応力) よりも低い有効応力の元にある土を過圧密粘土という.過圧密粘土に対して排水せん断を行うと,図 8.36 のような典型的な応力-ひずみ曲線が得られる.

注) 圧密降伏応力,先行圧密荷重,OCR (overconsolidation ratio, 過圧密比):一度ある等方応力 (または鉛直応力) p_0 まで圧密した後,p_0 以下の応力 p_i まで膨潤した場合,有効応力比 p_0/p_i を過圧密比と呼ぶ.しかしながら,先に述べたように,自然粘土の再圧縮曲線は必ずしも先行圧縮荷重点で折れ曲がらない.したがって,自然粘土の圧密試験を実施した場合などでは,圧縮曲線の折れ曲がり点での荷重 p_y との比 p_y/p_i を過圧密比と呼ぶ.

圧密降伏応力の決定方法としては,7 章で述べたカサグランデ法,三笠法や,2 つの直線で近似しその交点として求める方法がある (図 8.37).

図 8.36 過圧密粘土の排水試験での応力-ひずみ関係

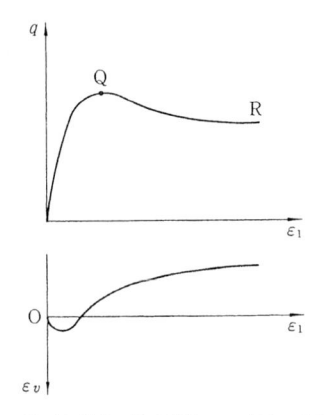

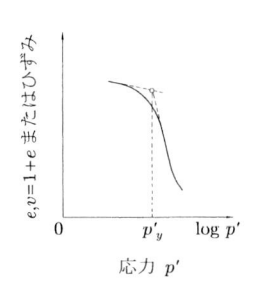

図 8.37 降伏応力の決定法

1) 重過圧密粘土

図 8.38 は過圧密比の大きい重過圧密粘土に対する,ひずみ制御型の圧密非排水三軸試験および圧密排水三軸試験における,平均有効応力-間隙比関係と応力径路の模式図である.まず F 点まで圧密し,G 点まで膨潤させた後,非排水状態で三軸圧縮試験を実施すると,応力径路上で最大応力比の点を通り最終的に限界状態線上の S 点の近傍へ達する.応力-ひずみ曲線の特徴としては,過圧密比が大きくなれば破壊時のひずみは大きくなる (注:自然粘土ではひずみ軟化の傾向が顕著で,破壊ひずみは小さい).また,変形は破壊近くでせん断面 (すべり面) の形成を伴い局所化する傾向にある.したがって,非排水状態では体積は供試体全体では

ぼ一定に保たれるが,せん断面近傍では体積は局所的に増大する傾向にあり,間隙水圧の不均一分布が生じ,強度は低下する.一方,排水試験では勾配3の直線径路を経て,破壊点(最大荷重点)Qに達した後,応力の減少するひずみ軟化過程を経て変形が増大し,限界状態線上のR点に至る.体積は変形開始時の圧縮から破壊前には膨張に転じ,大変形では体積変化はなくなる.つまり,体積は図8.38の点Hに達するように変化するが,実際にはせん断帯(すべり面)の形成などを伴い変形が局所化するため,H点には達せずその前で体積変化は止まる.体積膨張はせん断面の近傍で著しく,材料の強度は低下する.

2) 軽過圧密粘土

軽過圧密粘土の圧密非排水三軸試験および排水三軸試験での応力径路は図8.38に示されている.圧密非排水三軸試験では膨潤曲線上のB点に対応するp'軸上のp_D点から,限界状態線上のS点の近傍に達する.この場合,間隙比は変化しないから体積は一定であるが,粘土は体積収縮の傾向にあるため,平均有効応力が減少し,図のA点に達する.一方,排水三軸圧縮試験では,応力径路はp_D点から限界状態線上のT点またはその近傍に至る.どちらの試験においても,応力-ひずみ曲線の特徴として,自然粘土の方が人工的に再圧密した粘土に比べて,ひずみ軟化の発生は大きい.以上より,非排水三軸圧縮試験では重過圧密粘土または軽過圧

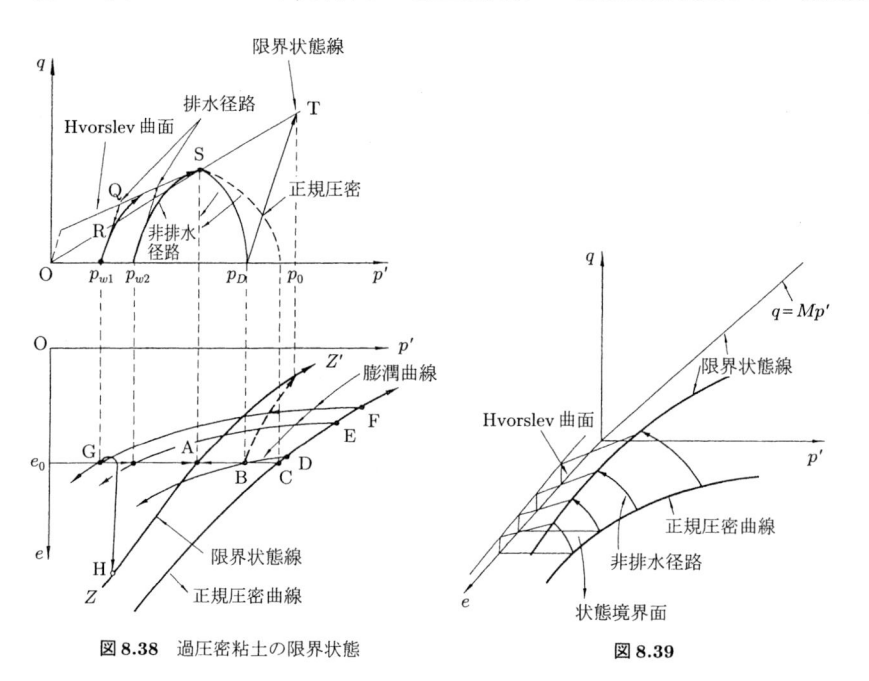

図 8.38 過圧密粘土の限界状態

図 8.39

密粘土のどちらの試験においても,大きなひずみにおいて,粘土の状態は限界状態のS点またはその近傍に至る.各間隙比または体積比 ($v = 1 + e$) に対して,図8.38に示す限界状態線の投影線 Z–Z' を境に,正規圧密状態に近い状態の粘土を軽過圧密粘土,この線より過圧密比の高い状態の粘土を重過圧密粘土と呼ぶ.ロスコーら (1963) は,重過圧密粘土を限界状態より乾燥状態 (drier than critical),軽過圧密粘土を限界状態より湿った状態 (wetter than critical) と呼んだ.

3) 正規および過圧密粘土の状態境界面

以上より,過圧密粘土の変形過程での限界状態は正規圧密状態の曲面に,過圧密状態の曲面を合わせて図8.39のように表される.ただし,低拘束圧の領域は土が引張りに耐えられないとして,ゼロテンション線 ($\sigma'_3 = 0$) が境界となる.

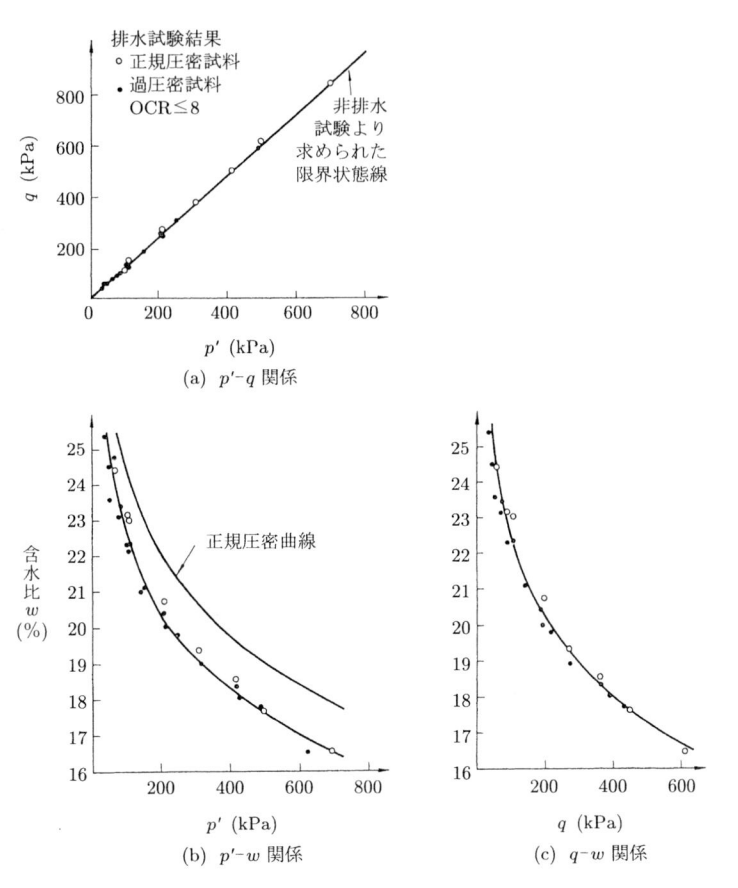

(a) p'–q 関係

(b) p'–w 関係

(c) q–w 関係

図 8.40

図 8.40 は再圧密 Weald 粘土の破壊時の軸差応力 $q = \sigma_1 - \sigma_3$, 平均有効応力 p', 体積比 v をプロットしたものである. 図より, 排水, 非排水試験を問わず, 破壊時の間隙比 (体積比), 平均有効応力と軸差応力 q はユニークな関係にあることが明らかである.

図 8.19, 8.20 に示された正規圧密 Weald 粘土の非排水および排水三軸試験で得られた応力–軸ひずみ関係, 軸ひずみ–間隙水圧関係および軸ひずみ–体積ひずみのデータに対応する有効応力径路, 体積比 v–平均有効応力関係は図 8.41 の通りである. ここで, $G_s = 2.75$, 初期圧密圧力は $p'_c = 207\,\text{kPa}$, 初期含水比 $w_i = 23.2\%$, $v = v_i(1 - \varepsilon_{kk})$ (ε_{kk}: 体積ひずみ), $v_i = 1 + G_s w_i$.

図 8.42 には過圧密 Weald 粘土 (過圧密比 = 24) の非排水および排水三軸試験で得られた応力 軸ひずみ関係, 軸ひずみ–間隙水圧と軸ひずみ–体積圧縮ひずみ関係が示されている. これらの図より, 有効応力径路, 体積比–平均有効応力関係を

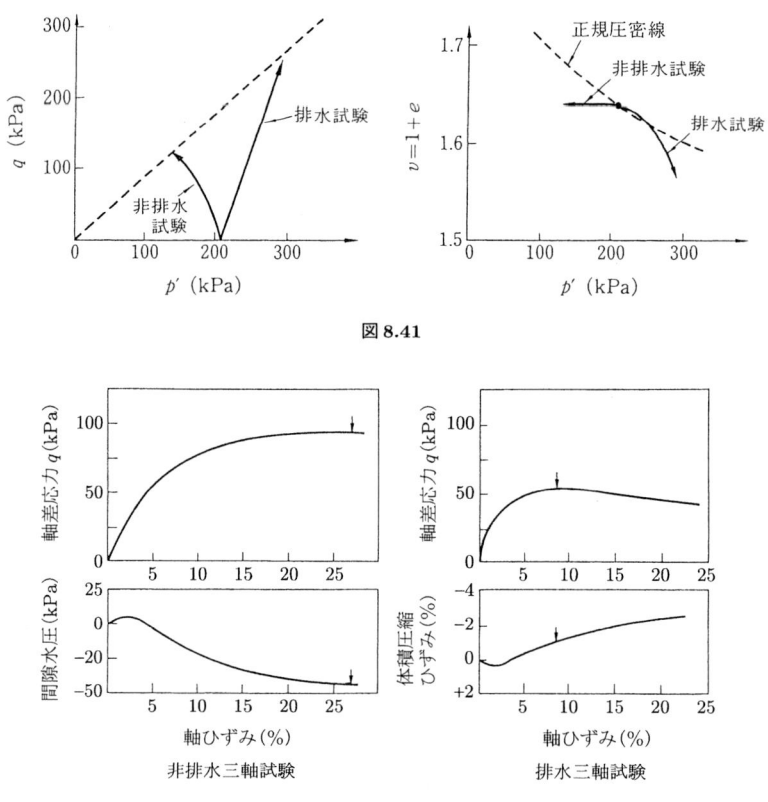

図 8.41

図 8.42　過圧密粘土の三軸圧縮試験結果 (Henkel, 1956)

8.6 土の限界状態の概念

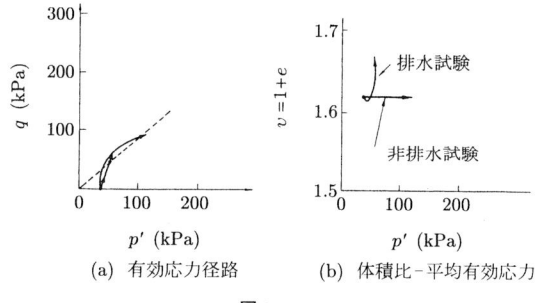

図 8.43
(a) 有効応力径路
(b) 体積比 – 平均有効応力

図示したものが図 8.43 である.

ただし, $G_s = 2.75$, 初期圧密圧力は $p'_c = 34$ kPa, 初期含水比 $w_i = 22.4\%$.

図 8.35, 8.38, 8.39 に示す p'–q, p'–v 空間の限界状態線をそれぞれ式示すると, それぞれ,

$$q = Mp' \tag{8.39}$$

M は図 8.35 の限界状態線の傾きである.

$$v = \Gamma - \lambda \ln p' \tag{8.40}$$

ここに, Γ は $p' = 1$ kN/m^2 での v の値である. 図 8.35 での正規圧密線 N–N' は

$$v = N - \lambda \ln p' \tag{8.41}$$

と表される.

平均有効応力 100 kN/m^2 で等方圧密された正規圧密粘土に対して, 次のパラメータが求められている場合, $N = 2.50, \lambda = 0.12, \Gamma = 2.45, M = 1.40$, 非排水三軸試験での破壊時軸差応力 q と平均有効応力 p' を求めてみよう.

$$v = N - \lambda \ln p' = 2.50 - 0.12 \ln 100 = 1.95$$

体積比 v は一定だから, $v_f = \Gamma - \lambda \ln p'_f$ より, 破壊時の平均有効応力 p' と軸差応力 q は次のように求められる.

$$p'_f = \exp\left(\frac{\Gamma - v}{\lambda}\right) = \exp\left(\frac{2.45 - 1.95}{0.12}\right) = 64.5 \,\text{kN/m}^2$$

$$q_f = M \exp\left(\frac{\Gamma - v}{\lambda}\right) = 1.4 \times 64.5 = 90.3 \,\text{kN/m}^2$$

次に，平均有効応力 $100\ \mathrm{kN/m^2}$ で等方圧密された正規圧密粘土に対して，次のパラメータが求められているとする．$N = 2.50,\ \lambda = 0.12,\ \Gamma = 2.45,\ M = 1.40$. この時，排水三軸試験での破壊時軸差応力 q_f，破壊時体積比 v_f を求めよ．

$$p'_f = p'_c + \frac{1}{3}q_f = p'_c + \frac{1}{3}p'_f M \quad \text{だから}, \quad p'_f = \frac{3p'_c}{3-M} = 187.5\ \mathrm{kN/m^2}$$

したがって，破壊時の軸差応力 q_f は，$q_f = Mp'_f = 263\ \mathrm{kN/m^2}$. この時，破壊時体積比は，

$$v_f = \Gamma - \lambda \ln p'_f = 2.45 - 0.12 \ln 187.5 = 1.82$$

4) 年代効果を受けた粘土

すでに述べたように，圧密降伏応力は先行圧密荷重の他，種々の原因で変化することが知られている．一般的には，時間とともに形成される土の構造の効果のことを年代効果と呼んでいる (半澤ら，1982)．年代効果の中の典型的なものが二次圧密である．これは，一定の有応応力のもとで圧密時間が長くなると間隙が減少する遅延圧密 (delayed compression, Bjerrum, 1967) によるものである．二次圧密の他，構造の形成は，セメンテーション，塩分溶脱，イオン交換や風化などによると考えられている．自然粘土は何らかの構造が形成されており，同じ粘土でも練返して再圧密した粘土の挙動は自然粘土と異なる．図 8.44 は東大阪粘土の結果である．自然粘土はひずみ硬化のみでなくひずみ軟化の傾向が強く，最大強度は大きいが，最大強度に至るひずみは小さい．

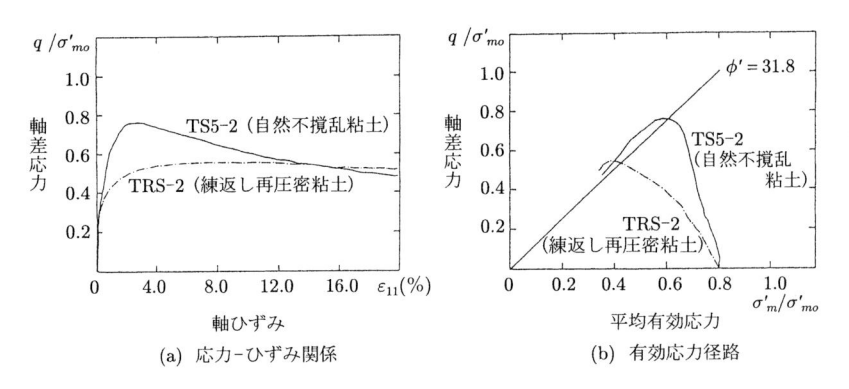

(a) 応力-ひずみ関係

(b) 有効応力径路

図 8.44　東大阪粘土の非排水三軸試験結果

8.7 初期降伏曲面

a. 降伏特性

塑性変形が発達し始める現象を降伏 (yielding) といい,応力空間内での降伏が始まる点を初期降伏点と定義する.応力空間内での降伏点の集まりを,降伏曲面 (曲線) と呼ぶ.初期降伏曲面は限界状態面 (limit state surface),または,初期降伏曲面内でも塑性ひずみが発生することを考慮して過圧密境界面とも呼ばれている.

図 4.9 で示されたように,除荷しても回復しない塑性ひずみが顕著に発生する応力状態の応力点を降伏点と呼ぶ.降伏曲線は応力空間内で異なった降伏点をつなぐことによって得られる.以下,粘土の降伏曲線についてその求め方を示す.粘土においては,降伏点は練返し再圧密粘土より自然粘土において顕著であり,降伏曲線はより容易に得られる.

降伏点の応力を応力空間内にプロットすることにより降伏曲線が得られる.

初期降伏点は初期応力まで再圧密し,異なる方向への応力径路に沿った載荷試験や,応力比 (σ_1'/σ_3') の異なる異方圧密試験と異なる圧密圧力まで圧密してからの排水三軸試験や,非排水三軸試験結果から求められるが,これらの方法を組合わせて得ることもできる.

b. 初期降伏曲面を実験的に決定する方法

一般に降伏点は応力-ひずみ曲線が線形から非線形に移る点に対応しており,次のような決定方法がある.

1) 応力プルーブ試験 (stress probe test) による方法 (図 8.45)

粘土を乱さないため,初期応力まで圧密し,その後,図 8.45(a) に示すような応力径路に沿って排水せん断試験を行い,ひずみ (せん断または体積ひずみ) の急増点を見つける方法.

2) 圧密降伏応力を越えない種々の圧力まで等方圧密し,その後排水試験または非排水試験を行い,ひずみの急増点を見出す方法 (図 8.45(b))

ひずみの急増点の決定方法には,圧密での e-$\log p'$ 曲線での圧密降伏応力の決定に用いられるカサグランデ法,三笠法および急増点前後の曲線を 2 つの直線に近似し,その交点として求める方法などがある.

タベナ (1977) らはカナダ東部のセントアルバン (St. Alban) 粘土 (深さ 3 m) に対して,異方圧密試験,等方圧密非排水三軸試験を行った.その結果から初期降伏曲面を s'-t 応力空間で求めると,図 8.46 のように得られる.ここで,$s' = (\sigma_1' + \sigma_3')/2$,

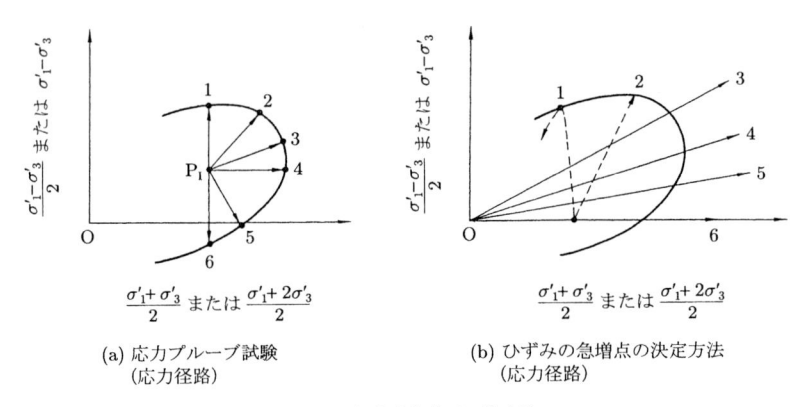

図 8.45 初期降伏曲面の決定法

(a) 応力プローブ試験 (応力径路)

(b) ひずみの急増点の決定方法 (応力径路)

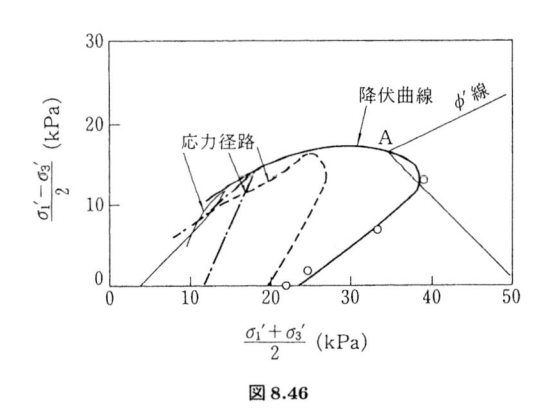

図 8.46

$t = (\sigma_1 - \sigma_3)/2$ である．非排水三軸試験結果では軸差応力のピーク (最大) 点を降伏点としている．

8.8　応力–ダイレイタンシー関係

土をせん断すると，体積変化が発生するが，この時，この体積ひずみの増分とせん断ひずみの増分の比とその状態での応力の関係を応力–ダイレイタンシー関係と呼ぶ．この関係は，発生するひずみ増分間の関係や弾塑性構成式の塑性ポテンシャル関数を考える時に重要となる．

ダイレイタンシーに関しては，三軸試験結果から柴田 (1963) は，ダイレイタンシーと応力比との間に次のような線形関係が成り立つことを見出した．

$$\varepsilon_v = D \frac{\sigma_1 - \sigma_3}{p'} \tag{8.42}$$

ここで, ε_v は体積ひずみ, D はダイレイタンシー係数である.

一方, ダイレイタンシー量 (体積ひずみ) そのものでなく, せん断ひずみの増分とダイレイタンシー量の増分の比の間には次のような関係がある.

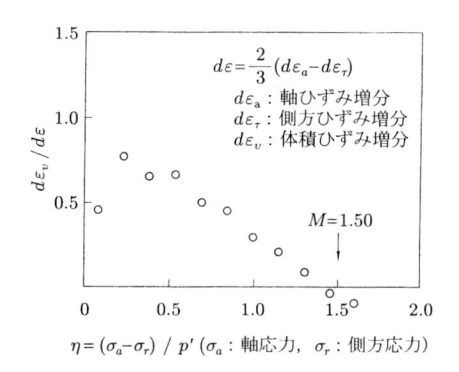

図 8.47 平均主応力一定の三軸試験におけるひずみ増分比と応力比の関係 (粘土の場合, 大槇, 1979)

図 8.47 は等方圧密後の粘土の平均主応力一定状態での三軸圧縮せん断時の, 応力比 $q (= \sigma_1 - \sigma_3)/p'$ と体積ひずみ増分 (dv) とせん断ひずみ増分 $(d\varepsilon)$ の比の関係を表している. これらの量の間に, ほぼ線形関係があることが明らかである. ロスコーら (Roscoe, Schofield and Thurairajah, 1963) は次式を提案している.

$$\frac{d\varepsilon_v}{d\varepsilon_{11}} = M - \frac{q}{p'} \tag{8.43}$$

ここで, M は定数, $d\varepsilon_v$ は体積ひずみ増分, $d\varepsilon_{11}$ は軸ひずみ増分である.

8.9 砂のせん断変形–強度特性

図 8.48 は典型的な砂の三軸排水試験結果である. D_r の小さい緩い砂は体積収縮 (負のダイレイタンシー) を示すのに対し, D_r の大きい密な砂は変形の初期に体積収縮を示し, 最大圧縮点に達し, その後体積膨張を示す. 応力–ひずみ関係は, 密な砂では最大主応力差に達した後, 応力が減少する. これをひずみ軟化現象とよぶ. 緩い砂では, 主応力差 q は単調に増加し, 破壊に至る. 一般に, 緩い砂の挙動は正規圧密粘土の挙動に, 密な砂は過圧密粘土のそれに似ている (図 8.49). 非常に緩い砂ではせん断中, 常に体積収縮を起こす. 非排水状態では, 平均有効応力の減少と正の間隙水圧の発生が起こる.

図 8.50 は径 1 mm の剛球の単純せん断試験での変位–間隙比線であるが, 変形

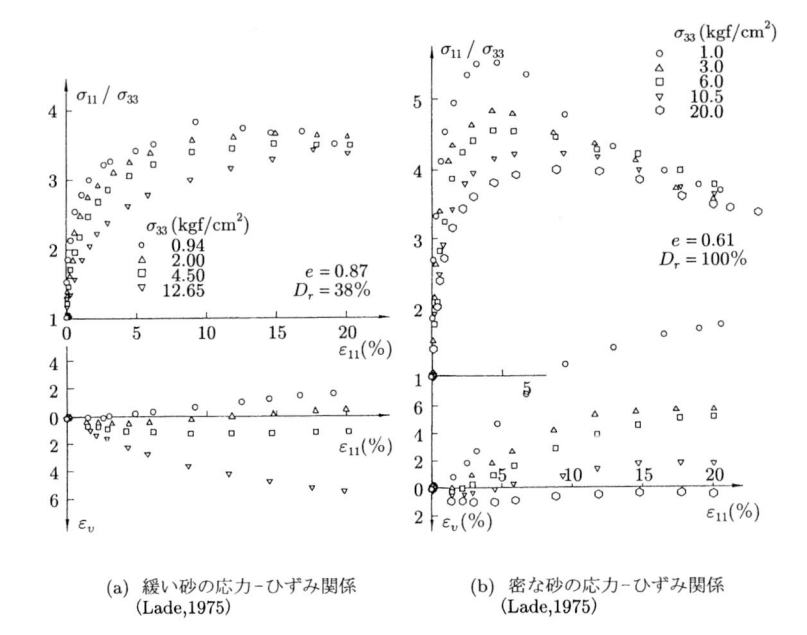

(a) 緩い砂の応力-ひずみ関係
(Lade,1975)

(b) 密な砂の応力-ひずみ関係
(Lade,1975)

図 8.48

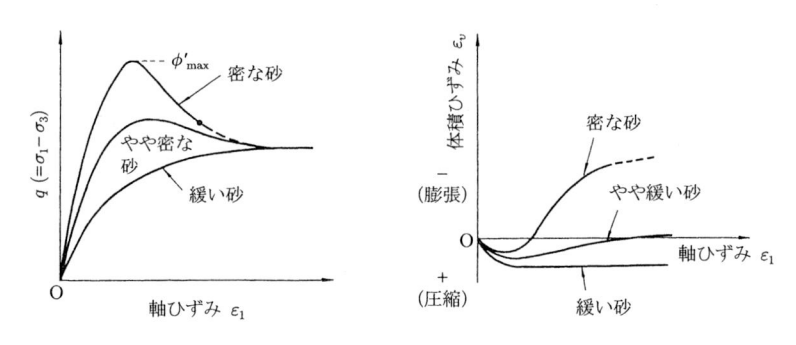

図 8.49 砂の応力-ひずみ関係の模式図

が進むにつれ一定の間隙比に近づいている.このような間隙比は限界間隙比と呼ばれている.このような状態は砂の限界状態に対応している.

図 8.51 は砂の排水試験での応力-ダイレイタンシー関係を示すデータである.砂の応力-ダイレイタンシー関係式としてはロウ (Rowe, 1962) により次の関係式が提案されている.

三軸圧縮状態 $(\sigma_1 > \sigma_3)$ で,

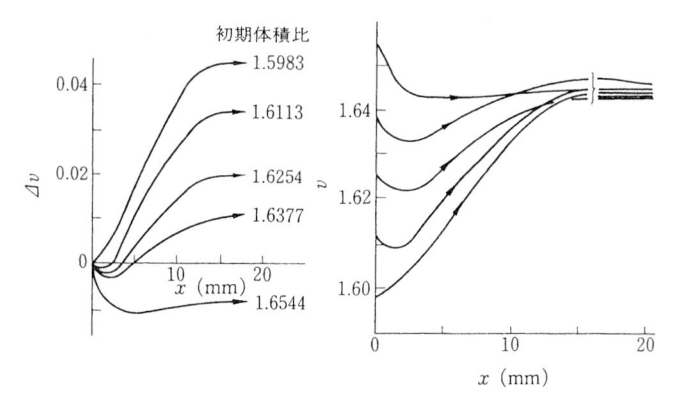

8.9 砂のせん断変形−強度特性

図 8.50 剛球の単純せん断試験結果(Roscoe, Schofield, Wroth, 1958)

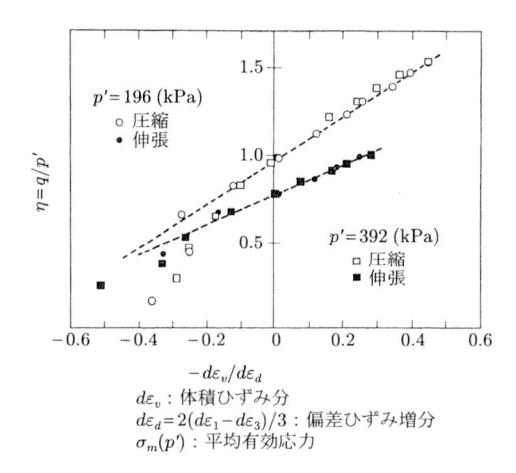

v：体積比$(1+e)$，x：せん断変位，Δv：体積比変化

$d\varepsilon_v$：体積ひずみ分
$d\varepsilon_d = 2(d\varepsilon_1 - d\varepsilon_3)/3$：偏差ひずみ増分
$\sigma_m(p')$：平均有効応力

図 8.51 豊浦砂の三軸圧縮・伸張試験結果の応力比−ひずみ分比関係(松岡, 1988)

$$\frac{\sigma_1' \delta\varepsilon_1}{-2\sigma_3' \delta\varepsilon_3} = K \tag{8.44}$$

$$K = \tan^2\left(45° + \frac{\phi'}{2}\right) \tag{8.45}$$

ここで，ϕ' は土の内部摩擦角で，限界状態での内部摩擦角と粒子間の摩擦角の間をとる．$\delta\varepsilon_i, i = 1, 3$ はひずみ増分である．

ロウの式は，せん断面の形状をのこぎり状と考え，せん断面で粒子間の摩擦角を考えることから誘導されている．

工学的な観点から見ると，よく締まった砂は，圧密も短時間で終了するため，一般に粘土よりはよい地盤であることが多いが，砂で飽和した緩い砂地盤は繰返し荷重を受けると液状化するため，液状化に対する抵抗力を正確に把握しておく必要がある．この点は，次の9章の液状化で扱う．

■文 献

1) Reynolds, O. : The dilatancy for media composed of rigid particles in contact, *Phil. Mag.*, pp.469-481, 1885.
2) Coulomb, C.A. : Essai sur une application des règles des maximis et minimis à quelques problèmes de statique relatifs à l'architecture, *Mém. acad. roy. pres. divers savants*, **7**, pp.343-382, 1773.
3) d'Amontons, G. : De la résistance dans les machines, Mémoires de L'Académie Royal des Sciences, pp.206-266, 1699.
4) Tresca, H. : Mémoir sur L'ecoulement des corps solides soumis á de fortes pression, *Comptes Rendus Acad. Sci. Paris*, **59**, pp.754-758, 1864.
5) Von Mises, R. : Mechanik der festen Körper im plastisch-deformablen Zustand, nachrichten von der königlichen Gesellschaft der Wissenschaft zu Göttingen, pp.582-592, 1913.
6) Mohr, O. : Welche Umstände bedingen die Elastizitätsgrenze und den Bruch eines Materials?, *Zeitschrift des vereines deutscher Ingenieure (Zver Dt Ing)*, **44**, pp.1524-1530, 1900.
7) 松岡 元, 中井照夫 : Stress-deformation and strength characteristics of soil under three different principal stress, 土木学会論文報告集, **232**, pp.59-70, 1974.
8) Bishop, A.W. and Henkel, D.J. : The measurement of soil properties in the triaxial test, 2nd ed., Edward Arnold, 1962.
9) Lade, P. : Elasto-Plastic stress-strain theory for cohesionless soil with curved surface, report to the NSF Grant No. GK37445, 1975.
10) Skempton, A.W. : The pore-pressure coefficients A and B, *Géotechnique*, **4** (4), pp.143-147, 1954.
11) Roscoe, K.H., Schofield, A.N. and Wroth C.P. : On the yielding of soils, *Géotechnique*, **8** (1), pp.22-53, 1958.
12) Roscoe, K.H., Schofield, A.N. and Thurairajah, A. : Yielding of clays in states wetter than critical, *Géotechnique*, **13** (3), pp.211-240, 1963.
13) Bjerrum, L. : Engineering geology of Norwegian normally consolidated marine clays as related to settlements of buildings, *Géotechnique*, **17**, pp.88-118, 1967.
14) Hanzawa, H. and Kishida, T. : Determination of in-situ undrained strength of soft clay deposits, *Soils and Foundations*, **22** (2), pp.1-14, 1982.
15) Tavenas, F. and Leroueil, S. : Effects of stresses and time yielding of clays, Proc. 9th ICSMFE, **1**, pp.319-326, 1977.
16) 柴田 徹 : 粘土のダイレイタンシーについて, 京都大学防災研究所年報, **6**, 1963.
17) Rowe, P.W. : The stress-dilatancy relation for static equilibrium of an assembly of

particles in contact, Proc. Royal Soc. **A269**, pp.500-527, 1962.
18) Green, G.E. and Bishop, A.W.：A note on the drained strength of sand under generalised strain conditions, *Géotechnique*, **19**, pp.144-149, 1969.
19) 小林正樹：N 値および c と ϕ の考え方, 土質工学会, pp.60, 1976.
20) 足立紀尚, 龍岡文夫：新体系土木工学 18 土の力学 (III), 技報堂出版, 1981.
21) Leroueil, S., Tavenas, F. and Le Bihan, J.P.：Propriétés caractéristiques des argiles de l'est du Canada, *Can. Geotech. J.*, **20** (4), pp.681-705, 1983.
22) Henkel, D.J.：The relationship between the effective stresses and water content in saturated clays, *Géotechnique*, **10**, pp.41-54, 1960.
23) 大槙正紀：飽和粘性土の変形特性に関する研究, 京都大学工学博士申請論文, 1979.
24) 松岡　元：粒状体の変形と破壊, 粉体工学会誌, **25** (7), pp.36-42, 1988.
25) Henkel, D.J.：The effect of overconsolidation on the behaviour of clays during shear, *Géotechnique*, **6**, pp.139-150, 1956.
26) Parry, R.H.G.：Triaxial compression and extension tests on remoulded saturated clays, *Géotechnique*, **10** (4), pp.166-180, 1960.
27) Tavenas, F., des Rosiers, J.P., Leroueil, S., La Rochelle, P. and Roy, M.：The use of strain energy as a yield and creep criterion for lightly overconsolidated clays, *Géotechnique*, **29** (3), pp.285-303, 1979.
28) Shibata, T., Karube, D.：Influence of the variation of the intermediate principal stress on the mechanical properties of normally consolidated clay, Proc. 6th ICSMFE, **1**, pp.359-363, 1965.

9　軟弱地盤の振動特性と砂質地盤の液状化

9.1　軟弱地盤の振動特性

　地震による被害は，更新世に堆積した新しい地層である沖積層などの比較的軟弱な地盤で発生することが知られている．関東地震 (1923 年) における木造家屋の被害率は，この軟弱な沖積層の厚さと相関が深かった (金井, 1969)．沖積層の厚かった下町域では山の手に比べて，木造家屋の被害が多く (被害率 92%)，山の手

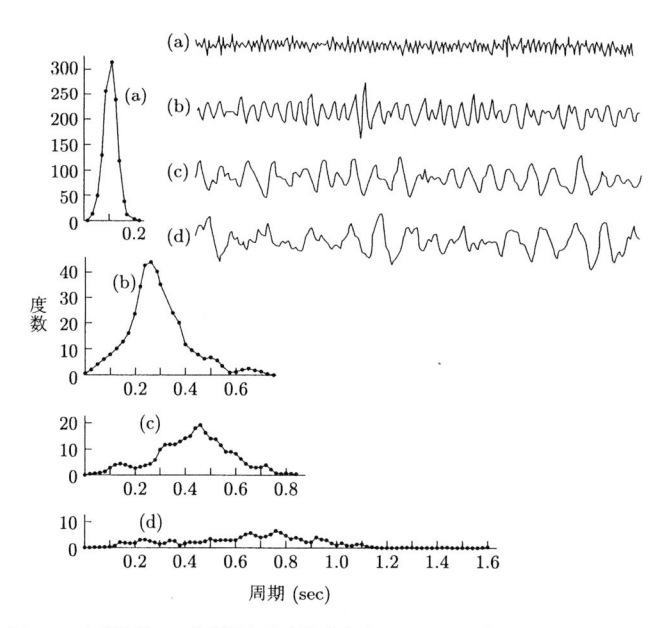

図 9.1　各種地盤での典型的な常時微動波形とその周期-度数図の例 (金井, 1969)

		卓越周期 (sec)
(a)	堅固な地盤・岩盤	約 0.1　　程度
(b)	洪積層	約 0.2〜0.3 程度
(c)	沖積層	約 0.4〜0.5 程度
(d)	埋立て地・沼地	約 0.6〜0.8 程度

では，木造家屋の被害は 2% で，逆に土蔵の被害 (18%) が多かった．この理由は，図 9.1 に示すように木造家屋の固有周期が比較的長く，軟弱地盤の固有周期に近かったためと考えられている．地震による地盤変動としては，後で述べる液状化も重要であるが，ここでは，軟弱な地盤での地震動の増幅特性を検討しておこう．

表層地盤への地震動の入射角は，一般に小さい．これは，地盤が深いほど硬いため，スネル (Snell) の法則により地震動の入射方向が鉛直に近くなるためである (図 9.2)．浅くなるにつれて軟らかくなる場合，$i_2 < i_1$ となる．また，地震動の主要動は横波すなわちせん断波が卓越しているので，基盤の上に軟弱層が堆積しているような地盤が鉛直下方から SH 波 (せん断波) を受ける場合を想定することにする．横波 (S 波) の中で地表面に平行な平面内で運動するものを SH 波と呼ぶ．他方，波源を含み地表に垂直な面内で運動するものを SV 波と呼ぶ．

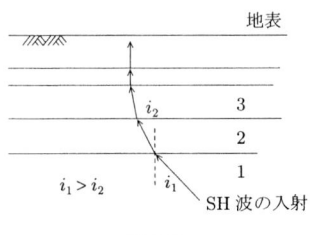

図 9.2

a. 鉛直下方よりの SH 波の入射 (重複反射理論)

図 9.3 のような，1 層から 2 層への鉛直下方からの SH 波の入射問題を考えよう．せん断波に関する 1 次元波動方程式は以下のようになる．

$$\rho_i \frac{\partial^2 u_i}{\partial t^2} = \mu_i \frac{\partial^2 u_i}{\partial z^2} \qquad (9.1)$$

ここで，$i = 1, 2$ (地層の番号)，ρ_i は質量密度，u_i は変位，$\mu_i = G_i$ はせん断剛性，t は時間である．

波動方程式の解は，次のように与えられる．

$$u_i = F(z - V_i t) + G(z + V_i t) \qquad (9.2)$$

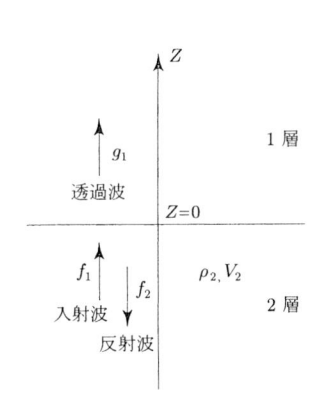

図 9.3 SH 波の反射と透過

$V_i = \sqrt{G_i/\rho_i}$ は各層でのせん断波速である．実際の地震動は，広い周波数の波を含んでいるが，ここでは簡単のため，式 (9.1) の解として，次のような単一周期の波を考える．

$$u_1 = g_1\left(t - \frac{z}{V_1}\right) = B \exp\left(i\omega\left(t - \frac{z}{V_1}\right)\right) \qquad (9.3)$$

$$u_2 = f_1\left(t - \frac{z}{V_2}\right) + f_2\left(t + \frac{z}{V_2}\right)$$
$$= \exp\left(i\omega\left(t - \frac{z}{V_2}\right)\right) + A\exp\left(i\omega\left(t + \frac{z}{V_2}\right)\right) \quad (9.4)$$

$z = 0$ でのせん断変位の連続性から，

$$u_1 = u_2, \quad g_1 = f_1 + f_2$$

さらに，せん断応力の連続性から，

$$G_1 \frac{\partial u_1}{\partial z_1} = G_2 \frac{\partial u_2}{\partial z_2}$$

以上より，

$$-\frac{\rho_1 V_1}{\rho_2 V_2} g_1 = f_2 - f_1, \quad f_2 = \frac{1-\alpha}{1+\alpha} f_1, \quad g_1 = \frac{2}{1+\alpha} f_1 \quad (9.5)$$

$\alpha = \frac{\rho_1 V_1}{\rho_2 V_2}$ をインピーダンス比，$\beta = \frac{1-\alpha}{1+\alpha}$ を反射係数，$\gamma = \frac{2}{1+\alpha}$ を透過係数と呼ぶ．$\alpha > 0$, $\beta < 1$, $0 < \gamma < 2$ である．したがって，表層が軟弱で $\alpha < 1$ であると，透過波は入射波に比べ増幅することになる．ここでは，2つの層での反射と透過を考えたが，一般の多層地盤では，層内で透過と反射が繰り返される．これを重複反射と呼び，多層地盤での振動特性の解析理論を重複反射理論という．

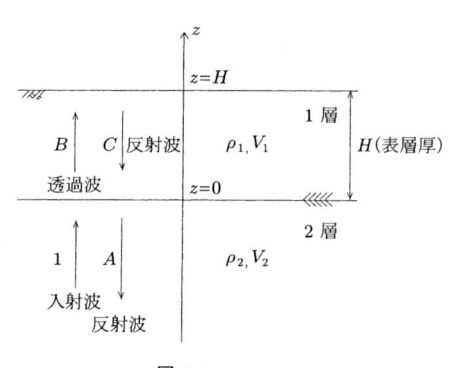

図 9.4

次に，単一の表層地盤の地震動増幅特性を考えよう（図9.4）．簡単化のため，単一の周期解を考える．

$$u_1 = B \exp\left\{i\omega\left(t - \frac{z}{V_1}\right)\right\} + C \exp\left\{i\omega\left(t + \frac{z}{V_1}\right)\right\} \quad (9.6)$$

$$u_2 = \exp\left\{i\omega\left(t - \frac{z}{V_2}\right)\right\} + A \exp\left\{i\omega\left(t + \frac{z}{V_2}\right)\right\} \quad (9.7)$$

$z = 0$ で，変位の連続性と応力の連続性から，

$$u_1 = u_2, \quad G_1 \frac{\partial u_1}{\partial z} = G_2 \frac{\partial u_2}{\partial z}$$

$z = H$ ではせん断応力がゼロであるから,

$$\frac{\partial u_1}{\partial z} = 0$$

以上の条件から,

$$A = \frac{(1-\alpha) + (1+\alpha)\exp(-2i\omega H/V_1)}{(1+\alpha) + (1-\alpha)\exp(-2i\omega H/V_1)} \tag{9.8}$$

$$B = \frac{2}{(1+\alpha) + (1-\alpha)\exp(-2i\omega H/V_1)} \tag{9.9}$$

$$C = \frac{2\exp(-2i\omega H/V_1)}{(1+\alpha) + (1-\alpha)\exp(-2i\omega H/V_1)} \tag{9.10}$$

ここで,

$$\alpha = \sqrt{\rho_1 G_1 / \rho_2 G_2} \tag{9.11}$$

地表 $z = H$ での振幅は,

$$u_{1,z=H} = B\exp\left\{i\omega\left(t - \frac{z}{V_1}\right)\right\} + C\exp\left\{i\omega\left(t + \frac{z}{V_1}\right)\right\}$$

だから, 入射波の振幅との比は,

$$\begin{aligned} u_{1,z=H}/u_{1,\text{input}} &= \frac{4}{(1+\alpha)\exp(i\omega H/V_1) + (1-\alpha)\exp(-i\omega H/V_1)} \\ &= \frac{2}{\cos(\omega H/V_1) + \alpha i \sin(\omega H/V_1)} \end{aligned} \tag{9.12}$$

その絶対値は,

$$|u_{1,z=H}/u_{1,\text{input}}| = \frac{2}{\sqrt{\cos^2(\omega H/V_1) + \alpha^2 \sin^2(\omega H/V_1)}} \tag{9.13}$$

地表と入力波の振幅の比は $\omega H/V_1 = \pi/2 + 2\pi m$ の時, 最大になるが, $\alpha = 0$ の時に無限大, $\alpha = 1$ の時に $u_{1,z=H} = 2u_{1,\text{input}}$ となる. つまり, 地盤が均質であれば, 入射波の振幅に対して, 地表での振幅は 2 倍になる.

ここで, $m = 0$ の場合の, 一次固有周期を考える. 図 9.5 に示すように, 表層部が軟弱で地盤の剛性が小さい場合など, α が小さいと地震動は増幅される. また, 増幅率は $H\omega/V_1 = \pi/2$ の時最大となる. したがって, $\omega = 2\pi f = 2\pi/T$ だから,

図 9.5 地盤の増幅率

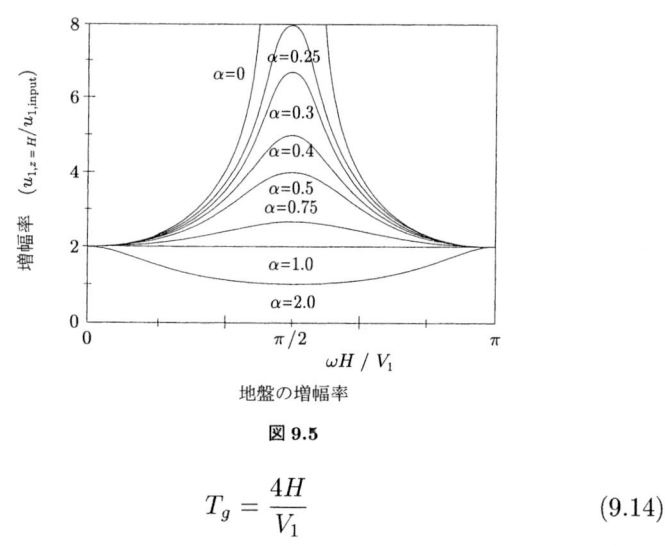

$$T_g = \frac{4H}{V_1} \tag{9.14}$$

で求められる周期 T_g を表層地盤の卓越周期という. 入射波の周期が T_g に近い波は増幅されやすいことに注意したい. 軟弱地盤が厚いと, その周期は長くなる. また, 周期の長いほど変位振幅は大きいことが知られている (金井, 1969) ので, 厚い軟弱地盤では変位も大きくなる. 液状化の解析においても, ここで述べた SH 波を入力として考える場合が多い. 液状化が発生し, 極端に地盤の剛性が落ちると, せん断波は伝播しにくくなり, 変形は大きいが, 加速度は小さくなる. このような免震効果のため, 液状化地盤上の構造物は破壊を免れることもある. 多層地盤の場合, 卓越周期に対応する地盤全体の特性値として,

$$T_G = 4\sum_{i=1}^{n} \frac{H_i}{V_{si}} \tag{9.15}$$

を用いる場合がある. 新道路橋示方書では, 設計基準震度の標準値を地盤別に決めているが (兵庫県南部地震を考慮したタイプ II の地震動に対して, I 種: 0.8, II 種: 0.7, III 種: 0.6), 耐震設計上の地盤種別は, T_G の値によって決定されている. なお, 地盤のせん断波速度と N 値 (9.3.c 項参照) の関係として, 道路橋示方書では,

$$V_S(\text{m/sec}) = C_G N^{1/3}, \quad C_G = 100\,(粘性土), 80\,(砂質土) \tag{9.16}$$

が用いられている.

図 9.6 (b) は, 神戸市ポートアイランドでの埋立て地盤での地震動の最大振幅の増幅率 (AMP. Ratio) を示している. A グループは 1995 年兵庫県南部地震以前

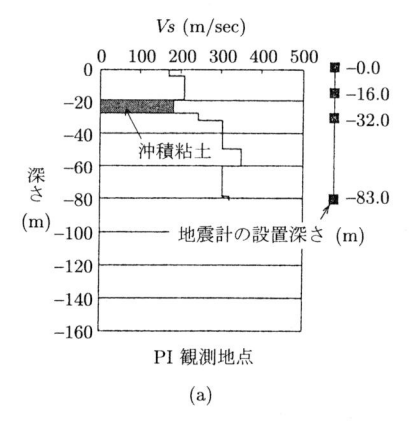

9.1 軟弱地盤の振動特性

図 9.6

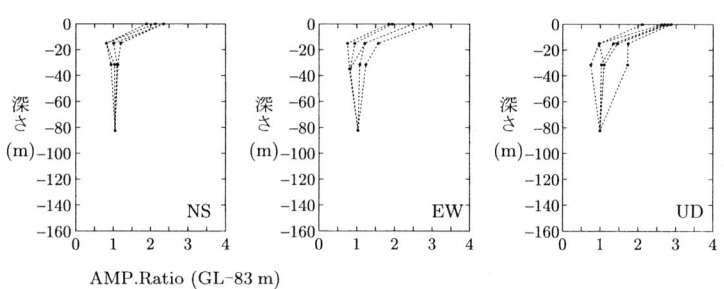

の地震の記録から求めたものであり，Main Event は本震の記録から求めたものである．NS は南北，EW は東西，UD は上下動成分を表す．液状化を伴わない小さな地震では，下部に比べ比較的軟弱な層での地震動の増幅が見られる．図 9.6 (a) は，せん断波速度の分布であるが沖積粘土層とその上層 GL–20m くらいまでの

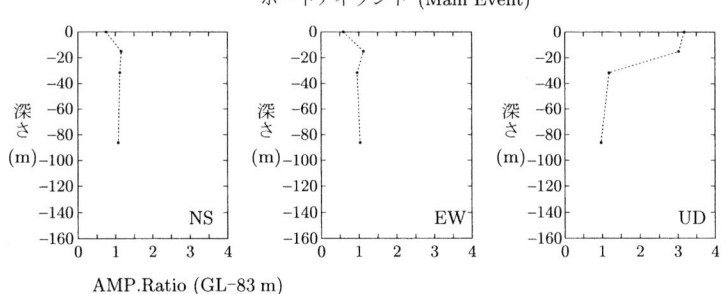

埋土層でせん断速度は小さくなっている．このように，深い層に比べ軟弱な埋立て層では，明らかな地震動の増幅が見られる．一方，後で述べる液状化が発生すると，地盤がせん断波を伝えにくくなり，逆に表層近くで減衰していることがわかる．

9.2 砂地盤の液状化

地震時の地盤の被害の多くは砂地盤の液状化によるものといわれている．これは地下水を含んだ砂地盤が液体状になる現象で，地表に噴砂として現れ，古くから知られていた．工学的な観点からは，1964 (昭和 39) 年に発生した新潟地震，アラスカ地震以降，土木・建築工学者によって本格的な研究が行われてきた．砂地盤の液状化は，地震時，地表での砂と水が混じり合った泥水の噴出現象 (噴砂現象) や地震後，噴出後のクレーター状の地表を観察することにより，その確認がなされるのが普通であり，一般にすべての地盤内での液状化の発生を確認するのは困難であるが，最近は地震後のトレンチ掘削が行われ，地中での様子も調べられている．一方，遺跡の発掘時に地中の液状化跡が調べられ，過去の地震による液状化履歴も調べられるようになってきた (寒川, 1992, 2001)．

これまでの地震後の被害調査から，水田，河川付近低地，砂丘近辺，岸壁付近や埋立て地などの地下水位の高い砂地盤では発生の可能性が高いこと，また液状化によって，家屋や土木建築構造物に被害が発生することが知られている．

a. 液状化現象

地震時などに見られる水で飽和された砂地盤の液状化は，現象としては次のように説明される．固体状の砂質土において，外力 (地震などによる繰返しせん断力) が作用すると，地震は継続時間が比較的短いため，透水係数が過大でない限り砂であっても実質的に非排水状態に近い状態となり，間隙水圧が上昇する．このため，実質的に土の変形を支配する有効応力が減少して，ほとんどゼロの状態になる．この時，土のような粒子からなる粒状体は各粒子がばらばらとなり，固体状から液体状へ相変化する．このような現象として水で飽和された砂質地盤の液状化は説明される．

地盤材料は 1.1 節で述べたような特徴を持つ．①粒状体であるため自由度が大きく，②水や空気との 3 相の混合体であり，③自然に大量に存在する材料であり，構成は多様で不均質である．

すなわち，多相の粒状体 (granular material) であるため，運動の自由度が大きく，多様な変形破壊モードが存在し，擬似流体的な挙動をすると考えられる．つま

り，液状化すると，移動，変形するボリュームが予測を遙かに越えることがある．さらに，自然材料であるため，本質的に不均質であり，局所的に弱い部分がありうる．液状化は特に①と②の特徴との関連が深い．

粒状体という言葉を用いたが，粒状体を他の材料と比較してみよう．よく知られているように，通常物質は温度を上げてゆくと固体，液体，気体という物質の3態を示す．固体はその形を変えにくいが，液体，気体は形を変えやすい．つまり，流体(液体，気体)はせん断抵抗力が固体に比べて小さい．一方，体積変化特性からみると，固体や液体は体積変化が小さいが，気体は体積が大きく変化しやすい．粒状体である土は気体や液体よりは形を変えにくいが，固体より変えやすく，体積は固体に比べて変化しやすい．砂などの粒状体は，分子などより遙かに大きな粒径の土粒子と間隙物質から構成されており，一般の物質とは異なるが，気体，液体，固体という物質の3態との比較から，土(粒状体)にも，次のような3態があることが予想される．液状化した土は粒状体の液体状態と考えることができる．ただし，固体のように温度を上げることにより状態が変化するわけではない．では，何が粒状体の状態を支配しているのであろうか？ この答えは，先に述べた土材料の特徴の①に関係している．水は方円の器に従うといわれるが，土の場合はどうであろうか？ ここで混じりものの少ないきれいな砂山を考えよう．ゆする(揺する)と，砂山は崩れるが，ゆするのをやめると形を保つ．これは，重力によって砂粒子相互間に力が働き，その力によって摩擦抵抗力が働いているが，振動させると，粒子間摩擦が減少し，砂山の形が変わるためである．重力や人工的な拘束力などによる土粒子間の力を何らかの方法で減少させてやれば，液体状態に近づくことになる．つまり，通常の物体の3態を支配している温度に相当するものが，粒状体では粒子間力となっているのである．液状化する砂はクイックサンド(quicksand)とも呼ばれ，液状化の状態をボイリング(boiling)と呼ぶことがある．

b. 液状化のメカニズム

先に述べたように，土粒子間のつながりが弱まることが液状化の本質であるが，砂地盤の液状化は地盤材料特有のダイレイタンシー(8.1節参照)と呼ばれる力学的な性質に深く関係している．本来ダイレイタンシーとは体積膨張のことを指すが，体積収縮が起こる場合を負のダイレイタンシー，体積膨張が起こる場合を正のダイレイタンシーと呼んでいる．負の収縮はコントラクション(contraction)と呼ばれることも多い．緩く堆積した砂地盤が地震動を受ける場合，つまり地震動の横波(S波)による繰返しせん断応力を受けると，負のダイレイタンシー傾向を

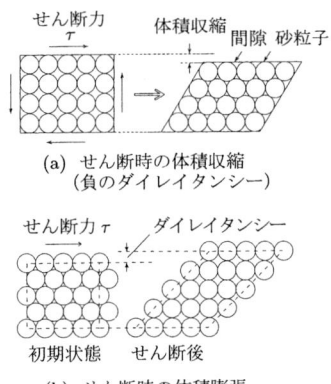

図9.7 (a) せん断時の体積収縮（負のダイレイタンシー）／(b) せん断時の体積膨張（正のダイレイタンシー）

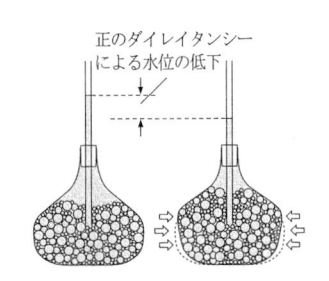

図9.8 ダイレイタンシーに関する実験装置の模式図（岡, 2001）

持つため（せん断時の体積収縮, 図9.7), 砂は収縮しようとするが, 間隙水があるため体積収縮が拘束され, 間隙水圧が上昇し有効応力が減少する.

図9.8はダイレイタンシーに関する簡単な実験装置の模式図である. この装置は, 下部のゴム製の袋に水と砂を入れ細いガラス管を立てたものである. 細管の途中まで水を入れておき下のゴム袋を押さえると, 細管の水が下がる. つまり, 水で飽和されたゴム袋を押さえると砂がせん断を受け, 体積膨張（正のダイレイタンシー）が発生して, 細管の水が下がるのである. この現象は直感に反しているので興味を引くが, ダイレイタンシーを実感することができる.

c. 地震時における砂地盤の液状化の発生メカニズム

密な砂（よく締め固められた砂）はせん断すると体積膨張を起こす. 一方, 緩く堆積した砂はせん断によって体積収縮を起こす. したがって, 地震力により砂地盤に繰返しせん断力が作用すると, 砂は体積収縮を起こそうとするが, 水で飽和された地盤では水の圧縮性が土構造の圧縮性より小さいため, 土の間隙に含まれている水が間隙の外に出て行かない限り, 実質的な体積変化は発生しない. 砂のように, 粘土に比べて透水係数の比較的大きい材料でも水が流れ出るのに有限の時間がかかる. したがって, 地震力のように比較的短時間（数十秒から数分程度）の間せん断力が作用する場合, 砂は全体の体積収縮を起こすことができず, ダイレイタンシーによる体積収縮に対応して有効応力が減少し, 間隙水圧が増大する. 有効応力は土に作用する全応力 (σ) から間隙水圧 (u_w) を引いたもの ($\sigma - u_w$) で定義されている. 間隙水圧は垂直応力であるからせん断応力には関係せず, 作用

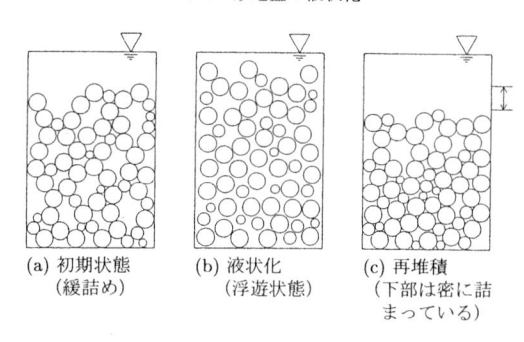

(a) 初期状態　　(b) 液状化　　(c) 再堆積
（緩詰め）　　（浮遊状態）　（下部は密に詰
　　　　　　　　　　　　　まっている）

図 9.9　液状化による沈下

せん断応力と有効せん断応力は等しい．有効応力が減少して，有効拘束圧がゼロになると，砂は固体状から液体状へ変化する．これが液状化のメカニズムである．

さらに，地震継続中に液状化しなかった地盤も浸透流によって有効応力が減少し液状化することも重要である．地震が終わると，液状化した砂は再堆積する．再堆積によって地盤全体としては密になるが，必ずしもすべての深さで密になるわけではない (図 9.9)．

図 9.10 は砂の繰返し三軸試験結果である (安田 (1988)，土質工学会共通液状化試験 (土岐ら，1986) での結果)．緩い砂では，繰返し回数の増加とともに，間隙水圧が漸増し，間隙水圧がほぼ初期拘束圧に等しくなったあたり (初期液状化) で，ひずみが急増し始める．一方，密な砂では，繰返し回数の増加に伴い，間隙水圧が増加してゆくが，間隙水圧は初期有効拘束圧とほぼ等しくはならず，間隙水圧の振動と有効応力の回復が見られ，ひずみはある有限な値にとどまる．このような現象を，サイクリックモビリティー (cyclic mobiliy) と呼ぶ (図 9.11)．

材料力学で用いられるモールの応力円を用いて説明すると，有効応力の低下に伴ってモールの円は原点の方に移動するが，半径も小さくなりながら移動し，最終的には垂直応力の差も小さくなって，最終的に液体状となる (図 9.12)．

非常に緩い砂では，図 9.13 のような一回のせん断でも，有効応力の減少とモールの円の半径の減少が見られ，液状化に至る (Castro, 1969)．モールの円の半径が小さくなることは，垂直応力の差が減少し等方的な応力状態に近づくことを示している．このような現象は，側方変形が拘束されている水平地盤で顕著に発生すると考えられる．側方変形が拘束された状態で，鉛直および水平有効応力の差が減少してゆく現象は側方を拘束したねじり試験やせん断試験で観測されている．たとえば，Ishihara and Li (1972) は，$K = \sigma_{33}/\sigma_{11}$ 値が徐々に 1.0 に近づいてゆく

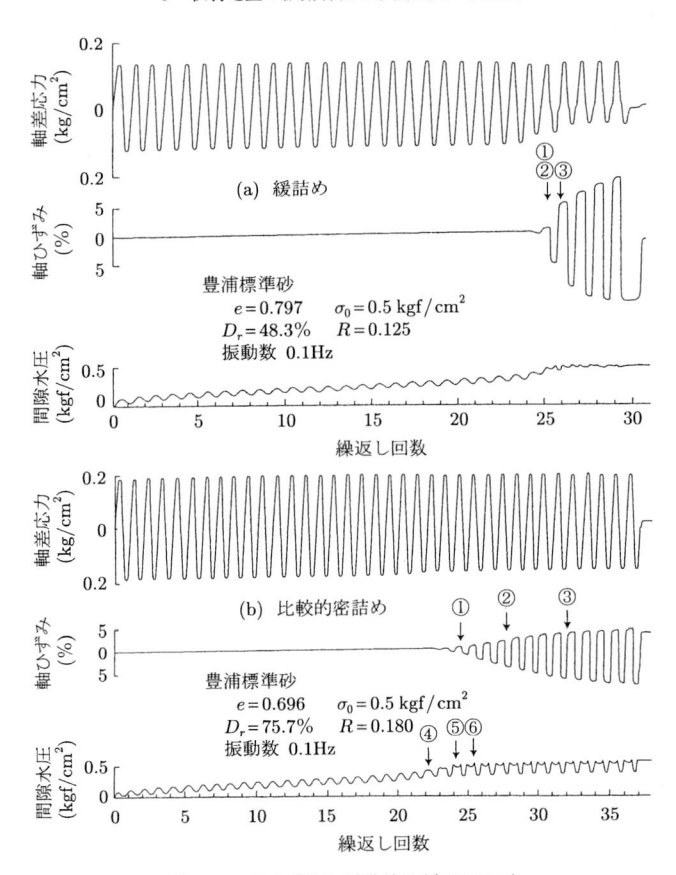

図 9.10 砂の繰返し試験結果(安田, 1988)
① ひずみ急増点 ② $DA=5\%$ ③ 大ひずみ
④ 間隙水圧急増点 ⑤ 間隙水圧の飛び出し現象の開始点
⑥ 間隙水圧/鉛直有効応力 $=1.0$ の点

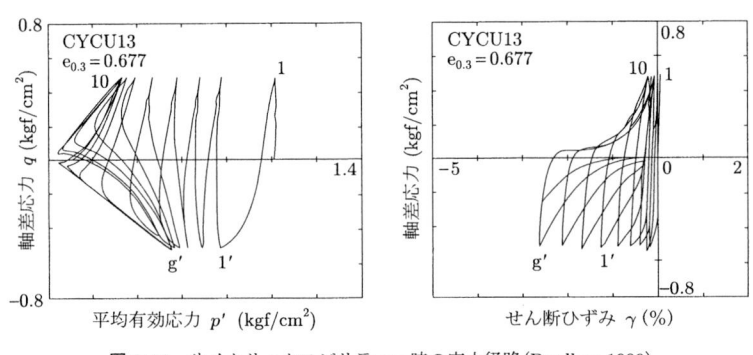

図 9.11 サイクリックモビリティー時の応力径路(Pradhan, 1989)

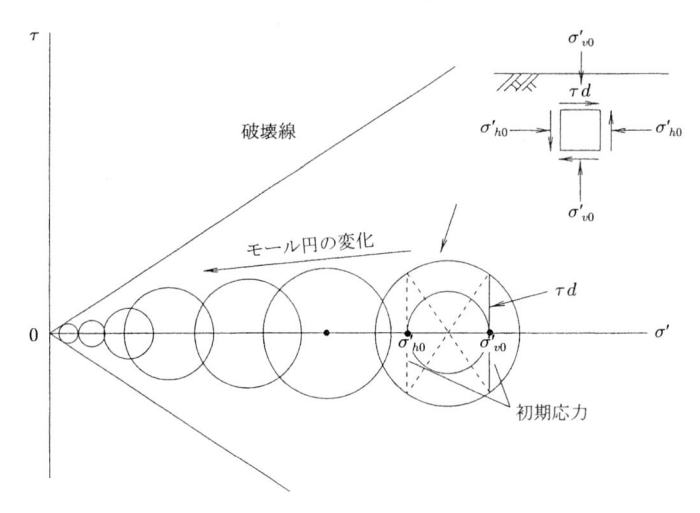

図 9.12 液状化時のモールの応力円

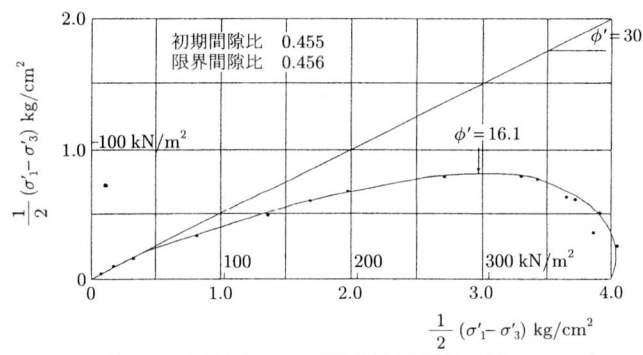

図 9.13 非常に緩い砂の圧密非排水試験結果 (Castro, 1969)

ことを明らかにしている．水平地盤の液状化では，有効応力径路は原点に向かい，モールの円の半径はゼロに近づく．つまり，せん断応力が有効応力の減少とともに減少し，応力径路は原点に向かう (図 9.14)．

せん断時の体積ひずみ増分が次式で表されるとき，液状化時の平均有効応力の減少は次のように説明される．

$$d\varepsilon_{kk} = \frac{d\sigma'_m}{K} + d\varepsilon^p_{kk} \tag{9.17}$$

ここで，$d\varepsilon_{kk}$ は体積ひずみ増分，$d\sigma'_m$ は平均有効応力の増分，K は体積弾性係数，$d\varepsilon^p_{kk}$ は塑性体積ひずみ増分 (応力を除荷しても変形が元に戻らない体積ひずみ増分) で，一般に応力比に依存する．

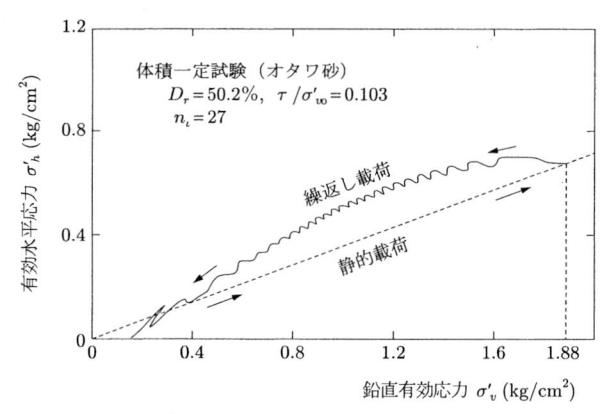

図9.14 繰返し載荷時の水平・鉛直応力の変化(Finnら,1978)

非排水条件下では体積ひずみ増分はほぼゼロとなるから, 式 (9.17) より,

$$d\sigma'_m = -K d\varepsilon^p_{kk} \tag{9.18}$$

緩い砂の場合, せん断すると負のダイレイタンシーが発生し, 圧縮ひずみを正とすると, $d\varepsilon^p_{kk} > 0$. したがって,

$$d\sigma'_m < 0 \tag{9.19}$$

となって, 有効応力が減少する. また, 全応力が変化しないとすると, 間隙水圧は増加することになろう. 繰返しせん断応力が作用すると, 有効応力が消失し, 地盤は液状化するに至る.

透水を考慮した場合の有効応力の変化は次式に従う.

$$d\varepsilon_{kk} = \frac{d\sigma'_m}{K} + d\varepsilon^p_{kk} = -\frac{k}{\gamma_w}\frac{\partial^2 u}{\partial x^2} dt \tag{9.20}$$

ここで, k：透水係数, γ_w：水の単位体積重量, u：間隙水圧である.

平均有効応力の変化は

$$d\sigma'_m = -K\left(d\varepsilon^p_{kk} + \frac{k}{\gamma_w}\frac{\partial^2 u}{\partial x^2}\right) dt \tag{9.21}$$

したがって,

$$A = \frac{\partial^2 u}{\partial x^2}$$

とおくと, ダイレイタンシーが正 (膨潤) で $d\varepsilon^p_{kk} < 0$ であっても, $A > 0$ の時は,

9.2 砂地盤の液状化

σ'_m は減少することもある.したがって,透水を考える場合,平均有効応力の変化量は A の正負にも依存する.

地盤の液状化は以下のような地震力時の繰返しせん断以外の原因によっても発生する.

d. 波力による砂地盤の液状化

波力による海底地盤の液状化の原因は次のように考えられている.1つは,海水が非圧縮でないため,波の谷間で海底地盤中の間隙水圧の応答の遅れ(低下の遅れ)から(図9.15),有効応力が低下することが基本的な原因である.他の原因としては,海水面変動を原因とする主応力の回転による(石原,1988)負のダイレイタンシーにより,間隙水圧の発生が有効応力の減少をもたらすことも影響している.1つめの原因では,特に空気の混入などによる海水の圧縮性増大は重要である.北

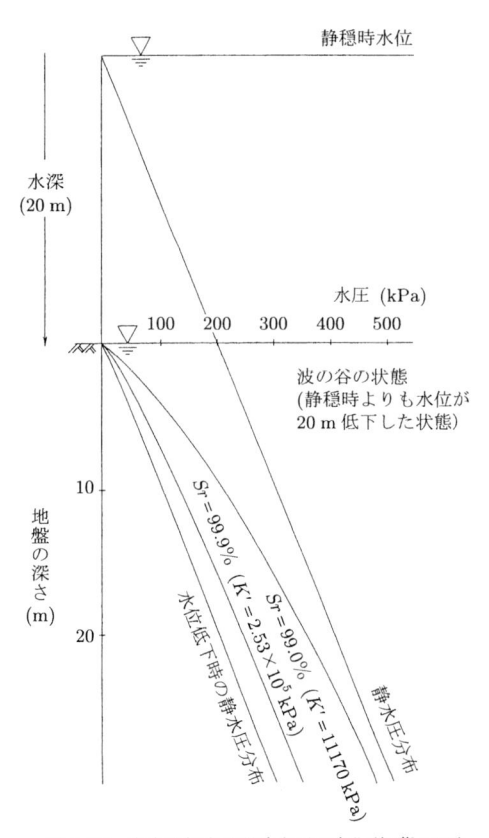

図 9.15 海底地盤中の間隙水圧の変化(加藤,1995)

海道東部浜中湾に面した奔幌戸漁港では，15年にわたって防波堤が大きく沈下したことが報告されているが，この原因は，波力による水圧変動の繰返しによって，変動水圧が防波堤や海底面に作用し，海底地盤内に液状化ないし不完全な液状化が発生したことであると考えられている (岡, 2001).

e. 浸透破壊

浸透破壊とは，砂質地盤が浸透力を受け，有効応力を失って破壊する現象で，地震時のように加速度の影響は少ないが，土の液状化と考えられる．浸透によって有効応力がゼロになり，液状化する．5章で述べたボイリング状態である．有効拘束応力ゼロの条件から，この時の動水勾配である限界動水勾配が求められている．しばしば見られる浸透による掘削地盤の崩壊は，典型的な浸透破壊である．浸透破壊は地震力以外の外力によっても発生するため，しばしば液状化と別の観点から見られることが多いが，水圧の上昇によって有効応力を失う点では地震時の液状化と同様であり，負のダイレイタンシーの傾向が強い，緩い砂地盤ほど浸透破壊は起こりやすい．

f. 鋭敏粘土の液状化

鋭敏な粘土が外乱によって容易に液状化することは，北欧やカナダの地すべりでよく知られている．土の強度を調べる簡易な試験である，一軸圧縮試験によって求められる強度で鋭敏性は表される．鋭敏比は乱した土の一軸圧縮強度に対する自然土の一軸圧縮強度によって求められる．鋭敏比が4以上のものは鋭敏な土であるが，8以上は鋭敏性の高い土といい，16以上のものは超鋭敏な土である．鋭敏比が10を超える土には液性指数が1.0を超えるものが多い．1978年ノルウェー，トロンハイムの北のリサ (Risa) での非常に鋭敏な粘土のクイッククレイ (quick clay) で起こった地すべりは，小規模な農場での掘削が外乱となって発生したが，これはクイッククレイが液状化し流れ出したものである．塩分溶脱 (リーチング, leaching) によって不安定な構造が形成されたことが原因となっている．リサの地すべりは，撮影がなされたことでも有名である．クイッククレイとはクイックサンドに対応する言葉で，外乱を受けると強度が大きく低下し，液体状になるような粘土のことである．

カナダのセントローレンス川流域の粘土は，シャンプレインクレイ (Champlain clay) と呼ばれている．ウィスコンシン氷河が後退した時期に，この地域が海となり海成粘土が堆積した．細粒分は岩粉を含み，塑性指数 (液体状と固体状となる含

水比の差): I_P が 20 前後と小さく,液性指数が 1.0 を超えており,鋭敏で多くの地すべりの原因となっている.カナダ東部の鋭敏な粘土は,液性限界(水を加えて液体状になる時の含水比) より,自然含水比の方が高いことが多く,へらなどの固いものでこねると簡単に液体状になる.

g. 液状化による地盤構造物の被害

液状化によって発生する被害は,地盤が支持力を失うことおよび地盤の大きな変形や破壊によって起こる.古い歴史地震 (寒川, 1992, 2001) や,多くの地震で地盤の液状化が数多く報告されている.明治以後の地震で,液状化による被害が著しかった主な地震は表 9.1 の通りである.

h. 地盤の液状化による土木構造物の被害の特徴
1) **建築土木構造物の被害**
 ・支持力の喪失による構造物の沈下
 ・不等沈下や傾斜,地盤変形,流動による杭基礎の破壊
2) **港湾施設や水際構造物の被害**
 ・岸壁護岸の傾斜,はらみ出し,防波堤の沈下,臨海埋立て地盤の液状化
3) **橋梁基礎など基礎構造物の被害**
 ・支持力や水平抵抗力の減少,側方流動による橋脚,橋台の沈下,移動や杭の破損
4) **盛土の被害**
 ・盛土基礎地盤,盛土材料の液状化による盛土構造の破壊:すべり,沈下,流出
5) **地下構造物の被害**
 ・マンホールの浮上,地下タンクの浮上,貯水槽などの半地下構造物の底部破壊
 ・上下水道管,ガス管などライフライン系管路の破損,浮き上がり
 ・電話線や電線用洞道の破損
6) **地盤の流動,側方流動,地すべり**
 ・盛土,アースダム,傾斜地盤

地盤が液状化して密度の大きい流体になると,地下タンクやマンホールなど比重の軽い構造物は浮上する.釧路沖地震では,下水のマンホールが 1.3 m 以上も浮上した例がある (土木研究所資料, 1994).また,地盤の流動では,地盤の傾斜が数度と小さくても大きな水平変位が発生する.新潟地震では,信濃川に向かって最大で 10 m の水平変位が河川周辺の砂地盤で発生している (濱田ら, 1986).

表 9.1 明治以降液状化による被害が著しかった主な地震

日時	地震名	M	特徴
1891. 10. 28	濃尾地震	8.4	濃尾平野での液状化
1923. 9. 1	関東地震	7.9	関東平野広域での液状化
1945. 12. 7	東南海地震	8.0	静岡から大阪にかけて広域で液状化
1948. 6. 28	福井地震	7.3	沖積平野での液状化
1964. 3. 27	アラスカ地震	8.4	沿岸の地盤のすべり
1964. 6. 16	新潟地震	7.5	水平地盤の液状化地盤の大変位
1968. 5. 16	十勝沖地震	7.9	埋立て地盤の液状化
1971. 2. 9	サンフェルナンド地震	6.6	アースダムの破壊
1973. 6. 17	根室半島沖地震	7.4	埋立て地盤の液状化
1976. 2. 4	ガテマラ地震	7.5	アマチイトラン湖岸砂地盤の液状化
1976. 7. 28	唐山地震	7.8	アースダムの崩壊
1977. 3. 4	ルーマニア地震	7.2	水平地盤の液状化
1978. 1. 14	伊豆大島近海地震	7.0	鉱さいの液状化
1978. 6. 12	宮城県沖地震	7.4	水平地盤の液状化
1979. 4. 15	モンテネグロ地震 (ユーゴスラビア)	7.3	水平地盤の液状化
1983. 5. 26	日本海中部地震	7.7	干拓堤防, 砂丘後背地の液状化
1989. 10. 17	ロマプリータ地震	7.1	水平地盤, 埋立て地盤の液状化
1987. 12. 17	千葉東方沖地震	6.7	埋立て地の液状化
1990. 7. 16	フィリピン・ルソン島地震	7.8	低地, 埋立て地, 河底の液状化
1993. 1. 15	釧路沖地震	7.8	埋立て地盤の液状化, グラベルドレーンの効果
1993. 7. 12	北海道南西沖地震	7.8	河川付近, 礫質地盤での液状化
1995. 1. 17	兵庫県南部地震	7.2	埋立て地, 人工島の液状化
1999. 8. 17	トルコ・コジャエリ地震	7.4	内陸部自然地盤の液状化
1999. 9. 21	台湾集集地震	7.3[3] 7.6[4]	自然低地, 河川流域, 臨海地域での液状化
2000. 10. 6	鳥取県西部地震	7.3	埋立て地での液状化
2001. 2. 28	Nisqually 地震 (アメリカ, ワシントン州)	6.8	港湾付近やデルタでの液状化, 水際での側方流動
2001. 3. 24	芸予地震	6.4	埋立て地での液状化
2003. 9. 26	十勝沖地震	8.0	埋立て地, 自然低地や埋戻し土の液状化
2004. 10. 23	新潟県中越地震	6.8	埋戻し土, 低地の液状化

注 1) ここで, M は地震のマグニチュードで地震の規模やエネルギを表す指標である.
注 2) 2001 年の気象庁のマグニチュードの見直しによって, 1995 年の兵庫県南部地震のマグニチュードは M 7.3 に, 2001 年芸予地震は M 6.7 に修正されている.
注 3) 台湾中央気象台, ローカルマグニチュード.
注 4) 米国地質調査所, 表面波マグニチュード.

9.3 液状化予測

先に述べたような被害は, 液状化が起こると発生する. このため, 事前にその発生や規模を予測することは工学的に非常に重要である. 液状化を予測するためには, 地形や地質データのみから液状化ポテンシャルを推定する簡単な方法, 粒度と

限界 N 値や液状化安全率から液状化の程度を予測する簡易法から, 詳しい数値解析方法まで種々の方法がある. 基本的には, 室内材料試験による液状化強度などの材料物性の決定, 液状化解析法が重要であるが, 簡易な方法としての液状化安全率に基づく方法や原位置強度に基づく液状化ポテンシャルの推定法などがある. 表 9.2 は液状化予測法と判定法を分類したものである. また, 表 9.3 は液状化に影響する因子である. 土の液状化は, 土の物性や外力のみでなく, 応力状態やひずみ履歴に依存する点が特徴である.

表 9.2 液状化予測・判定法の分類

グレード	予測方法	目的・適用
概 略	地理地形情報と液状化履歴に基づく方法	・広域の液状化予測やゾーニング ・液状化マップ作成
簡 易	N 値および粒度などに基づく方法	・特定地域・構造物に対する液状化可能性の予測 ・液状化による構造物への影響評価 ・地盤変位の予測 ・構造形式・対策工法の検証
詳 細	室内液状化試験や地震応答解析を行う方法	
	土の液状化モデルを用いて応答解析 (有効応力解析) を行う方法	
特 殊	模型振動台実験による方法	・対策工法の効果検証
	原位置試験・測定による方法	

表 9.3 液状化に影響する因子

分 類	要 因
土の物理特性	密度, 堆積状況, 粒度分布, 粒子形状 塑性指数, コンシステンシー, 飽和度
初期応力・ひずみ状態	拘束力, 過圧密, 圧密時間, ひずみ履歴, 応力の異方性, 初期せん断応力
外的荷重, 拘束条件	外力波形, 振動数, 振幅, せん断方向, 繰返し回数, 継続時間, 側方変位拘束条件, 排水条件

a. 地形, 地盤による予測

・液状化しやすい地形, 地盤：地下水位の高い沖積低地, 旧河道, 埋立て地, 砂丘後背地, 砂丘間低地, 後背湿地, 自然堤防, 砂州
・液状化しにくい地形, 地盤：洪積台地, 扇状地, 山地, 丘陵地, 海浜 (波打ち際)

ここで, 海浜が液状化しにくい地形, 地盤に入っているのは少し奇妙に思われる場合もあろうが, 海浜の表層は砂でできていても多くの場合, 波浪により締まっているためである. 波打ち際を歩くと足型が白く見えるのは, ダイレイタンシーで

砂が膨張するからであり，砂が締まって密になっている証拠でもある．もっとも，アラスカ地震によって発生した，海岸付近 (海岸から 170 m くらいまで) 全体が液状化によってすべりだした現象を忘れてはいけない．

b. 地震規模との関係

h 項の 1) で述べたような地形，地盤であれば，地震のマグニチュードと液状化が発生する地点までの震央距離の最大値との間に，下記の関係があることが示されている．

栗林・龍岡の方法 (1974)

$$\log_{10} R = 0.77M - 3.6 \qquad (M \geq 6) \qquad (9.22)$$

M：マグニチュード (J.M.A 日本気象庁)
R：液状化が発生する地点までの震央距離の最大値 (km)

その後データを追加し，若松 (1993) によって，液状化発生地点と震央との距離を与える予測式が提案されている．若松による液状化発生地点と震央との距離は，
上限 (小規模な液状化)

$$\log_{10} R = 2.22 \log_{10}(4.22M - 19.0) \qquad (M > 5.0) \qquad (9.23)$$

下限 (顕著な液状化)

$$\log_{10} R = 3.5 \log_{10}(1.4M - 6.0) \qquad (M > 5.0) \qquad (9.24)$$

c. N 値と粒径分布による予測

標準貫入試験は，外径 5.1 cm，内径 3.5 cm，長さ 81 cm の中空のサンプラーを地盤に打撃貫入させ，地盤の抵抗を測定する試験であるが，その時，重量 63.5 kgf のハンマーを 75 cm の高さから自由落下させ，土中にサンプラーを 30 cm 打ち込むのに必要な打撃回数を N 値という．地下水位が 10 m より浅く，N 値が 20 以下の砂地盤が液状化しやすく，10 以下の地盤は特に液状化しやすい (図 9.16)．平均粒径 (D_{50}) が 0.02〜2 mm の均等径の砂，つまり均等係数の小さい細砂や中砂は液状化しやすい．

図 9.17 は特に液状化しやすい粒径分布を示す．細粒分含有率が高くなると液状化に対する抵抗力は増す．港湾の基準では，粒度分布からの判定に加えて，等価加速度に対する等価 N 値との関係で，液状化の発生に対する限界 N 値を定めてい

9.3 液状化予測

粒度と N 値による土層ごとの液状化の予測・判定

図に示す範囲	粒度と N 値による液状化の予測	粒度と N 値による液状化の判定
I	液状化する.	液状化すると判定.
II	液状化する可能性が大きい.	液状化すると判定するか，繰返し三軸試験により判定する.
III	液状化しない可能性が大きい.	液状化しないと判定するか，繰返し三軸試験により判定する. 構造物に特に安全を見込む必要がある場合には，液状化すると判定するか，繰返し三軸試験により判定する.
IV	液状化しない.	液状化しないと判定する.

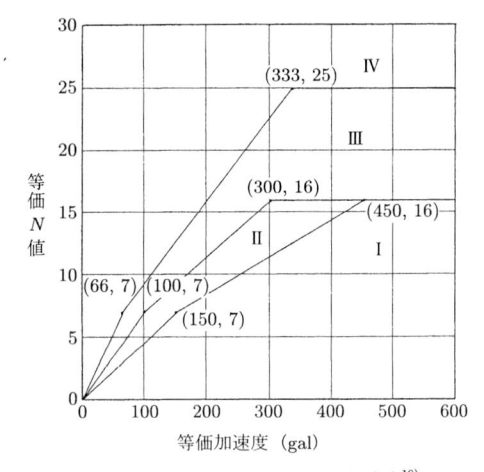

図 9.16 液状化に対する N 値と加速度[18]

るが，液状化するかしないかの境界の最大の等価 N 値を 25 としている (沿岸開発技術研究センター, 1997).

d. 液状化安全率による簡易判定法

振動三軸試験や振動単純せん断試験などの室内試験を行い，地盤の液状化抵抗力を求める．この方法では，本来不規則な地震波形を，ある回数の一定せん断応力の波に置き換えて考え，室内試験で，そのような外力に対する液状化抵抗力を求める．室内試験結果がない場合は，N 値などの原位置試験結果から液状化抵抗力を推定する．一方，外力としては，推定作用地震に対して，加速度応答から，等価な地盤中のせん断応力を求め，抵抗力と外力の比から液状化に対する安全性を表す指標としての液状化安全率 (繰返しせん断抵抗率) を求める.

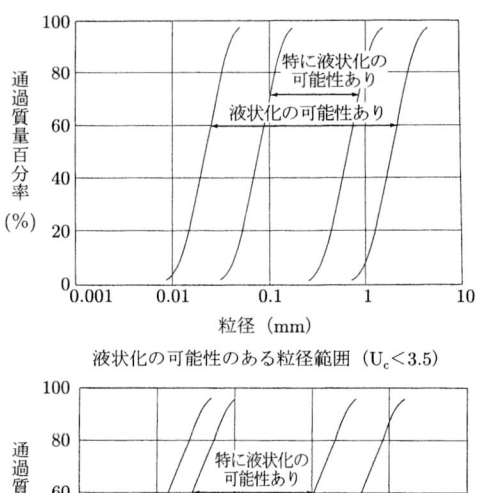

液状化の可能性のある粒径範囲（$U_c < 3.5$）

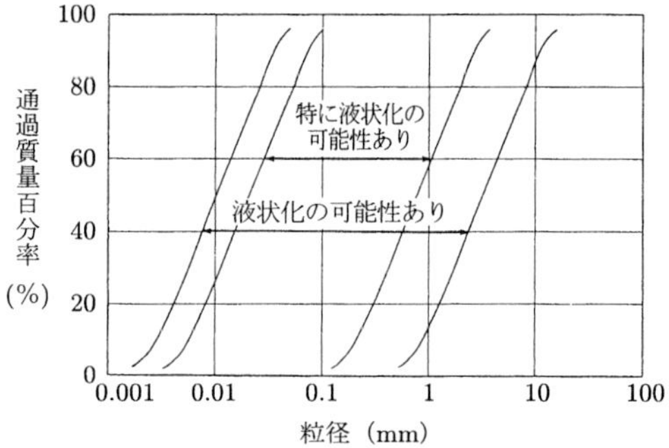

液状化の可能性のある粒径範囲（$U_c \geq 3.5$）

図 9.17 液状化の可能性のある土の粒径分布[18]

地盤の液状化判定法は，新潟地震以降多くの基準や指針等で取り入れられてきたが，兵庫県南部地震以後，この地震での液状化調査を考慮した判定法の見直しがいくつかの機関で行われてきた．

1) 液状化安全率

多くの簡易判定法では，液状化強度と地震外力から液状化安全率 (F_L) を求めて，液状化しやすさを判定する．ただし，『道路橋示方書同解説 V 耐震設計編』(1996) では，安全率という言葉を用いず，液状化に対する抵抗率と表現している．

$$F_L = \frac{R_l}{L} \tag{9.25}$$

ここで，F_L：液状化安全率，R_l：液状化強度比，L：せん断応力比である．F_L が 1 より小さい場合に液状化の可能性があると判定される．

液状化強度は，地震波形を等価な一定せん断応力の繰返し波形に置き換え，ある繰返し回数で基準ひずみを発生させるのに必要なせん断応力比 R_l として決めら

れている. R_l は液状化強度比と呼ばれることもある. 液状化を規定する基準ひずみは, そのひずみで有効応力がほぼゼロになることから決められる.

発生せん断応力比 L を求める方法は, 深さ方向の低減を考慮して, σ_v/g で z の深さの土の質量を算出し, 土中を剛体と考えて加速度を掛けて力とし, 有効上載圧で割って応力比を求める簡易法である.

$$L = \frac{a_{\max}\sigma_v}{g\sigma'_v}r_d \tag{9.26}$$

$$r_d = 1 - 0.015z \tag{9.27}$$

ここで, $a_{\max}$ は推定最大加速度 (ガル [gal], cm/sec^2), g は重力加速度 (980 gal), σ_v は全上載圧, σ'_v は有効上載圧, z は地表からの深さ (m) である.

室内試験として動的三軸試験が最もよく用いられる. 液状化抵抗力として, N_c 回目の繰返し (サイクル) で地盤が液状化する応力比 R_{Nc} を求める. N_c は, 有効応力がゼロになる回数を求めるのが望ましいが, これまでの研究から, DA(両振幅ひずみ) が 5% になる回数として求めることが多い. ただし, 密な砂などでは必ずしも $DA = 5\%$ が有効応力の消失に一致しない. R_{Nc} を求めるためには, 地盤の応力状態を考えると繰返し単純せん断試験が対応するが, 等方有効拘束圧 σ'_c のもとで, 一定応力振幅の等方圧密非排水振動三軸試験がよく行われる. 図 9.18 は豊浦砂の液状化強度曲線である.

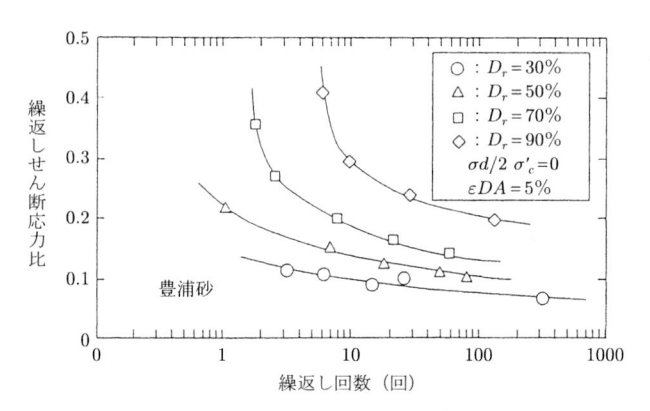

図 9.18 相対密度による砂の液状化強度曲線の比較(山本他, 1997)
三軸圧縮試験より求められた液状化強度曲線.
$\tau_d/\sigma'_c = \sigma_d/2\sigma'_c$
$\sigma_d = (\sigma_1 - \sigma_3)_{\max}$
通常の試験では $\sigma_3 =$ 一定
$D_r = \dfrac{e_{\max} - e}{e_{\max} - e_{\min}} \times 100(\%)$

次に，室内試験と実際の地盤の応力状態，地震波の不規則性やせん断の方向性の差異を補正係数によって補正する．

$$R_{Nc} = \frac{C_1 C_2 C_3 \sigma_d}{2\sigma'_c} \tag{9.28}$$

繰返し三軸試験では，有効拘束圧 σ'_c で等方圧密した状態で，軸応力 σ_1，側方応力 σ_3 を位相差 $90°$ で繰返し載荷を行う．載荷は $\pm\sigma_d (=\sigma_1-\sigma_3)$ の振幅で繰返し与える．

C_1：異方応力状態の補正係数，$C_1 = (1+2K_0)/3$　　（K_0：静止土圧係数）
C_2：地震波形の不規則性の補正係数，$C_2 = 1.4$
C_3：振動方向 (東西，南北) の補正係数，$C_3 = 0.6 \sim 0.9$

これらの補正係数をかけ合わせると，$C_1 C_2 C_3 \simeq 1.0$ と近似できるといわれている．

道路橋示方書などでは $N_c = 20$ として，地震動に対する繰返し回数を 20 回としているが，これはシード (Seed) ら (1983) による，不規則な地震波形を等価な一定せん断力に直した場合，マグニチュード 7.0 クラスの地震の等価な繰返し回数が $10 \sim 30$ 程度であるという知見に基づいている．シードら (1971, 1985) は，不規則荷重を等価な正弦波荷重に換算するため，荷重を 0.65 倍し，次式で与える方法を提案している．

$$L = 0.65 \frac{a_{\max} \sigma_v}{g\sigma'_v} r_d \tag{9.29}$$

$$r_d = 1 - 0.0094\,z \tag{9.30}$$

室内繰返し試験から求められる液状化強度曲線がない場合，N 値から R_{20} を推定する方法がとられている．

2) 液状化判定法で考慮されている液状化の主な要因

液状化強度に与える要因としては，表 9.2 に示す項目を中心に研究が進められてきている．

e. 密度 (細粒土の少ない密な砂に対する取り扱い)

密度の影響については，旧道路橋示方書 (1990) では，石原ら (1977) による相対密度 ($D_r(\%)$) と液状化強度 (R_l) との線形関係が用いられてきた．

$$R_l = 0.0042\,D_r \tag{9.31}$$

ここで, $R_l = \sigma_d/(2\sigma_0')$ は繰返し回数 20 回で初期液状化が発生するせん断応力比で, σ_d：繰返し三軸試験での軸差応力, σ_0'：初期有効拘束圧である.

この式は, 液状化強度と相対密度の線形関係の仮定と相対密度 50% の砂に対する繰返し回数 20 回での液状化強度比 0.21 から求められたものである. したがって, 相対密度が高い砂に対して適用するには, データによる確認が必要であった. これに対して, Tatsuoka ら (1982), Tokimatsu and Yoshimi(1983) や山本ら (1997) は, 室内実験により, 相対密度が 80% を超えるあたりから液状化強度が急増することを明らかにした (図 9.18).

旧道路橋示方書 (1990) の判定法では, 次のようなマイヤーホッフ (Meyerhof, 1957) の N 値と相対密度 (D_r%) の間の関係を用いて, N 値から液状化強度を推定している.

$$D_r = 21\sqrt{\frac{N}{\sigma_v'/98 + 0.7}} \tag{9.32}$$

ここで, $\sigma_v'(\mathrm{kN/m^2})$：鉛直有効応力.

一方, スケンプトン (1986) は多くの原位置でのデータを調べ, N 値と相対密度との関係式として, 次のような一般的関係を導いた.

$$D_r = 100\sqrt{\frac{N}{a + b\sigma_v'/98}} \tag{9.33}$$

$a = 16, b = 23$ がマイヤーホッフの式に相当する. この式の適用に当たって注意すべきは, 細粒分の量と粒径の影響である. シルト質砂の N 値はクリーン砂と

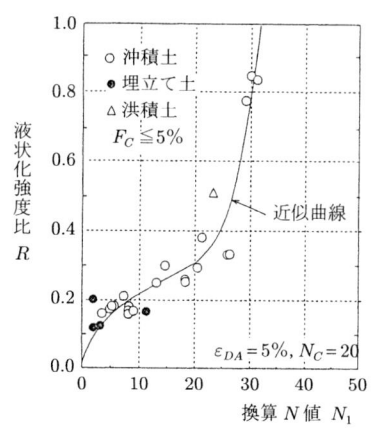

図 9.19 換算 N 値と液状強度関係 (松尾, 1996)

比べ，同じ相対密度に対して，1/2〜1/3 程度と小さくなる傾向にある (Ishihara, 1993). また D_{50} の増加に対して，N 値は増加する傾向にある．

図 9.19 は土木研究所でまとめられた液状化強度–N 値曲線である (松尾, 1996). この図を元に，密な土すなわち N 値の大きな砂質土の液状化強度曲線が決定されている．道路橋示方書 (1996, 2002) では，換算 N 値 N_1 を用いて，細粒分の少ない $F_c < 10\%$ の土の液状化強度–N 値関係を以下のように N_1 値 14 で分けているが，$N_1 = 14$ はマイヤーホッフ式では，相対密度 60% に相当している．

$$R_l = 0.0882\sqrt{N_1/1.7} + 1.6 \times 10^{-6}(N_1 - 14)^{4.5} \quad N_1 \geq 14 \qquad (9.34)$$

$$N_1 = \frac{170\,N}{\sigma'_v + 70} \qquad (9.35)$$

ここで，σ'_v の単位は $\mathrm{kN/m^2}$，換算 N 値 N_1 は，N 値が拘束圧の影響を受けるため，実測された N 値を拘束圧 $1\,\mathrm{kgf/cm^2}$ の拘束圧に換算するために行う．$N_1 < 14$ では，上式で右辺第 2 項を無視する．

f. 細粒土の影響

旧道路橋示方書 (1990) や，『建築基礎構造設計指針』(1988) などにおいて，従来から液状化強度への細粒分の影響は考慮されてきたが，兵庫県南部地震では，粒度分布のよいまさ土で大規模な液状化が見られたため，細粒分の影響についてさらに検討がなされてきた．建築基礎構造設計指針や新道路橋示方書 (1996) では，細粒分の影響を換算 N 値の増分として評価する方法がとられている．

細粒分含有率の影響は，細粒分の質，すなわち塑性指数や粘土分含有率とともに，液状化強度への影響を評価するべきであろう．ただし，液状化強度をひずみで規定しているため，粘性土については，間隙水圧の発生や有効応力の低下を伴い，ひずみは発生するが，必ずしも液状化現象は発生せず，土の軟化にとどまる．しかし，鳥取県西部地震の埋立て地などで，シルト分 80% 以上のシルト質砂が液状化した例もある．したがって，粘性土であっても，ひずみだけでは液状化と見なすべき状態か否かは即断できないことに注意したい．山崎ら (1997) は塑性指数の増加により液状化強度が高くなる傾向にあることを報告している．細粒分の含有率のみでなく，細粒分の塑性指数が重要である．

g. 礫質土の影響

礫質土についても，液状化事例が報告されている．礫とは粒径 2 mm 以上 75 mm までの土をいう．従来，礫は液状化に強いといわれてきたが，最近の液状化事例などから礫質土も液状化することが明らかになってきた．北海道南西沖地震 (1993) での岩屑なだれ層や兵庫県南部地震でのポートアイランドの埋土や河川敷での砂礫の液状化などである．礫質土の液状化強度は，礫を含んでいるからといってそれほど強くはないことが，明らか

になってきている.砂礫を含む土の液状化判定には問題がある.まず,礫質土に対する液状化強度では次の2つが問題である.砂礫質土の液状化強度の室内試験では,凍結試料が役立つが,ただし大規模な凍結試料は比較的費用がかかること,また,細粒分が多く含まれると凍結サンプリングに不具合が生じることが問題である.さらに,簡易判定では N 値を用いるが,粒径が大きい場合は,大型の貫入試験 (中空のサンプラーの内径 50 mm,標準貫入試験では 35 mm) が必要であり,かつ粒子破砕の問題の解決も必要である.

h. 繰返し回数,地震動波形の不規則性とひずみによる液状化の規定

簡易判定法では,本来不規則な地震波形を等価な一定せん断応力の繰返し波形に置き換えて評価している.道路橋示方書などでは,繰返し回数 20 回が採用されているが,これは,シードとイドリス (Idriss)(1971) などの研究に見られるように,マグニチュードが 6.0〜7.5 程度では,繰返し波形が 10〜30 回くらいであるという検討に沿うものである.兵庫県南部地震のように,直下型の大きな地震では,地震波の最初の数波で液状化が見られたと考えられるため,不規則波形の評価は重要である.道路橋示方書の判定法での補正係数は,豊浦砂を用いた東ら (1996) の地震動の不規則波形の分析結果を根拠としている.内陸直下型のようなレベル II の地震動では,繰返し回数の少ないところでの強度が問題となり,強度の大きい領域で補正係数も大きいものとなっている.

簡易判定法では,応力振幅一定の繰返しせん断における,両振りひずみ振幅で液状化の規定をしている.厳密な液状化の定義に基づけば,有効応力がゼロの状態が液状化状態となる.このような状態は,繰返し三軸試験などでは,過剰間隙水圧が有効拘束圧に一致した状態と一致する.つまり,間隙水圧の変化によって判断できることになる.しかしながら,一般的には間隙水圧の測定よりも,ひずみの測定の方が容易であること,また,工学的にみてひずみの変化を監視することの重要性などから,液状化状態をひずみ量で判断しているのが現状であろう.図 9.10 に示したように,緩詰めの砂については両振りひずみ振幅 $DA = 5\%$ の状態は,ほぼ間隙水圧から判断される液状化状態と一致し,応力振幅も乱れており,液状化したと判断される.一方,密な砂では $DA = 5\%$ で,瞬間的には間隙水圧が有効拘束圧に一致するが,せん断応力の変化とともに拘束圧 (平均有効応力) が回復するサイクリックモビリティーを示しており,応力振幅の乱れも少なく,液状化したとはいいにくい.したがって,密な砂では,ひずみで規定するにしても,有効応力がゼロとなるようなもう少し大きなひずみ,たとえば $DA = 10\%$ などで液状化を規定する方が合理的である.

i. 詳細な非線形有効応力液状化解析法

非線形有効応力解析法とは,3章や5章で述べたような固体–流体の2相系の運動方程式と繰返しせん断時のダイレイタンシーをよく表現しうる土の構成式に基づき,有限要素法などによって解析を行う数値解析法である.間隙水圧と有効応力を独立に考えるので有効応力法と呼ばれている.非排水条件を仮定する近似解析法もあるが,最近では,水の移動すなわち透水を考慮した液状化解析法が用いら

れるようになってきている (岡ら, 1994, 2002). このような方法は, 局所的な地盤の特性を考慮できるので, 地盤の液状化危険度の評価のみでなく, 液状化対策工法の評価や構造物との相互作用の解析に用いることができる (地盤工学会, 1999).

9.4 液状化被害の対策

地盤の液状化被害に対する対策はいろいろな原理に基づいて考えられている. 原理としては, 次のようなものが代表的である.
- ① 土の締固めによる相対密度の増大
- ② 液状化しにくい粒径の土による置換, 固結
- ③ 飽和度の低下
- ④ 間隙水圧の消散, 伝播の遮断
- ⑤ せん断変形の抑制

構造物に対する直接の対策としては杭基礎で基礎構造物を支持する方法がある. これらの原理に基づく対策方法, 工法をまとめると表 9.4 のようになる.

表 9.4

原 理	方 法	工 法
密度の増大	締固め, 圧密	サンドコンパクションパイル バイブロフローテーション, 静的締固め
粒度改良, 固結	置換, 化学処理	砕石置換, 注入固化, 混合処理
飽和度の低下	地下水位低下	ウェルポイント, デープウエル
有効拘束圧の増大	締固め, 盛土	盛土 (プレロード)
間隙水圧の消散促進	透水性の改良	グラベルドレーン, 砕石ドレーン
間隙水圧の伝播の遮断	隔離	地中壁
せん断変形の抑制	変形の抑制	地中壁, シートパイル

種々の方法があるが, 液状化のメカニズムからみて, 基本的な対策は, 締固めにより密度を増加させ, 液状化強度を高める方法である. その他, 種々の方法で液状化による被害の低減がなされている. しかしながら, その効果は地震の大きさとの相対的なものであることに注意しておく必要がある.

工法の適用実績としては, 締固め工法が最もよく使われており (59%), 次に, ドレーン工法 (33.4%), 固結工法 (5.6%), せん断変形抑制工法 (1%) となっている (地盤工学会). 締固めについては, 施工時の振動が問題となるが, 最近は静的な締固め工法も考えられている. 7 章で述べたように, 本来サンドドレーン工法は粘土の圧密促進のための工法であるが, 砂質地盤を貫いて粘土層まで打ち込む場合には, 締固め効果により砂質地盤の液状化強度を増加させる.

a. 住宅基礎の液状化被害防止

地下水位以浅の非液状化層があれば，その厚さによって液状化被害が小さくなる可能性がある (石原ら, 1984). 浅田 (1998) は，日本海中部地震による住宅被害調査から，非液状化層厚が 2 m 以上あれば液状化の影響が少なく，非液状化層が 2 m 以下でも，液状化層厚が非液状化層厚より小さい場合は液状化の被害が小さいことを明らかにしている. つまり，地下水位が高い場合は，盛土をすることにより，有効拘束圧も増加するし，液状化の伝播を遮断することにより液状化の影響を軽減することになるからであろう.

住宅の基礎構造から考えると，日本海中部地震での無筋コンクリートの布基礎の被害調査より，鉄筋コンクリートのべた基礎が推奨されている (吉見, 桑原, 1986).

b. グラベルドレーン工法について

グラベルドレーンとは礫材料で地中に礫の柱を作り，発生間隙水圧を速やかに消散させ液状化を防止しようとする考えに基づく方法である. グラベルドレーン工法では，周りの土を乱さないようにケーシングオーガを地中に埋め込み，その後礫を孔に入れタンピングロッドで締固め，その後，ケーシングオーガを引き抜く. グラベルドレーン工法はシード (H.B. Seed) が 1977 年，ブッカー (J. Booker) とともに液状化を和らげる方法としてその設計法を提案したことに始まる. その後の研究に基づき，グラベルドレーンが設置されてきたが，1993 年の釧路沖地震で初めてその有効性が示され，この工法の有用性が実証された. グラベルドレーンは，グラベル (礫) の大きな間隙により，発生間隙水圧を速やかに消散させて液状化を防ぐ工法である. このため，大きな地震動に対して液状化の発生を完全に抑えることはできないが，その進展を抑制することが可能である. ただし，その効果には，ドレーン設置時の周りの土の締固めの効果もあると考えられる.

c. 構造物の浮き上がり

釧路沖地震 (1993(平成 5) 年) では，ピートを砂で置き換えた下水のマンホールが 1 m 以上も浮き上がった. ここで興味深かったのは，マンホールにつながっている下水管が浮き上がったマンホールに引きずられるようにして壊れていたことである. 調査前には，マンホールと下水管は破壊して離れているとの予想が多かった. マンホールの浮き上がりなど，構造物の浮き上がり防止には，置換や固結など一般的な対策の他に，次のようなものが考えられている.

① 杭やアンカーなどで連結固定する方法

② 締め切り矢板等で液状化地盤の回りこみを防止する方法
③ 自重を増加させる方法

その他，液状化対策法に関して最近いくつかの新しい試みが行われている．たとえば，振動を伴わない静的な締固め砂杭工法や土の構造の劣化を極力少なくした多点浸透注入工法などがある．

■文　献

1) 金井　清：地震工学, 共立出版, 1969.
2) 寒川　旭：地震考古学, 中公新書 1096, 中央公論社, 1992.
3) 寒川　旭：地震, 大巧社, 2001.
4) Reynolds, O.: The dilatancy for media composed of rigid particles in contact, *Phil. Mag.*, pp.469-481, 1885.
5) 安田　進：液状化の調査から対策工まで, 鹿島出版会, 1988.
6) 土岐祥介, 龍岡文夫, 三浦清一, 吉見吉昭, 安田　進, 牧原依夫：Cyclic undrained triaxial strength of sand by a cooperative test program, *Soils and Foundations*, **26** (3), pp.117-156, 1986.
7) Castro, G.: Liquefaction of sands, Ph.D., Thesis, Harvard University, 1969.
8) Ishihara, K. and Li, S.-I.: Liquefaction of saturated sand in triaxial torsion shear test, *Soils and Foundations*, **12** (2), pp.19-39, 1972.
9) Finn, W.D.L., Vaid, Y.P. and Bhatia, S.K.: Constant volume cyclic simple shear testing, Proc. 2nd Int. Conf. on microzonation, **2**, pp.839-851, 1978.
10) 加藤　満：多次元液状化解析法とその応用に関する研究, 岐阜大学工学博士申請論文, 1995.
11) 石原研而：土質力学, 丸善, 1988.
12) 岡　二三生：地盤の液状化の科学, 近未来社, 2001.
13) 田中修二, 塩路勝久, 大塚久哲, 二宮嘉朗, 松尾　修, 古関潤一：釧路沖地震により浮上した下水道マンホールの調査, 土木研究所資料, **3275**, 1994.
14) 濱田政則, 安田　進, 磯山龍二, 恵本克利：液状化による地盤の永久変位の測定と考察, 土木学会論文報告集, **376** (III-6), pp.211-220, 1986.
15) 栗林栄一, 龍岡文夫, 吉田精一：明治以降の本邦の地盤液状化履歴, 土木研究所彙報, **30**, 1974.
16) 若松加寿江：わが国における地盤の液状化履歴と微地形に基づく液状化危険度に関する研究, 早稲田大学学位論文, 1993.
17) 運輸省港湾局監修：埋立地の液状化対策ハンドブック, 沿岸開発技術研究センター, 1993.
18) 沿岸開発技術研究センター：埋立地盤の液状化対策ハンドブック, 沿岸開発技術研究センター, 1997.
19) 日本道路協会編：道路橋示方書・同解説, V 耐震設計編, 1990.
20) Seed, H. B., Idriss, I. M. and Arango, I.: Evaluation of liquefaction potential using field performance data, *Journal of Geotechnical Engineering, ASCE*, **109** (3), pp.458-482, 1983.
21) Seed, H.B. and Idriss, I.M.: Simplified procedure for evaluating soil liquefaction potential, *J. Soil Mechanics and Found. Engng., ASCE*, **97** (SM9), pp.1249-1273, 1971.
22) Seed, H.B., Tokimatsu, K., Harder, L. and Chung, R.: Influence of SPT procedure in

soil liquefaction resistance evaluation, *J. GED, ASCE*, **111** (12), pp.1425-1445, 1985.
23) Tatsuoka, F., Muramatsu, M. and Sasaki, T.: Cyclic undrained stress-strain behavior of dence sands by torsional simple shear test, *Soils and Foundations*, **22** (2), pp.55-70, 1982.
24) Tokimatsu, K. and Yoshimi, Y.: Empirical correlation of soil liquefaction based on SPT N-value and fine content, *Soils and Foundations*, **23** (4), pp.56-74, 1983.
25) Skempton, A.W.: Standard penetration test procedures and the effects in sands of overburden pressure, relative density, particle size, aging and overconsolidation, *Géotechnique*, **36** (3), pp.425-447, 1986.
26) Meyerhof, G. G.: Discussion on Session I, Proc. 4th ICSMFE, **3** (10), p.110, 1957.
27) Ishihara, K.: Liquefaction and flow failure during earthquakes, *Géotechnique*, **43** (3), pp.351-415, 1993.
28) 松尾　修：種々の砂質土の液状化強度, 第31回地盤工学研究発表会講演集, pp.1035-1036, 1996.
29) 日本道路協会編：道路橋示方書・同解説, V 耐震設計編, 1996.
30) 日本道路協会編：道路橋示方書・同解説, V 耐震設計編, 2002.
31) 日本建築学会：建築基礎構造物設計指針, 1988.
32) 日本建築学会：建築基礎構造物設計指針, 2001.
33) 山崎浩之, 善　功企, 前田研一, 佐渡篤史：粒度 N 値法による液状化の予測判定について, 第32回地盤工学発表会講演概要集, pp.1059-1060, 1997.
34) 東　拓生, 田村敬一, 二宮嘉明：地震波形の繰り返し特性を考慮した液状化判定法に関する研究, 土木学会第51回年次学術講演会概要集, **III**, pp.196-197, 1996.
35) 岡　二三生, 八嶋　厚, 加藤　満, 中島　豊：弾塑性構成式を用いた浸透破壊解析とその応用, 土木学会論文集, **493** (III-27), pp.127-135, 1994.
36) 岡　二三生, 角　南進, 山本陽一：講座液状化メカニズム・予測法と設計法 4. 液状化判定法(1), 地盤工学会, 土と基礎, **50-8**(535), pp.51-52, 液状化判定法 (2), **50-9** (536), pp.51-52, 2002.
37) 地盤工学会：液状化のメカニズム・予測法と設計法, 地盤工学会液状化のメカニズム・予測法と設計法に関する研究委員会編, 1999.
38) 石原研而, 龍岡文夫：住宅地の液状化災害, 科学研究費報告書 1983 年日本海中部地震による災害の総合的調査研究, 1984.
39) 浅田秋江：住家の液状化被害の簡易予測法とその防止工法, 1998.
40) 吉見吉昭, 桑原文夫：小規模建築物のためのべた基礎—主として液状化対策として—, 土と基礎, 地盤工学会, **34**(6), pp.25-28, 1986.
41) Pradhan, T.B.S.: The behavior of sands subjected to monotonic and cyclic loadings, 京都大学工学博士申請論文, 1989.
42) 山本陽一, 兵動正幸, 黒島一郎, 谷垣正治：砂および粘土の繰返しせん断強度に基づく有効応力モデルとその液状化解析への適用, 土木学会論文集, **561** (III-38), pp.298-308, 1997.
43) Ishihara, K.: Simple method of analysis for liquefaction of sand deposits during earthquakes, *Soils and Foundations*, **17** (3), pp.1-17, 1977.
44) 柴田　徹, 岡　二三生：地盤の液状化, 第3章, 土質工学会, 1984.
45) Bishop, A.W.: Shear strength parameters for undisturbed and remouded soil speci-

mens, stress-strain behaviour of soils, G.T. Foulis, pp.3-58, 1971.
46) Peacock, W.H. and Seed, H.B.：Sand liquefaction under cyclic loading simple shear conditions, *Proc. ASCE*, **94** (SM3), pp.689-708, 1968.
47) 吉見吉昭：砂地盤の液状化, 技報堂出版, 1991.
48) Zienkiewicz, O.C., Chan, A.H.C. and Shiomi, T.：Computational approach to soil dynamics, soil dynamics and liquefaction, Cakmak, A.S., ed., *Developments in Geotechnical Engineering*, **42**, pp.3-17, 1987.
49) Oka, F., Yashima, A., Kato, M. and Sekiguchi, K.：A constitutive model for sand based on the non-linear kinematical hardening rule and its application, Proc. 10th WCEE, Balkema, pp.2529-2534, 1992.
50) 岡　二三生：土質力学演習, 森北出版, 1995.
51) 永瀬英夫, 岡　二三生：講座液状化メカニズム・予測法と設計法 3. 液状化のメカニズム, 地盤工学会, 土と基礎, **50-8**(535), pp.47-50, 2002.
52) 液状化解析手法 LIQCA 開発グループ (代表 岡　二三生)：LIQCA2D01(2001 年公開版) 資料, 2002.
53) 岡　二三生：最近の液状化の被害, 礫質土, シルト質土, まさ土における液状化に関する講習会, 地盤工学会, 2002.
54) 運輸省港湾技術研究所：平成 12 年 (2000 年) 鳥取県西部地震 港湾施設被害調査報告 (暫定版). (現,(独) 港湾空港技術研究所, 港湾地域強震観測システム, http://www.eq.ysk.nilim.go.jp/), 2000.

10 弾塑性理論とカムクレイモデル

10.1 はじめに

4章で述べたように物質の力学的,熱的および電磁気的な性質を規定する場合,個々の物質の特徴は構成式を通して表現される.すでに述べたように (図 4.9 参照),地盤材料の特徴はひずみのレベルが大きくなると,載荷した後,除荷しても変形の一部が元に戻らない点にある.このような性質を弾塑性変形と呼び,そのような応力–ひずみ関係を表現する構成式を弾塑性構成式と呼ぶ.時間依存性のクリープ変形などを含む場合,弾粘塑性構成式と呼ぶが,ここでは時間の影響は無視しよう.また,土の構成式の例としてカムクレイ (Cam–clay) モデルを取り上げる.

10.2 降伏条件式

弾性限界を規定するのが降伏条件であり,初期降伏に対応する初期降伏条件と初期降伏後の後続降伏条件に分けられる.弾完全塑性体では初期降伏の後に応力の増加なしに変形が継続するが,ひずみ (加工) 硬化材料では変形を継続するためには初期降伏した後に荷重を増加させる必要がある.このような初期降伏を経験した後の降伏条件を後続降伏条件という (図 10.1).

1 次元問題では,降伏条件は単一の降伏値で表されるが,多次元,つまり,3 次元応力場では,応力成分の組合わせで降伏が決まるため,多次元応力空間では 1 つの曲面を形成する.硬化 (降伏点の上昇) を考えない場合,降伏条件は,降伏関数 f を用いて次のように表される.

$$f(\sigma_{ij}, k_{ij}) = 0 \tag{10.1}$$

ここで,σ_{ij} は応力テンソル,k_{ij} は硬化–軟化パラメータで材料によって決まる定数であり,一般にはテンソル量である.

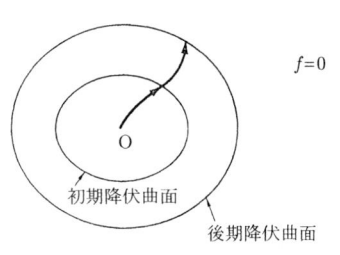

図 10.1　降伏曲面

ひずみ硬化を考える時は，k_{ij} は塑性ひずみや塑性仕事などの関数とすることが多い．塑性ひずみ硬化の場合は，

$$f(\sigma_{ij},\ k_{ij}(\varepsilon_{kl}^p)) = 0 \tag{10.2}$$

ここで，$\varepsilon_{ij}^p = \int d\varepsilon_{ij}^p$ は塑性ひずみテンソルである．材料の等方性を仮定すると，降伏関数は応力および塑性ひずみのスカラー関数 k で表現されるから，

$$f(I_1',\ I_2',\ I_3',\ k(\varepsilon_{ij}^p)) = 0 \tag{10.3}$$

となる．ここで，$k(\varepsilon_{ij}^p)$ はスカラー関数，$I_1',\ I_2',\ I_3'$ は応力テンソルの第一，第二，第三不変量である．

$$I_1' = \sigma_{ii} = \sigma_{11} + \sigma_{22} + \sigma_{33}, \quad I_2' = \frac{1}{2}\sigma_{ij}\sigma_{ij}, \quad I_3' = \frac{1}{3}\sigma_{ik}\sigma_{km}\sigma_{mi} \tag{10.4}$$

10.3　ひずみの加法性

弾塑性変形において，全ひずみ増分 $d\varepsilon_{ij}$ は弾性ひずみ増分 $d\varepsilon_{ij}^e$ と塑性ひずみ増分 $d\varepsilon_{ij}^p$ の和で表されるとする．

$$d\varepsilon_{ij} = d\varepsilon_{ij}^e + d\varepsilon_{ij}^p \tag{10.5}$$

10.4　負荷条件

負荷とは塑性ひずみの発生するような応力変化を示すことをいう．ひずみ硬化の場合は，降伏曲面が拡大する．つまり，応力変化の時点で応力点は降伏曲面上にあり，載荷によって現在の降伏曲面の外に応力点が移行することになる．したがって，

$$f(\sigma_{ij},\ \varepsilon_{ij}^p) = 0, \quad f(\sigma_{ij} + d\sigma_{ij},\ \varepsilon_{ij}^p) > 0 \tag{10.6}$$

したがって，

$$df\,|_{\varepsilon_{ij}^p=\text{const.}} = \frac{\partial f}{\partial \sigma_{ij}}\bigg|_{\varepsilon_{ij}^p=\text{const.}} d\sigma_{ij} > 0 \tag{10.7}$$

となる．

次に，降伏曲面の接線に平行な応力の変化 $d\sigma_{ij}^*$ を考える．この時，

$$df\big|_{\varepsilon_{ij}^p=\text{const.}} = \frac{\partial f}{\partial \sigma_{ij}}\bigg|_{\varepsilon_{ij}^p=\text{const.}} d\sigma_{ij}^* = 0 \tag{10.8}$$

この場合，降伏曲面は拡大せず，塑性ひずみ増分は発生しない．このような応力増分を中立負荷と呼ぶ．さらに，応力変化が降伏曲面の内部に向いている場合，

$$df\big|_{\varepsilon_{ij}^p=\text{const.}} = \frac{\partial f}{\partial \sigma_{ij}}\bigg|_{\varepsilon_{ij}^p=\text{const.}} d\sigma_{ij} < 0 \tag{10.9}$$

となり，塑性ひずみは発生せず，除荷 (弾性変形) のみとなる．

以上をまとめると，

負荷条件：$f(\sigma_{ij}, \varepsilon_{ij}^p) = 0$　かつ，　$df\big|_{\varepsilon_{ij}^p=\text{const.}} > 0$ (10.10)

中立負荷条件：$f(\sigma_{ij}, \varepsilon_{ij}^p) = 0$　かつ，　$df\big|_{\varepsilon_{ij}^p=\text{const.}} = 0$ (10.11)

除荷条件：$f(\sigma_{ij}, \varepsilon_{ij}^p) = 0$　かつ，　$df\big|_{\varepsilon_{ij}^p=\text{const.}} < 0$ (10.12)

10.5　安定な弾塑性体に関するドラッカーの理論

a. ドラッカー (D.C. Drucker) の硬化仮説 (加工またはひずみ硬化材料)

応力に変化が生じる時，付加された外力のなす塑性仕事は負にはならない．

$$d\sigma_{ij} d\varepsilon_{ij} > 0 \tag{10.13}$$

この条件は局所的安定条件とも呼ばれており，図10.2のような応力−ひずみ曲線の硬化域では正，軟化域では負となる．

図 10.2　ひずみ硬化域と軟化域

b. 最大塑性仕事の原理

任意の応力状態より応力が変化し，元の応力状態に戻るような応力のサイクルが生じた時，そのような変化を起こす原因となった外力のなした正味の仕事は負にはならない (図 10.3)．

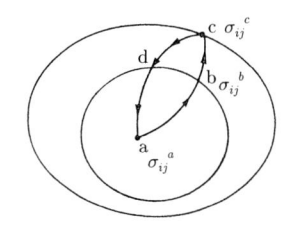

図 10.3　応力サイクルと仕事

最大塑性仕事の原理

応力空間内の a 点から, b, c, d 点を経て最後に a 点に戻ってくるサイクルを考える (図 10.4). この時, 単位体積当たりの全仕事量 w を計算しよう. b 点で初期降伏面上に至り, c 点までひずみ硬化した後, c 点から a 点へは弾性域内を最初の応力状態 (σ_{ij}^a) に戻るとする.

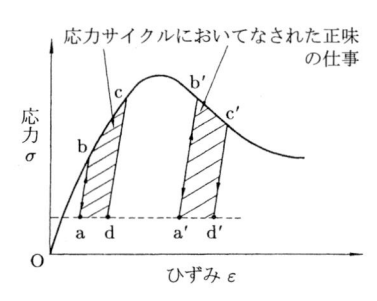

図 10.4 応力サイクルにおいてなされた正味の仕事

$$w = \oint \sigma_{ij} d\varepsilon_{ij}$$
$$= \int_a^b \sigma_{ij} d\varepsilon_{ij}^e + \int_b^c \sigma_{ij}(d\varepsilon_{ij}^e + d\varepsilon_{ij}^p) + \int_c^a \sigma_{ij} d\varepsilon_{ij}^e$$
$$= \oint \sigma_{ij} d\varepsilon_{ij}^e + \int_b^c \sigma_{ij} d\varepsilon_{ij}^p \tag{10.14}$$

弾性変形は可逆的だから, 右辺第 1 項はゼロとなる. したがって, 全応力のなした仕事は

$$w = \int_b^c \sigma_{ij} d\varepsilon_{ij}^p = D(d\varepsilon_{ij}^p) \tag{10.15}$$

となる. $D(d\varepsilon_{ij}^p)$ は内部消散と呼ばれる.

以上より, 系の変化を引き起こす原因となった応力のなした仕事は,

$$\int_b^c (\sigma_{ij} - \sigma_{ij}^a) d\varepsilon_{ij}^p \geq 0 \tag{10.16}$$

となる. さらに, b 点から c 点まで微小な負荷に対して成立するためには,

$$(\sigma_{ij} - \sigma_{ij}^a) d\varepsilon_{ij}^p \geq 0 \tag{10.17}$$

が成立する必要がある. 等号はサイクルが弾性領域内で起こった場合に相当する. 式 (10.17) が最大塑性仕事の原理である.

最大塑性仕事の原理を解釈すると, 塑性変形を起こしている応力のなす仕事は, 降伏条件を破らない応力のなす仕事のうちで最大になることを示している. すなわち, 内部消散 $D(d\varepsilon_{ij}^p)$ が最大となるとも表現できる. また, 式 (10.17) で, 応力 σ_{ij} は塑性降伏を起こしている時の応力であること, およびひずみ軟化領域でも成り立つことに注意したい (図 10.4).

10.6 流れ則

降伏曲面がとがっておらず,滑らかな場合,塑性ひずみ増分と応力状態 (σ_{ij}) が対応するとする.

ひずみ増分テンソルの発展則 (流れ則) は次式で表される.

$$d\varepsilon_{ij}^p = h\frac{\partial f}{\partial \sigma_{ij}} \tag{10.18}$$

$$h > 0 \tag{10.19}$$

f は古典力学の力とポテンシャルとの類似より,塑性ポテンシャルと呼ばれ, $f = c$ (一定) 面は等ポテンシャル面となる.

次に,最大塑性仕事の原理を満足する降伏曲面と流れ則について考えよう.最大塑性仕事の原理を満足する十分条件は次の2つであり,ドラッカーにより導かれた.

① 降伏曲面の凸面性
② 流れ則に用いる塑性ポテンシャル関数は降伏関数に一致する.このような流れ則は関連流れ則と呼ばれる.この条件はひずみ速度の降伏曲面への法線性 (垂直性) とも呼ばれる.

上記の2つの条件は最大塑性仕事の原理の十分条件であることが以下のように示される.

図 10.5 のように降伏曲面が応力空間内で凸でなければ,応力の6次元空間とひずみ増分の空間を同じ空間で考えると, $(\sigma_{ij}^p - \sigma_{ij}^o)$ と $d\varepsilon_{ij}^p$ が鈍角で交わる可能性がある.この時,ベクトルの内積から $(\sigma_{ij}^p - \sigma_{ij}^o)d\varepsilon_{ij}^p < 0$ となり,最大塑性仕事の原理に違反する.さらに,もしも降伏曲面が凸であっても,塑性ひずみ増分ベクトルが降伏曲面に垂直の方向を向いていなければ,やはり応力ベクトル $\sigma_{ij}^p - \sigma_{ij}^o$ と $d\varepsilon_{ij}^p$ は鈍角で交わる可能性が残る.上記条件①と②が同時に満足される時は必ず最大塑性仕事の原理を満足するため,これらの条件は十分条件となる.

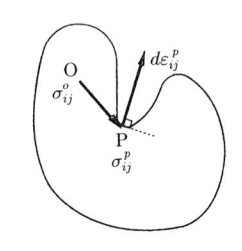

図 10.5 降伏曲面の凸性

10.7 プラーガーの適合条件式

ひずみ硬化を考える時，負荷状態で降伏曲面上から新たな降伏曲面上に応力点が移動する場合，次式が成立していなければならない (図 10.6)．

$$f(\sigma_{ij}+d\sigma_{ij},\ \varepsilon_{ij}^p+d\varepsilon_{ij}^p)=0, \quad f(\sigma_{ij},\ \varepsilon_{ij}^p)=0 \tag{10.20}$$

降伏関数 (式 (10.20)) を現在の応力と塑性ひずみの一次の項まで展開すると，

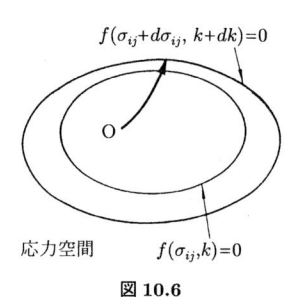

$$f(\sigma_{ij}+d\sigma_{ij},\ \varepsilon_{ij}^p+d\varepsilon_{ij}^p)=f(\sigma_{ij},\ \varepsilon_{ij}^p)+\frac{\partial f}{\partial \sigma_{ij}}d\sigma_{ij}+\frac{\partial f}{\partial \varepsilon_{ij}^p}d\varepsilon_{ij}^p=0$$

これより，

$$\frac{\partial f}{\partial \sigma_{ij}}d\sigma_{ij}+\frac{\partial f}{\partial \varepsilon_{ij}^p}d\varepsilon_{ij}^p=df=0 \tag{10.21}$$

このように，負荷後の応力点が常に降伏曲面上にのっていなければならない条件 (プラーガー (Prager) の適合条件) が求められる．

このプラーガーの条件から，流れ則の h が次式のように決定される．

$$h=-\frac{\frac{\partial f}{\partial \sigma_{ij}}d\sigma_{ij}}{\frac{\partial f}{\partial \varepsilon_{ij}^p}\frac{\partial f}{\partial \sigma_{ij}}} \tag{10.22}$$

10.8 カムクレイモデル

粘性土のモデルであるカムクレイモデルはロスコーを中心とするケンブリッジ大学の研究者グループによって提案された弾塑性モデルである (1963)．

a. カムクレイモデル

モデルの誘導は，8 章で述べた限界状態の考えに基づいているが，さらに次のような仮定が用いられている．
① 降伏関数の存在を仮定する．
② ドラッカーの弾塑性体理論を前提とする．
   (流れ則，ひずみ増分ベクトルの降伏曲面への垂直性)
③ 内部消散エネルギ式を仮定する (または応力–ダイレイタンシー関係を仮定する)．

④ 硬化則の仮定：塑性間隙比 (e^p) を硬化パラメータとする．

ロスコーらの研究にならって軸対称応力状態を考え，以下のような量および記号を用いる．

σ_i'：有効主応力テンソル，$i = 1, 2, 3$，$\sigma_2 = \sigma_3$，$\sigma_i' = \sigma_i - u_w$，$u_w$ は間隙水圧，σ_i は主応力である．

q：軸差応力，$q = \sigma_1 - \sigma_3$，$\sigma_1 > \sigma_3$

p：平均全応力，$p = (\sigma_1 + 2\sigma_3)/3$

p'：平均有効応力，$p' = (\sigma_1' + 2\sigma_3')/3$

M：p'-q 面上での限界状態線の傾き (限界状態での q/p' の値)

三軸圧縮状態では，$\sigma_1' > \sigma_2' = \sigma_3'$ だから，

$$\frac{q}{p'} = \frac{\sigma_1' - \sigma_3'}{(\sigma_1' + 2\sigma_3')/3}$$

$$= \frac{3(\sigma_1'/\sigma_3' - 1)}{(\sigma_1'/\sigma_3' + 2)}$$

内部摩擦角を ϕ' とおくと，$\sigma_1'/\sigma_3' = (1 + \sin\phi')/(1 - \sin\phi')$ だから，限界状態すなわち破壊時での応力比は，

$$\frac{q}{p'} = \frac{6\sin\phi'}{3 - \sin\phi'}$$

したがって，三軸圧縮状態で，

$$M = \left(限界状態，破壊時の\frac{q}{p'}\right) = \frac{6\sin\phi'}{3 - \sin\phi'}$$

三軸伸張状態では，$\sigma_1' = \sigma_2' > \sigma_3'$ だから，

$$\frac{q}{p'} = \frac{\sigma_1' - \sigma_3'}{(2\sigma_1' + \sigma_3')/3}, \quad M = \frac{6\sin\phi'}{3 + \sin\phi'}$$

となる．

ϕ'：内部摩擦角，λ：圧縮指数 (圧縮時 e–$\ln p'$ 曲線の傾き)，κ：膨潤指数 (膨潤時 e–$\ln p'$ 曲線の傾き)，$\ln$ は自然対数．

カムクレイモデルにおける降伏関数は次のように導かれる．

10.6 節の流れ則の仮定から，

$$d\varepsilon_v^p = h\frac{\partial f}{\partial p'}, \quad d\varepsilon_d^p = h\frac{\partial f}{\partial q}, \quad \frac{d\varepsilon_v^p}{d\varepsilon_d^p} = \frac{\frac{\partial f}{\partial p'}}{\frac{\partial f}{\partial q}} \tag{10.23}$$

$d\varepsilon_v^p$：塑性体積ひずみ増分，　$d\varepsilon_v^p = d\varepsilon_{11}^p + 2d\varepsilon_{33}^p$

$d\varepsilon_d^p$：塑性偏差ひずみ増分，　$d\varepsilon_d^p = d\varepsilon_{11}^p - \dfrac{1}{3}d\varepsilon_v^p = \dfrac{2}{3}(d\varepsilon_{11}^p - d\varepsilon_{33}^p)$

仮定②のひずみ増分ベクトルの降伏曲面への垂直性と応力-ダイレイタンシー式 (式 (10.23)) から，$*$ を内積として，

$$(d\varepsilon_v^p, d\varepsilon_d^p) * (dp', dq) = 0$$

となる．したがって，

$$\frac{d\varepsilon_v^p}{d\varepsilon_d^p} = -\frac{dq}{dp'} \tag{10.24}$$

式 (10.23)，式 (10.24) より，

$$\frac{\frac{\partial f}{\partial p'}}{\frac{\partial f}{\partial q}} = -\frac{dq}{dp'} \tag{10.25}$$

式 (10.25) を積分すると，降伏曲面が得られる．

一方内部消散エネルギ増分 dW^p を次式で仮定する．

$$dW^p = \sigma_{ij} d\varepsilon_{ij}^p = \sigma'_{11} d\varepsilon_{11}^p + 2\sigma'_{33} d\varepsilon_{33}^p = p' d\varepsilon_v^p + q d\varepsilon_d^p = M p' d\varepsilon_d^p \tag{10.26}$$

これを書き直すと，

$$\frac{d\varepsilon_v^p}{d\varepsilon_d^p} = M - \frac{q}{p'} \tag{10.27}$$

式 (10.24) と式 (10.27) から，積分すると，

$$f = \frac{q}{Mp'} + \ln\left(\frac{p'}{p'_0}\right) - \ln\left(\frac{p_y}{p'_0}\right) = 0 \tag{10.28}$$

ここで，p_y：硬化パラメータ，p'_0：初期平均有効応力．

注) 塑性仕事増分 (dW^p) の計算からも明らかであるが，流れ則の適用において，軸対称応力状態においては応力 q に対しては塑性偏差ひずみ ε_d^p が対になっていることに注意したい．

降伏関数を (p', q) 空間で図示すると，図 10.7 のようになる．

塑性的間隙比 e_p を硬化パラメータとし，その発展則すなわち硬化則を以下のように仮定した場合，流れ則のパラメータ h は以下のよう

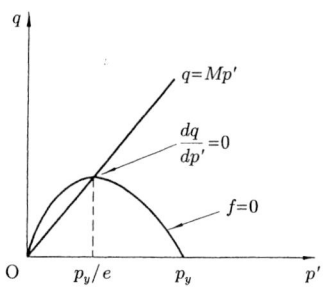

図 10.7 カムクレイモデルの降伏関数

に求められる.

$$de^p = -(\lambda - \kappa)\frac{dp_y}{p_y} \tag{10.29}$$

塑性体積ひずみと塑性体積比 (間隙比) の間には

$$d\varepsilon_v^p = -\frac{dv^p}{v} = -\frac{de^p}{1+e} \tag{10.30}$$

の関係がある. ここで, v は体積比 ($= 1 + e$) である. よって式 (10.29) より,

$$\frac{dp_y}{p_y} = \frac{1+e}{\lambda - \kappa} d\varepsilon_v^p \tag{10.31}$$

$p_y = p_0'$ で, 初期塑性体積ひずみがゼロとすると, 降伏関数は次のように書き直せる.

$$f = \frac{q}{Mp'} + \ln\left(\frac{p'}{p_0'}\right) - \frac{1+e}{\lambda - \kappa}\varepsilon_v^p = 0 \tag{10.32}$$

よって,

$$\frac{\partial f}{\partial p'} = -\frac{q}{Mp'^2} + \frac{1}{p'}, \quad \frac{\partial f}{\partial q} = \frac{1}{Mp'}, \quad \frac{\partial f}{\partial \varepsilon_v^p} = -\frac{1+e}{\lambda - \kappa} \tag{10.33}$$

だから, プラーガーの適合条件より,

$$h = \frac{-\frac{\partial f}{\partial p'}dp' - \frac{\partial f}{\partial q}dq}{\frac{\partial f}{\partial \varepsilon_v^p}\frac{\partial f}{\partial p'}} = \frac{dq + (M - \frac{q}{p'})dp'}{\frac{1+e}{\lambda-\kappa}(M - \frac{q}{p'})} \tag{10.34}$$

三軸応力状態でのひずみ増分はカムクレイモデルから次のように求められる.

$$d\varepsilon_v^p = \frac{\lambda - \kappa}{(1+e)Mp'}[dq + (M - \eta)dp'] \tag{10.35}$$

$$d\varepsilon_d^p = \frac{\lambda - \kappa}{(1+e)Mp'}\left[\frac{dq + (M - \eta)dp'}{M - \eta}\right] \tag{10.36}$$

ただし, $\eta = q/p'$ である.

以上より, 状態境界面 (state boundary surface) が求められる.

$d\varepsilon_v^p$ を塑性体積ひずみ増分, de^e を弾性間隙比増分とすると,

$$de^e = -\kappa\frac{dp'}{p'} \tag{10.37}$$

だから, 式 (10.37) を考慮して,

$$d\varepsilon_v^p = -\frac{de - de^e}{1+e} = -\frac{1}{1+e}\left(de + \kappa\frac{dp'}{p'}\right) \tag{10.38}$$

式 (10.32) の全微分式に式 (10.38) を代入し, $q/p' = M$ の時, $e = e_c$ で, $p' = p'_c$ として積分すると,

$$\frac{q}{Mp'} + \ln\left(\frac{p'}{p'_c}\right) = \frac{1}{\lambda - \kappa}\left[e_c - e - \kappa\ln\left(\frac{p'}{p'_c}\right) + \lambda - \kappa\right] \tag{10.39}$$

体積比は $v = 1 + e$ だから, 限界状態を考えると, 限界状態線上で $q/p' = M$, $p'=1\ (\text{kN/m}^2)$ の時, $v = \Gamma$ とおく. この時, 式 (10.39) より,

$$\Gamma = v_c + \lambda\ln p'_c \tag{10.40}$$

したがって, 式 (10.39) から, 次式で表される状態境界面が求められる.

$$q = \frac{Mp'}{\lambda - \kappa}[\Gamma + \lambda - \kappa - v - \lambda\ln p'] \tag{10.41}$$

図示すると, 図 10.8, 10.9, 10.10 のようになる. $e=$一定 (非排水条件) で状態境界面を切ると非排水径路が, $\varepsilon_v^p = $ 一定で 0 で状態境界面を切ると降伏面が求められる.

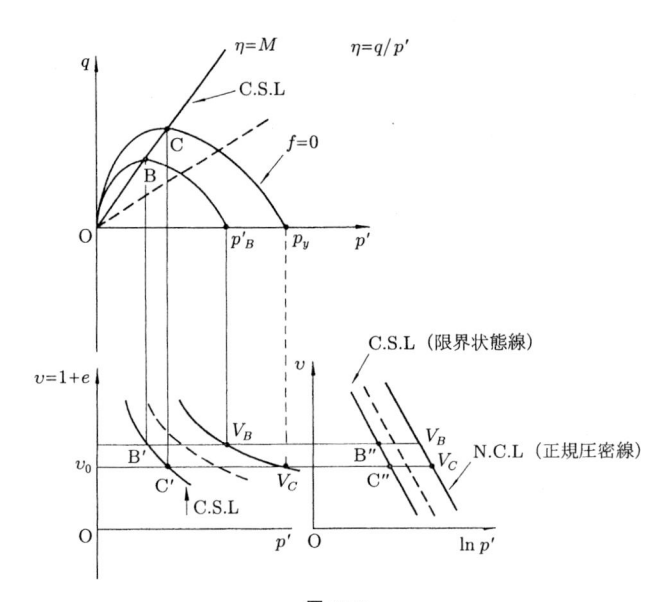

図 10.8

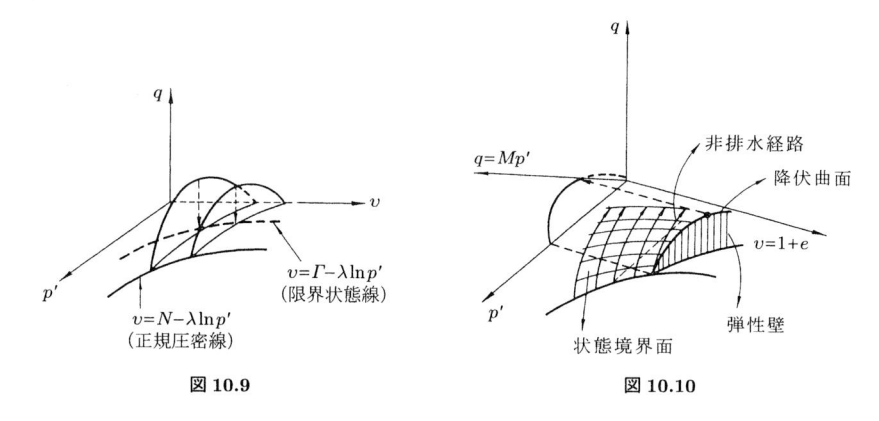

10.8 カムクレイモデル

図 10.9
$v = N - \lambda \ln p'$ （正規圧密線）
$v = \Gamma - \lambda \ln p'$ （限界状態線）

図 10.10
$q = Mp'$
非排水経路
降伏曲面
$v = 1 + e$
弾性壁
状態境界面

注) 限界状態では $q/p' = M$ と式 (10.21) から，応力状態と間隙比の関係に一意的な関係がある．したがって，三軸試験などの実験をした際に，このような関係が認められれば，カムクレイモデルの限界状態の概念の適用を考えることができる．

$p'-v$ 平面での限界状態での関係式を図示すると図 10.11 のようになる．限界状態では，式 (10.35) と，式 (10.36) から，$d\varepsilon_v^p = 0$，また，$d\varepsilon_d^p \to \infty$．

また，限界状態を v–p' 平面に投影すると，$q = Mp'$ より，式 (10.41) から，

$$v = \Gamma - \lambda \ln p' \qquad (10.42)$$

図 10.11
$p' = 1 \text{kN/m}^2$
$\ln p'$
C.S.L
Γ
N.C.L
N
$v = 1 + e$

が成り立つ．

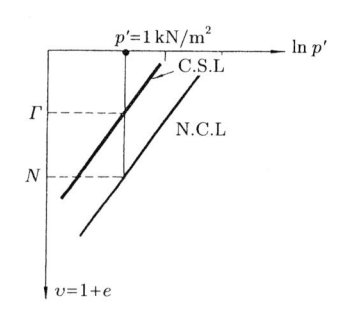

正規圧密曲線は $v = N - \lambda \ln p'$ と表されるから，限界状態線 (式 (10.42)) に平行である (図 10.8)．

b. 太田らの理論

太田 (Ohta) ら (1971) は，柴田 (1963) による応力比–ダイレイタンシー関係と圧縮過程での e–$\lambda \ln p'$ 関係から，一般応力状態での間隙比変化を求めた．

ダイレイタンシー関係から，μ を材料定数として

$$-\frac{de}{1 + e_0} = \mu \frac{q}{p'} \qquad (10.43)$$

等方圧縮試験から

$$de = -\lambda \frac{dp'}{p'} \qquad (10.44)$$

これらを加え合わせて,

$$de = -\lambda \frac{dp'}{p'} - \mu(1+e_0)\frac{q}{p'} \tag{10.45}$$

上式を, 正規圧密曲線上で $p' = p_0'$, $e = e_0$, $q/p' = 0$ として積分すると,

$$e_0 - e = \lambda \ln \frac{p'}{p_0'} + (1+e_0)\mu \frac{q}{p'} \tag{10.46}$$

となる. ここで

$$\frac{\lambda - \kappa}{M} = (1+e_0)\mu \tag{10.47}$$

とおくと,

$$e_0 - e = \lambda \ln \frac{p'}{p_0'} + (\lambda - \kappa)/M \frac{q}{p'} \tag{10.48}$$

となるが, この式は, 式 (10.32) に式 (10.38) を代入し, 正規圧密曲線上で $p' = p_0'$, $e = e_0$, $q/p' = 0$ の条件で積分したものに等しい. すなわち, 式 (10.39) と上式は等価である. 太田らは, 式 (10.48) と弾性壁 ($e_0 - e = \kappa \ln p'/p_0'$) との交線の p'-q 面へ投影したものを降伏曲線としているが, 結果は, カムクレイモデルと等価な弾塑性理論を導出したことになっている.

c. 修正カムクレイモデル

カムクレイモデルは, 降伏関数の形から等方圧縮時にせん断変形が発生することになるが, この点を修正することのできるモデルとして, ロスコーとバーランド (Burland)(1968) は, 楕円型の降伏関数を提案した. ロスコーらは, エネルギ式を拡張する形で楕円型の降伏関数を導いている.

降伏関数は, p'-q 空間で次のように表される楕円で与えられる (図 10.12).

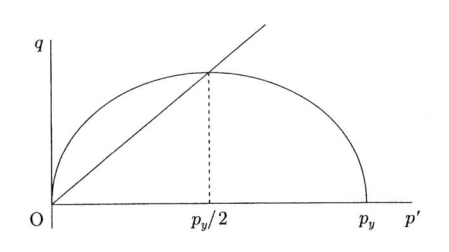

図 10.12 修正カムクレイモデルの降伏曲面

$$f = [Mp']^2 + q^2 - M^2 p_y p' = 0 \tag{10.49}$$

ここで, p_y は圧密降伏応力, 楕円の中心は $(p_y/2, 0)$.

流れ側から, 応力-ダイレイタンシー式は $\eta = q/p'$ として,

$$\frac{d\varepsilon_v^p}{d\varepsilon_q^p} = \frac{M^2 - \eta^2}{2\eta} \tag{10.50}$$

となる. したがって, 応力比 $\eta = 0$ では, せん断ひずみ増分は発生しない.

■文 献

1) Prager, W. : Introduction to mechanics of continua, Ginn and Company, 1961.
2) Roscoe, K.H., Schofield, A.N. and Wroth, C.P. : Yielding of clays in states wetter than critical, *Géotechnique*, **13** (3), pp.211-240, 1963.
3) Drucker, D.C. : A more fundamental approaches to plastic stress-strain relations, Proc. 1st U.S. National Congress Appl. Mechanics, pp.487, 1951.
4) Ohta, H. and Hata, S. : A theoretical study of the stress-strain relation for clays, *Soils and Foundations*, **11** (3), pp.45-70, 1971.
5) 柴田 徹：粘土のダイラタンシーについて, 京都大学防災研究所年報, **6**, pp.128-134, 1963.
6) Roscoe, K.H. and Burland, J.B. : On the generalized stress-strain behaviour of 'wet' clay, in J.Heyman and F.A. Leckie, eds., Engineering Plasticity (Cambridge University Press), pp.535-609, 1968.
7) 後藤 学：塑性学, コロナ社, 1982.
8) 北川 浩：塑性力学の基礎, 日刊工業新聞社, 1979.
9) 北川 浩：弾・塑性力学, 裳華房, 1987.
10) 橋口公一：最新弾塑性学, 朝倉書店, 1990.
11) Mandel, J. : Rheology and soil mechanics, Kravtchenko, J., ed. Springer, pp.58-68, 1966.
12) Schofield, A.N. and Wroth, C.P. : Critical State Soil Mechanics, McGraw-Hill, 1968.
13) Atkinson, J.H. and Bransby, P.L. : The mechanics of soils, An introduction to critical state soil mechanics, McGraw-Hill, 1981.
14) Wood, D.M. : Soil Behaviour and Critical State Soil Mechanics, Cambridge University Press, 1991.

11 | 弾性地盤内の応力と変位

　地盤に大きな荷重が作用すると，弾性限界を超え弾塑性変形が発生する．その解析には弾塑性モデルが必要になるが，弾塑性モデルの非線形性から，弾塑性変形は一般に数値解析で求められる．弾性地盤に集中荷重が働いた場合の解としては，半無限弾性体に集中荷重が働く場合のブシネスク (Boussinesq) の解，半無限弾性体中の鉛直，水平荷重が働くミンドリン (Mindlin) の解や弾性体表面に水平荷重が働くセラッティ(Cerrutti) の解などが求められている．本章では，弾性地盤に外力が加えられた時の挙動を，地盤を線形弾性体と仮定したブシネスク (1885) の弾性解に基づいて述べる．地盤はひずみが大きくなると弾性体で近似するのには限界が出てくる．しかし，式 (11.1)～式 (11.4) から明らかなように，応力分布は弾性係数のうち，ポアソン比に依存し，変形係数には依存していない．したがって，ポアソン比が与えられた場合，応力分布については，その近似度は比較的よい．

11.1　ブシネスクの解

　ブシネスク (1885) は，半無限，均質等方体を仮定し，弾性論を用いて，線形弾性体表面に働く点荷重による弾性体内部の応力分布を求めた．

a. 点荷重による地盤内応力

　地盤に働く点荷重 Q による地盤内の応力成分は，円柱座標 (図 11.2)，直角座標 (直交デカルト座標) (図 11.1)，極座標 (図 11.3) を用いて次のように表される．

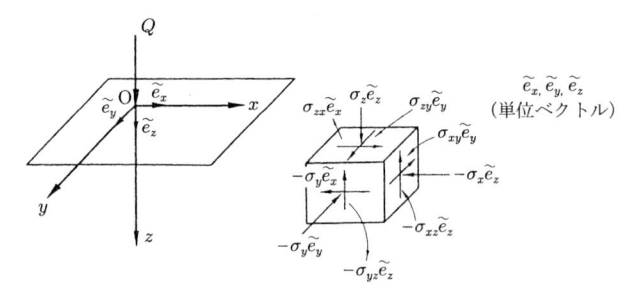

図 11.1　直角座標による応力表示（圧縮を正とする）

11.1 ブシネスクの解

図 11.2 円柱座標による応力成分
（単位ベクトルを省略して表示）

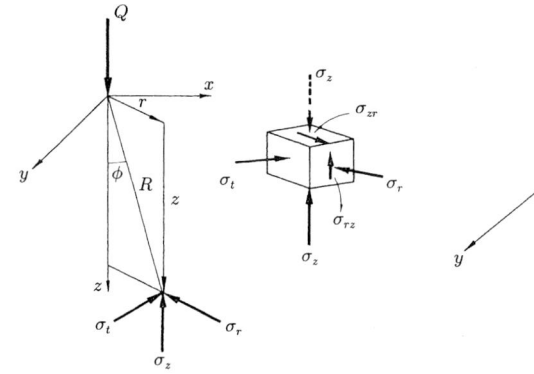

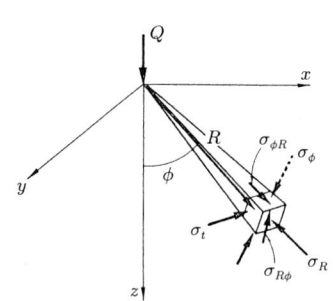

図 11.3 極座標による応力表示
（単位ベクトルを省略して表示）

円筒座標では，

$$\sigma_z = \frac{3Q}{2\pi z^2}\cos^5\phi \tag{11.1}$$

$$\sigma_r = \frac{Q}{2\pi z^2}\left(3\cos^3\phi\sin^2\phi - (1-2\nu)\frac{\cos^2\phi}{1+\cos\phi}\right) \tag{11.2}$$

$$\sigma_t = -(1-2\nu)\frac{Q}{2\pi z^2}\left(\cos^3\phi - \frac{\cos^2\phi}{1+\cos\phi}\right) \tag{11.3}$$

$$\sigma_{rz} = \frac{3Q}{2\pi z^2}\cos^4\phi\sin\phi \tag{11.4}$$

ここで，ν はポアソン比であり，$\cos\phi = z/R$ である．

ブシネスクの解では，対称性から，$\sigma_z, \sigma_t, \sigma_r, \sigma_{rz}$ 以外の成分はゼロとなる．

$$\sigma_{tz} = 0, \quad \sigma_{tr} = 0$$

直角座標系 (直交デカルト座標系) では，応力成分は，

$$\sigma_x = \frac{3Q}{2\pi}\left[\frac{zx^2}{R^5} + \frac{1-2\nu}{3}\left(\frac{R^2-Rz-z^2}{R^3(R+z)} - \frac{(2R+z)x^2}{R^3(R+z)^2}\right)\right] \tag{11.5}$$

$$\sigma_y = \frac{3Q}{2\pi}\left[\frac{zy^2}{R^5} + \frac{1-2\nu}{3}\left(\frac{R^2-Rz-z^2}{R^3(R+z)} - \frac{(2R+z)y^2}{R^3(R+z)^2}\right)\right] \tag{11.6}$$

$$\sigma_z = \frac{3Qz^3}{2\pi R^5} \tag{11.7}$$

$$\sigma_{xy} = \frac{3Q}{2\pi}\left[\frac{xyz}{R^5} - \frac{1-2\nu}{3}\frac{xy(2R+z)}{R^3(R+z)^2}\right] \tag{11.8}$$

$$\sigma_{zx} = \frac{3Qz^2 x}{2\pi R^5} \tag{11.9}$$

$$\sigma_{zy} = \frac{3Qz^2 y}{2\pi R^5} \tag{11.10}$$

$$R^2 = x^2 + y^2 + z^2 \tag{11.11}$$

変位成分は,

$$u_x = \frac{Qx}{4\pi G}\left[\frac{z}{R^3} - \frac{1-2\nu}{R(R+z)}\right] \tag{11.12}$$

$$u_y = \frac{Qy}{4\pi G}\left[\frac{z}{R^3} - \frac{1-2\nu}{R(R+z)}\right] \tag{11.13}$$

$$u_z = \frac{Q}{4\pi G}\left[\frac{z^2}{R^3} + \frac{2(1-\nu)}{R}\right] \tag{11.14}$$

極座標では, 応力成分は,

$$\sigma_R = \frac{Q}{2\pi R^2}(2(2-\nu)\cos\phi - (1-2\nu)) \tag{11.15}$$

$$\sigma_\phi = \frac{-Q(1-2\nu)}{2\pi R^2}\frac{\cos^2\phi}{1+\cos\phi} \tag{11.16}$$

$$\sigma_t = \frac{-Q(1-2\nu)}{2\pi R^2}\left(\cos\phi - \frac{1}{1+\cos\phi}\right) \tag{11.17}$$

$$\sigma_{R\phi} = \frac{-Q(1-2\nu)}{2\pi R^2}\frac{\cos\phi\sin\phi}{1+\cos\phi} \tag{11.18}$$

b. 線荷重による地盤内応力

式 (11.7) より, $Q = q$ とおくと, $\sigma_z = \int_{-\infty}^{\infty} \frac{3z^3}{2\pi R^5} q dy$ として求められる. 他の成分も同様である (図 11.4).

$$\sigma_z = \frac{2q}{\pi z}\cos^4\phi \tag{11.19}$$

$$\sigma_x = \frac{2q}{\pi z}\cos^2\phi\sin^2\phi \tag{11.20}$$

$$\sigma_{xz} = \frac{2q}{\pi z}\cos^3\phi\sin\phi \tag{11.21}$$

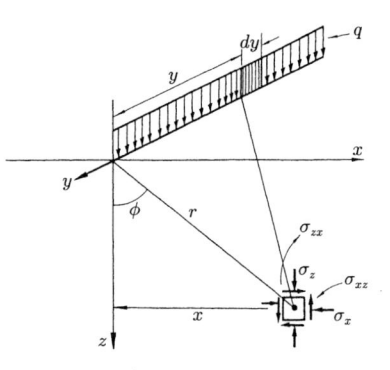

図 11.4 線荷重による地盤内応力

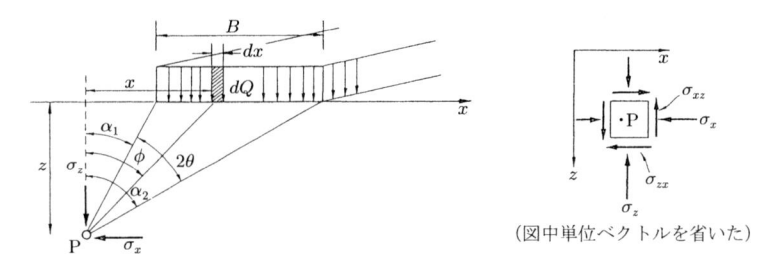

図 11.5 等分布帯状荷重による地盤内応力

c. 帯状荷重による地盤内応力

帯状荷重による応力分布は，図 11.5 に示す記号で表すと，次式で求められる．ただし，帯状荷重を q とする．

$$\sigma_z = \frac{q}{\pi}(2\theta + \sin 2\theta \cos 2\phi) \tag{11.22}$$

$$\sigma_x = \frac{q}{\pi}(2\theta - \sin 2\theta \cos 2\phi) \tag{11.23}$$

$$\sigma_{xz} = \frac{q}{\pi} \sin 2\theta \sin 2\phi \tag{11.24}$$

ここで，$2\theta = \alpha_2 - \alpha_1$，$2\phi = \alpha_1 + \alpha_2$ である．

11.2 フレーリッヒによる地盤内応力

極座標系で表したブシネスクの解では，$\sigma_R = 0$ となるのは，式 (11.15) より，$\cos\phi = \frac{1-2\nu}{2(2-\nu)}$，たとえば，$\nu = 0.3$ で $\phi = 83.2°$ となる．したがって，$\nu = 0.5$ 以外では，地表面付近で引張り応力となる．一方，$\sigma_t = 0$ より，$\cos\phi = \frac{1}{1+\cos\phi}$ だから，$\nu < 0.5$ の時，σ_t は，$\phi = 51.8°$ 以上の地表付近では引張り応力となる．σ_ϕ は地表では 0 となる．

さらに，非圧縮の場合，つまり $\nu = 0.5$ では，σ_R 以外は 0 となり，応力は放射状に直線的に作用することになる．

このように，ブシネスクの解では，地表付近で引張り応力が働き，実際と異なる結果となる．フレーリッヒ (Fröhlich, 1934) は，ブシネスクの解で $\nu = 0.5$ の場合の解を用いて，次のような修正解を提案している．

$$\sigma_R = f\frac{Q}{R^2}\cos^{\mu^*-2}\phi \quad (\mu^* \geq 3) \tag{11.25}$$

その他の応力成分は 0 と仮定する．

f は荷重 Q の作用点を中心とする半径 R の半球に作用する鉛直方向力の釣合いから $f = \frac{\mu^*}{2\pi}$ となる．

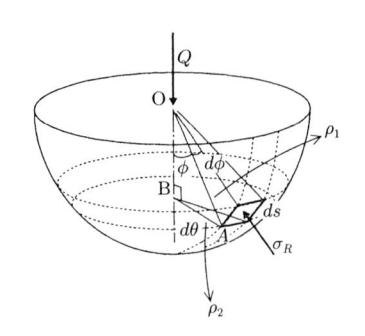

図 11.6

図 11.6 のような半球上の微小な領域を考える.この領域の面積 ds は,

$$ds = \rho_1 d\phi \times \rho_2 d\theta = R^2 \sin\phi d\phi d\theta$$

したがって,ここに働く力の鉛直成分は,$\cos\phi \sigma_R ds$. したがって,荷重 Q との力の釣合いより,

$$Q = \int_s \cos\phi \sigma_R ds = \int_0^{2\pi}\int_0^{\pi/2} \sigma_R R^2 \cos\phi \sin\phi d\phi d\theta$$

$$= f 2\pi Q \int_0^{\pi/2} \cos^{\mu^*-1}\phi \sin\phi d\phi = f\frac{2\pi Q}{\mu^*}$$

よって,

$$f = \frac{\mu^*}{2\pi} \tag{11.26}$$

$$\sigma_R = \frac{\mu^* Q}{2\pi R^2}\cos^{\mu^*-2}\phi \tag{11.27}$$

円柱座標系でのその他の応力成分は,図 11.7 のように座標をとると,x'–z' 座標系で $\sigma_R = \sigma'_{zz}$ と対応する.$\sigma_{zz}, \sigma_{rr}, \sigma_{rz}$ は x–z 座標系を考慮して求められる.

これらの関係は,$[Q]$ を以下の回転行列とすると,

$$[Q] = \begin{bmatrix} \cos\phi & \sin\phi \\ -\sin\phi & \cos\phi \end{bmatrix}$$

z' 方向を R 方向とし,σ'_{ij} を x'–z' 系での応力テンソルとすると,回転した新しい座標系 x–z でのテンソル σ_{ij} は,次のように表される.Q_{ij} を $[Q_{ij}]$ の成分とすると,

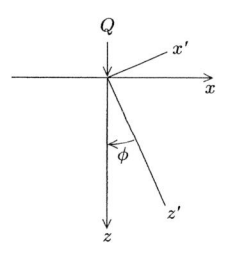

図 11.7

$$\sigma_{ij} = Q_{ik}\sigma'_{km}Q_{mj}, \quad \sigma = [Q][\sigma'][Q]^T$$

以上より,$R\cos\phi = z$ だから,$\sigma_{zz} = \sigma_z$,$\sigma_{rr} = \sigma_r$ と書くと,

$$\sigma_z = \frac{\mu^* Q}{2\pi z^2}\cos^{\mu^*+2}\phi \tag{11.28}$$

$$\sigma_r = \frac{\mu^* Q}{2\pi z^2}\cos^{\mu^*}\phi \sin^2\phi \tag{11.29}$$

$$\sigma_{rz} = \frac{\mu^* Q}{2\pi z^2}\cos^{\mu^*+1}\phi \sin\phi \tag{11.30}$$

となる.

式 (11.25) より,μ^* が大きいほど応力は作用点直下に集中するため,μ^* は応力集中係数と呼ばれる.ν と μ^* の関係は,

$$\mu^* = \frac{1}{\nu} + 1 \tag{11.31}$$

であり,$\mu^* = 3$ の時,$\nu = 0.5$ の時のブシネスクの式に一致する.

砂に対しては $\mu^* = 4\sim5$,粘土に対しては $\mu^* = 3$ と考えられている.

11.3 面荷重による地盤内応力

a. 長方形等分布荷重による地盤内応力

長方形の等分布荷重 q によって発生する隅角部直下の地盤中の鉛直応力はニューマーク (Newmark, 1942) により次のように求められている (図 11.8).

$$\sigma_z = \frac{q}{2\pi}\left[\frac{abz(a^2+b^2+2z^2)}{(a^2+z^2)(b^2+z^2)\sqrt{a^2+b^2+z^2}} + \sin^{-1}\frac{ab}{\sqrt{a^2+z^2}\sqrt{b^2+z^2}}\right]$$
$$= qf_B(m,n) \tag{11.32}$$

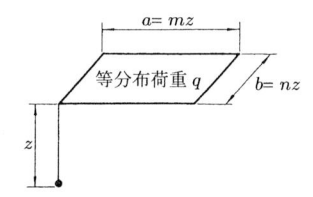

図 11.8 長方形等分布荷重による鉛直応力

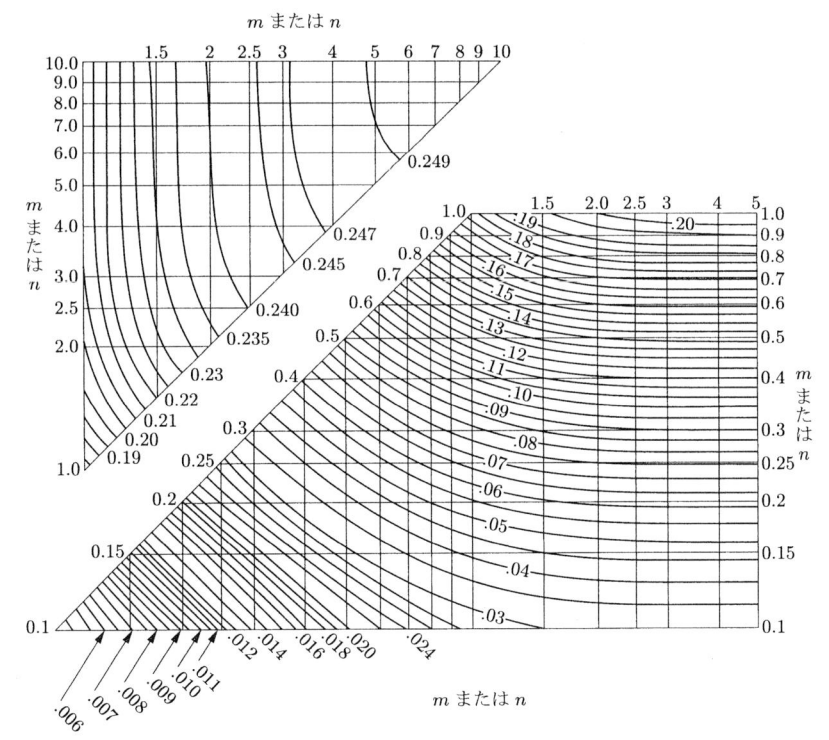

図 11.9 長方形等分布荷重による地盤内応力

$$f_B = \frac{1}{2\pi}\left[\frac{mn}{\sqrt{m^2+n^2+1}}\frac{m^2+n^2+2}{(m^2+1)(n^2+1)} + \sin^{-1}\frac{mn}{\sqrt{(m^2+1)(n^2+1)}}\right] \tag{11.33}$$

ここで，$m = a/z$, $n = b/z$. f_B は図 11.9 から読みとることもできる．

一辺 2 m の正方形の基礎に荷重 400 kN が等分布に働く時，基礎中央深さ 5 m での鉛直応力を求めてみよう．

等分布荷重 q は $100\,\mathrm{kN/m^2}$ となる．図 11.10 に示すように，基礎を 4 分割して考えると，式 (11.33) で，$mz = nz = 1$ m だから，$m = n = 0.2$．式 (11.33) より，$f_B = 0.06$. したがって，

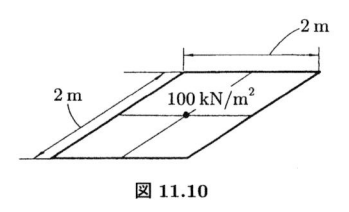

図 11.10

$$\sigma_z = 4 \times qf_B = 4 \times 0.06 \times 100\,\mathrm{kN/m^2} = 24\,\mathrm{kN/m^2}$$

b. 円形等分布荷重による地盤内応力

図 11.11 に示すように，円形等分布荷重を q とすると，

$$\sigma_z = qI_c \tag{11.34}$$

$$I_c = 1 - \left[\frac{1}{1+(R/z)^2}\right]^{3/2} \tag{11.35}$$

$$\sigma_R = \frac{q}{2}\left[(1+2\nu) - \frac{2(1+\nu)}{(1+(R/z)^2)^{1/2}} + \frac{1}{(1+(R/z)^2)^{3/2}}\right] \tag{11.36}$$

$$\sigma_t = \frac{q}{2}\left[(1+2\nu) - \frac{2(1+\nu)}{(1+(R/z)^2)^{1/2}} + \frac{1}{(1+(R/z)^2)^{3/2}}\right] \tag{11.37}$$

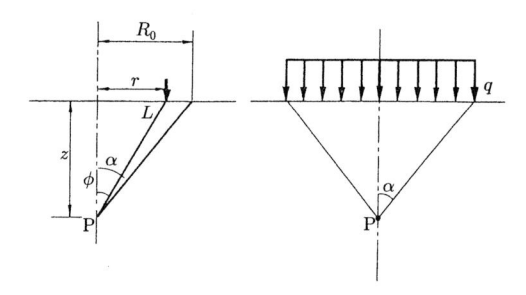

図 11.11 円形等分布荷重による地盤内応力

問題 ブシネスクの点荷重による解を積分し，円形等分布荷重 q が働く半無限弾性地盤内の応力 σ_z が式 (11.34) で表されることを示せ．

次に，一定の幅 B で無限に続く等分布帯状荷重 q によって生ずる深さ z での応力を求めよう (図 11.5)．

図 11.5 で任意の位置 x での dx の幅の帯状荷重を線荷重の集まりと考えると，σ_z の増分 $d\sigma_z$ は

$$d\sigma_z = \frac{2}{\pi}\frac{qdx}{z}\cos^4\phi \tag{11.38}$$

$x = z\tan\phi$，$dx = \frac{z}{\cos^2\phi}d\phi$ の関係から，$\phi = \alpha_1$ から α_2 まで積分すると，

$$\sigma_z = \frac{2q}{\pi}\int_{\alpha_1}^{\alpha_2}\cos^2\phi\, d\phi$$

$$= \frac{2q}{\pi}\left[\frac{1}{2}\sin\phi\cos\phi + \frac{\phi}{2}\right]_{\alpha_1}^{\alpha_2}$$

$$= \frac{q}{\pi}\left(\sin(\alpha_2-\alpha_1)\cos(\alpha_2+\alpha_1) + \alpha_2 - \alpha_1\right) \tag{11.39}$$

ここで，$2\theta = \alpha_2 - \alpha_1$，$2\psi = \alpha_1 + \alpha_2$ とおくと，

$$\sigma_z = \frac{q}{\pi}(2\theta + \sin 2\theta\cos 2\psi) \tag{11.40}$$

$$\sigma_x = \frac{q}{\pi}(2\theta - \sin 2\theta\cos 2\psi) \tag{11.41}$$

$$\sigma_{xz} = \frac{q}{\pi}\sin 2\theta\sin 2\psi \tag{11.42}$$

式 (11.40), (11.41), (11.42) から，最大主応力 σ_1，最小主応力 σ_3 は，

$$\sigma_1 = \frac{q}{\pi}(2\theta + \sin 2\theta)$$

$$\sigma_3 = \frac{q}{\pi}(2\theta - \sin 2\theta)$$

となる．

これより，2θ が等しい時，主応力は等しい．したがって，円周角の定理と 2θ の定義から，等主応力線は点 a, b を通る円となる (図 11.12)．よって，等分布帯状荷重によって生じる等主応力線は円になる．

主応力と鉛直方向のなす角 Δ を求めると，$\tan 2\Delta = \frac{2\sigma_{xz}}{\sigma_z - \sigma_x} = \tan 2\Psi$ となるから，図 11.4 で $\phi = \psi$ とおくと，$2\theta = \alpha_2 - \alpha_1$, $2\psi = \alpha_1 + \alpha_2$ から，$\alpha_2 = \theta + \psi$ となって，最大主応力 σ_1 は角 2θ を二分することになる．

式 (11.34) で求まる等分布帯状荷重による等 σ_z 線は，図 11.13 のように圧力球根と呼ばれる球根状の分布をする．

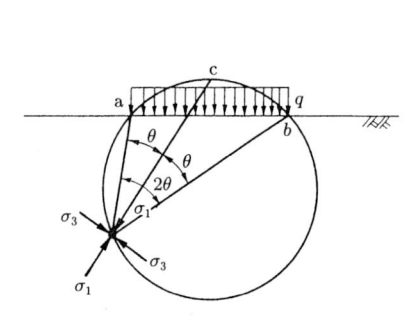

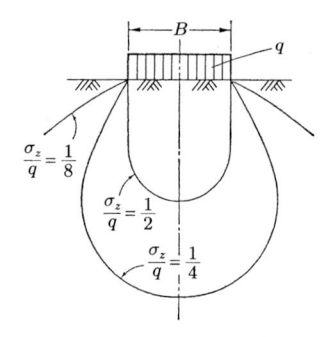

図 11.12 等分布帯状荷重による等主応力線　　図 11.13 圧力球根（赤井，1980）

c. 台形帯状荷重による地盤内応力 (オスターバーグの図表)

オスターバーグ (Osterberg) はブシネスクの解から，台形状の帯状荷重による半無限弾性地盤内の増加応力分布を求め，その図表を作成した．図 11.14 のような荷重による応力の増加は次式で求められる．

$$\Delta \sigma_z = \frac{q}{\pi}\left\{\frac{a+b}{a}(\alpha_1 + \alpha_2) - \frac{b}{a}\alpha_2\right\} = I_q q \tag{11.43}$$

$$I_q = \frac{1}{\pi}\left\{\frac{a+b}{a}(\alpha_1 + \alpha_2) - \frac{b}{a}\alpha_2\right\} = \frac{1}{\pi}f\left(\frac{a}{z}, \frac{b}{z}\right) \tag{11.44}$$

$$\alpha_1 = \tan^{-1}\left(\frac{a+b}{z}\right) - \tan^{-1}\left(\frac{b}{z}\right) \tag{11.45}$$

$$\alpha_2 = \tan^{-1}\left(\frac{b}{z}\right) \tag{11.46}$$

I_q を影響値と呼ぶ．また，α_1，α_2 はラジアンで与える．

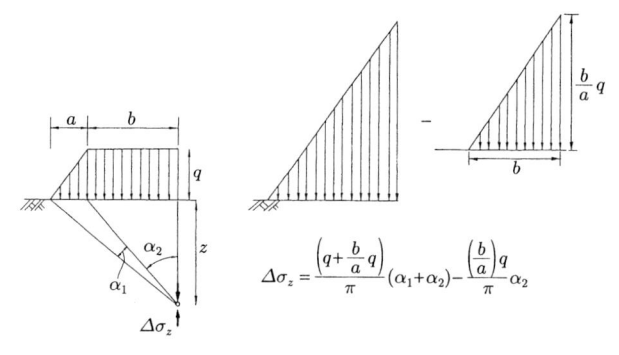

図 11.14 台形荷重による地盤内応力分布

オスターバーグは図 11.15 に示すような影響値 I_q の図表を作成した．

式 (11.45) の誘導に当たっては，図 11.14 のような三角形帯状荷重の重ね合わせを利用する．

図 11.16 の P 点での鉛直荷重の求め方は以下のようである．

P 点の左側の部分について，$a/z = 1$, $b/z = 0$, よって，式 (11.45) より，$I_q = 0.250$.

P 点の右側の部分について，$a/z = 1$, $b/z = 2$, よって，式 (11.45) より，$I_q = 0.488$.

したがって，P 点の鉛直荷重増分 $\Delta\sigma_z$ は，$\Delta\sigma_z = 0.738q$.

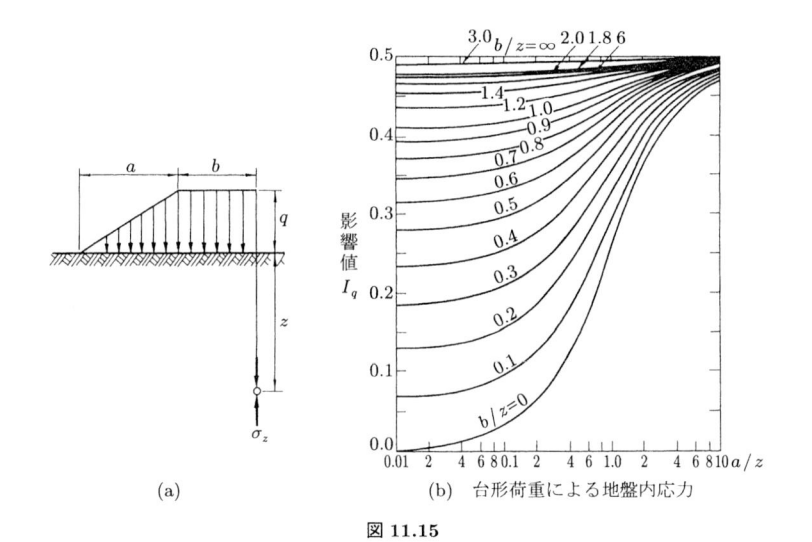

(a) (b) 台形荷重による地盤内応力

図 11.15

図 11.16

11.4 基礎の沈下量

構造物基礎の沈下は，即時沈下と長期にわたる圧密沈下に分けられる．圧密沈下の求め方は，7章で述べた通りである．一方，ひずみが小さく非線形性を考慮する必要がない場合，即時沈下は弾性論で求められる．

弾性論より，幅 B，長さ L の等分布荷重 q を受ける長方形面の隅角部の表面沈下量は次式で求められる $(L \geq B)$．

$$s_i = I_q q B \frac{1-\nu^2}{E} \tag{11.47}$$

ここで，$r = L/B$ として，

$$I_q = \frac{1}{\pi}\left[r\ln\frac{1+\sqrt{r^2+1}}{r} + \ln(r+\sqrt{r^2+1})\right] \tag{11.48}$$

底面形状による沈下係数 $I_q(=I_s)$ は，表 11.1 のように与えられている．

長方形載荷面上の点における沈下は，長方形分割法によって，各分割長方形の載荷面の影響の和として与えられる．

ヤング率 $E = 50\,\mathrm{MN/m^2}$，ポアソン比 $\nu = 0.4$ の地盤上の $4\,\mathrm{m} \times 2\,\mathrm{m}$ の基礎に等分布荷重 $150\,\mathrm{kN/m^2}$ が働いている．この場合の荷重分布面隅角部の沈下量を求めてみよう．

表 11.1 沈下係数 I_s（日本建築学会, 2001）

底面形状	基礎の剛性	底面上の位置		I_s
円 (直径 B)	0	中央		1
		辺		0.64
	∞	全体		0.79
正方形 ($B \times B$)	0	中央		1.12
		隅角		0.56
		辺の中央		0.77
	∞	全体		0.88
長方形 ($B \times L$)	0	隅角	$L/B = 1$	0.56
			1.5	0.68
			2.0	0.76
			2.5	0.84
			3.0	0.89
			4.0	0.98
			5.0	1.05
			10.0	1.27
			100.0	2.00

11.4 基礎の沈下量

表 11.2 構造別の総沈下量の限界値の例 (日本建築学会, 2001)　　　　(単位：cm)

支持地盤	構造種別	CB	RC・RCW		
	基礎形式	布	独立	布	べた
圧密層	標準値	2	5	10	10〜(15)
	最大値	4	10	20	20〜(30)
風化花崗岩	標準値	—	1.5	2.5	
(まさ土)	最大値		2.5	4.0	
砂　層	標準値	1.0	2.0	—	
	最大値	2.0	3.5		
洪積粘性土	標準値	—	1.5〜2.5	—	
	最大値		2.0〜4.0		

	構造種別	基礎形式	標準値	最大値
圧密層	W	布	2.5	5.0
		べた	2.5〜(5.0)	5.0〜(10.0)
即時沈下	W	布	1.5	2.5

注) 圧密層については圧密終了時の沈下量 (建物の剛性無視の計算値), その他については即時沈下量 ( ) は 2 重スラブなど十分剛性の大きい場合.
　　W 造の全体の傾斜角は標準で 1/1000, 最大で 2/1000〜(3/1000) 以下.

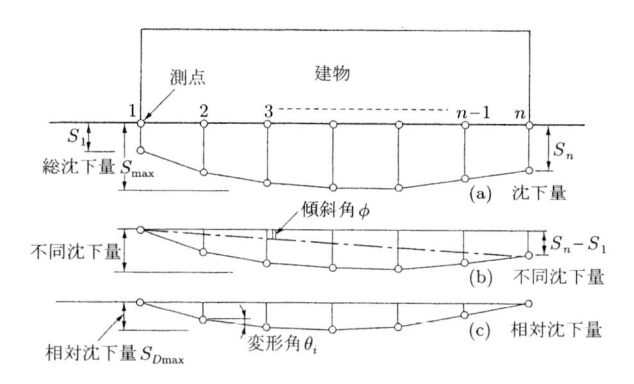

図 11.17 各種沈下量(芳賀, 1990)

式 (11.48) より, $I_q = 0.766$, 沈下量 s_i は,

$$s_i = 0.766 \times 150 \times 2 \times \frac{1-0.4^2}{50 \times 10^3} = 3.86$$

したがって, 隅角部の沈下量は 3.86 mm となる.

　基礎の沈下量では, 沈下量の最大値である総沈下量, 不同沈下量 (全体の沈下量から建物外端の沈下量のうちの小さな値を差し引いたものの最大値) ならびに相対沈下量 (不同沈下量を求めた 2 点の傾斜角分を差し引いた沈下量) が問題になる (図 11.17). これらの沈下量については, 構造物の部材の許容値を上回らないように決める必要があるが, 比較的大きな相対沈下を許しうる構造物の沈下に関

しては，目安となる限界値を許容値として用いる方法もある (建築基礎構造設計指針, 2001). 表 11.2 は，建築学会による構造別総沈下量の限界値の例である. 表中，RC：鉄筋コンクリート，RCW：壁式鉄筋コンクリート，CB：コンクリートブロック構造，W：木造を示す.

a. 構造物基礎の接地圧
1) 剛性基礎版底面の接地圧

図 11.18 は，ほぼ均等な沈下形状の場合の円形基礎版底面の接触応力の分布である. 図 11.18 (a) は上載等分布荷重 q の場合，たわみ性の版の基礎中央で接地圧ゼロで周縁に向かって増大する. 一方，剛性基礎版の場合は，図 11.18 (b) のように基礎版周縁で無限大の接触力となる. 上載等分布荷重が q の時，中心では $q/2$ となる.

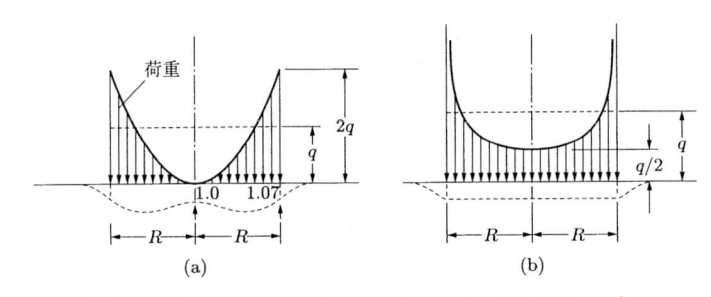

図 11.18 円形基礎版底面の接触応力の分布 (Boussinesq, 1885)

ブシネスク (1885) は，剛性基礎版下の接地圧分布を以下のように算定している. Q：集中荷重, R：円形版の半径, B：基礎の幅, L：基礎の長さとすると，

① 中心に荷重を受ける軸対称帯状基礎の場合

$$p = \frac{2Q}{\pi B}\sqrt{1-\left(\frac{2x}{B}\right)^2} \tag{11.49}$$

ここで，x は基礎版中心からの距離.

② 円柱基礎

$$p = \frac{Q}{2\pi R^2}\sqrt{1-\left(\frac{r}{R}\right)^2} \tag{11.50}$$

r は基礎版中心からの距離.

③ 長方形基礎

$$p = \frac{4Q}{\pi^2 BL}\sqrt{\left(1-\frac{4x^2}{B^2}\right)\left(1-\frac{4y^2}{L^2}\right)} \tag{11.51}$$

ここで，x, y は基礎中心軸からの距離.

11.4 基礎の沈下量

以上のように，弾性論による解析では，基礎版周縁では接地圧が無限大になる．しかしながら，実際には応力が大きくなると変形は弾塑性的になるため，接地圧は有限となる．オーデ(Ohde)は周縁で接地圧が有限となる接地圧の分布形を，以下のような式を用いて図 11.19 中の実線のように提案している．

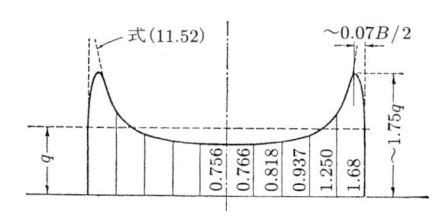

図 11.19 帯状基礎の接触応力の分布（赤井，1980）

$$p = 0.75q \frac{1}{\sqrt{1-(2x/B)^2}} \tag{11.52}$$

この時，接地圧の最大値は周縁から $0.07B/2$ の距離で，$1.75q$ となる（図 11.19）．このオーデの式による接地圧分布は，帯状剛性基礎に関する弾塑性数値解析結果とよく一致する（図 11.20）．基礎版周縁で接地圧が減少するのは，基礎版先端部分から始まる地盤の塑性降伏によると考えられる．

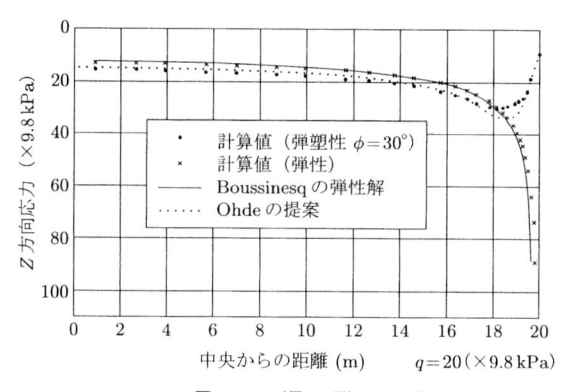

図 11.20 （恩田，関口，1997）

剛性基礎版下の砂質地盤と粘性土地盤の接地圧分布を比較すると，砂質地盤では，粘性土の分布と異なり，図 11.21 のように中心で最大となる分布になるといわれている．これは，中心部直下では拘束が大きいことが原因であるといわれている (Taylor, 1948)．

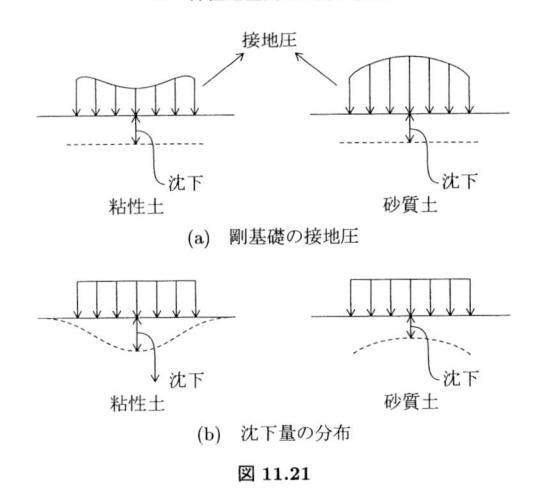

図 11.21 剛基礎の接地圧と沈下量の分布
(a) 剛基礎の接地圧
(b) 沈下量の分布

2) 弾性基礎版底面の接地圧

ボロヴィカ (Borowicka, 1936, 1938) は等分布荷重下の円形基礎および帯状基礎の接地圧の理論解を求めているが，接地圧は基礎と地盤の相対剛性に左右される．次式は円形基礎に対する相対剛性である．

$$K'_r = \frac{1}{6}\frac{1-\mu_s^2}{1-\mu_p^2}\frac{E_p}{E_s}\left(\frac{H}{R}\right)^3 \tag{11.53}$$

ここで，E_p は基礎版のヤング率，E_s は地盤のヤング率，H は基礎版の厚さ，R は基礎版の半径，μ_s は地盤のポアソン比，μ_p は基礎版のポアソン比である．

上式より，$0 < K'_r < 0.1$ では，接地圧は中央と周縁の間で最小値をとり，相対剛性が増加するにつれ不均等分布になることが示される．

■文　献

1) Boussinesq, J.: Application des potentials a L'etude de L'equilibre et du mouvement des solides elastiques, Gauthier-Villars, 1885.
2) Fröhlich, O.K.: Druckverteilung im Baugrunde, Springer, pp.12-18, pp.22-26, 1934.
3) Newmark, N.M.: Influence charts for computation of stresses in elastic foundations, University of Illiois Bulletin **338**, 1942.
4) Osterberg, J.O.: Influences for vertical stresses in a semi-infinite mass due to an embankment loading, Proc. 4th Int. Conf. SMFE, **1**, pp.393-394, 1957.
5) 日本建築学会編：建築基礎構造設計指針, 丸善, 2001.
6) 恩田邦彦, 関口宏二：剛性基礎版底面の接地圧に関する弾塑性 FEM 解析, 土木学会第 52 回年次学術講演会, III-A226, pp.452-453, 1997.
7) Taylor, D.W.: Fundamentals of Soil Mechanics, John Wiely & Sons, 1948.

8) Borowicka, H.：Influence of rigidity of a circular foundation slab on the distribution of pressure over the contact surface, proc. 1st ICSMFE, **2**, pp.144-149, 1936.
9) Borowicka, H.：The distribution of pressure under a uniformly loaded elastic strip resting on elastic-isotropic ground, Final. Rep. 2nd Int. Asoc. Bridge & Structural Eng., **8** (3), 1938.
10) Lambe, T. W. and Whitman, R.V.：Soil Mechanics, John Wiley & Sons, 1969.
11) 赤井浩一：土質力学, 朝倉書店, 1980.
12) 石原研而：土質力学, 丸善, 1988.
13) 木村　孟, 石原研而：土木工学体系8 土質力学, 彰国社, 1977.
14) 岡　二三生：土質力学演習, 森北出版, 1995.
15) Széchy, K.：Der Grundbau 1, pp.280-281, Springer, 1963.
16) 芳賀保夫：建物の許容沈下量, 土と基礎, **38** (8), pp.41-46, 1990.

12 地盤の変形-破壊解析法

12.1 地盤の変形-破壊解析法

土質力学では地盤-構造物系の変形-破壊を予測することが必要となる．地盤の変形量の予測解析においては，境界条件が複雑で解析的な解を得るのが困難なため，有限要素法や境界要素法などの数値解析が用いられる．さらに，工学的観点からみると，変形以上に地盤構造物全体系が破壊しないか否かを判断することが重要である．このため，極限釣合い法などの地盤の安定解析法が用いられてきた．

地盤の変形-破壊解析法としては主に次のような方法がある．

a. 有限要素法による変形解析法

地盤の変形から破壊までを解析するためによく使われる，有限要素法による変形解析法は，地盤の構成式 (応力-ひずみ関係)，力の釣合い式，境界条件，ひずみの適合条件からなる偏微分方程式を，仮想仕事の原理により弱形式化し，有限要素法を用いて数値的に解き，地盤の変形から破壊までの挙動を明らかにする解析方法である．この方法では，カムクレイモデルなどの適切な構成式の使用が特に重要である (たとえば岡, 2000)．

b. 極限釣合い法

地盤が塑性破壊の極限状態にあるとして応力状態を決定する方法や，地盤に力が作用した時，地盤がブロック状に破壊し，そのブロックは変形しないとして，ブロック間の力の釣合いから地盤全体の安定性を解析する方法である．この方法は，次の極限解析法にも関係する方法であるが，伝統的に比較的簡単に構造物の安定を解析できる手法として用いられてきた．

c. 極限解析法
塑性論に基づく極限解析法で，上界定理や下界定理により，地盤が剛塑性体であると仮定して地盤の崩壊荷重を求め，安定性を解析する方法である．荷重の上界と下界が一致するところで崩壊荷重が求められる．

d. すべり線解法
破壊規準と力の釣合い式から構成される微分方程式を導き，双曲型の偏微分方程式の特性曲線 (すべり線) に沿って，微分方程式を解き，境界での崩壊荷重を算定する解法である．

12.2 弾塑性境界値問題と仮想仕事の原理

物体に応力が作用した時 (または変位を与えた時)，構成式 (弾性や弾塑性の応力–ひずみ関係を用いる)，ひずみ–変位関係，運動方程式 (釣合い式) と境界条件を満足する変位場や応力場を求めることを弾性および弾塑性境界値問題という．また，応力や変位の増分に対して定式化された問題を増分境界値問題と呼び，非線形問題に対してよく用いられる．

1) 力の釣合い式
物体 B 内で，
$$\sigma_{ij,j} + \overline{F}_i = 0 \tag{12.1}$$
が成り立つ．ただし，σ_{ij} $(i, j = 1, 2, 3)$ は応力テンソルで対称テンソルである．つまり，モーメントの釣合い $(\sigma_{ij} = \sigma_{ji})$ を仮定する．$\overline{F}_i$ は物体力ベクトルの成分．下部指標 i は $\frac{\partial}{\partial x_i}$ を表す．

2) 適合条件式
物体 B 内で，
$$\varepsilon_{ij} = \frac{1}{2}(u_{i,j} + u_{j,i}) \tag{12.2}$$
ここで，ε_{ij} はひずみテンソル，u_i は変位ベクトルの成分である．

3) 境界条件
図 12.1 に示すように，境界 S は応力境界 S_p と変位境界 S_u に分けられる．
$$S = S_p + S_u \tag{12.3}$$

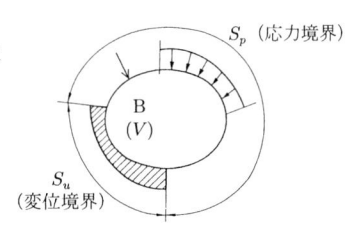

図 12.1 境界条件

応力境界条件: S_p 上で

$$T_i = \sigma_{ij} n_j = \overline{T}_i \tag{12.4}$$

ただし, n_i は境界上の外向き単位法線ベクトルの成分, T_i は応力ベクトルの成分.

変位境界条件: S_u 上で

$$u_i = \bar{u}_i \tag{12.5}$$

$\overline{T}_i$ と $\bar{u}_i$ は既知の応力ベクトルと変位ベクトルである.

4) 構成式 (応力-ひずみ関係)

線形弾性体の場合, 次のように表すことができる.

$$\sigma_{ij} = E_{ijkl} \varepsilon_{kl} \tag{12.6}$$

ここで, E_{ijkl} は 4 階の等方弾性テンソルである.

変位または変位速度の境界条件を満足する変位または変位速度を, 運動学的に許容な変位または変位速度場と呼び, 適合条件式 2) と境界条件 3) を満足するひずみ (ひずみ速度) 場を, 運動学的に許容なひずみ (ひずみ速度) 場と呼ぶ. また 1) と応力境界条件を満足する応力場を静力学的に許容 (または可容) と呼ぶ.

時刻 t において 1) の釣合い式が成り立ち, 時刻 t から $t + dt$ の間にひずみ, 応力や変位の増分量 (速度) に対して 1) から 4) が成り立つ時, 以上と同様に増分境界値問題という. 増分境界値問題では, 変位速度, 応力速度やひずみ速度で問題を設定するから, 式 (12.1)〜(12.6) は次のようになる. 上部指標 ($\cdot$) は時間に関する微分量であることを表す.

$$\dot{\sigma}_{ij,j} + \dot{F}_i = 0 \tag{12.7}$$

ただし, $\dot{\sigma}_{ij}(i, j = 1, 2, 3)$ は応力速度テンソル.

$$\dot{\varepsilon}_{ij} = \frac{1}{2}(\dot{u}_{i,j} + \dot{u}_{j,i}) \tag{12.8}$$

ここで, $\dot{\varepsilon}_{ij}$ はひずみ速度テンソル, $\dot{u}_i$ は変位速度ベクトルの成分である.

応力境界条件: S_p 上で

$$\dot{\sigma}_{ij} n_j = \dot{\overline{T}}_i \tag{12.9}$$

ただし, n_i は境界上の外向き単位法線ベクトルの成分, $\dot{T}_i$ は応力速度ベクトルの成分.

変位境界条件: S_u 上で

$$\dot{u}_i = \dot{\bar{u}}_i \tag{12.10}$$

$$\dot{\sigma}_{ij} = E_{ijkl} \dot{\varepsilon}_{kl} \tag{12.11}$$

a. 仮想仕事の原理

連続な任意の物体 B について,適合条件式と境界条件を満足する任意の変位場とひずみ場 (運動学的に許容なひずみ場と呼ぶ) に対する釣合い式 (運動方程式) の弱形式 (weak form, 仮想仕事の原理) は以下のように導かれる.

変位境界 S_u で変位は $\bar{u}_i$ とする. ここで,任意の運動学的に許容なひずみ場 ε^{**} と変位場 u_i^{**} を考え,釣合い式に対する弱形式と応力境界条件の弱形式から,次のような弱形式を考える. ここで, σ_{ij} と u_i^{**} は B で, 1 価で連続であるとする.

境界 S は応力境界 S_p と変位境界 S_u の 2 つに分けられるから, $S = S_u + S_p$ であり, S_u 上では変位が既知であるため,直接弱形式の中には表現されない.

$$\int_v (\sigma_{ij,j} + \bar{F}_i)u_i^{**}dv + \lambda \int_{S_p} (\bar{T}_i - \sigma_{ij}n_j)u_i^{**}ds = 0 \qquad (12.12)$$

ここで, λ は任意のスカラーとする. ガウスの定理より,

$$\int_v \sigma_{ij,j}u_i^{**}dv = \int_S \sigma_{ij}u_i^{**}n_j ds - \int_v \sigma_{ij}u_{i,j}^{**}dv \qquad (12.13)$$

だから,応力テンソルの対称性を考慮して,

$$\int_v \bar{F}_i u_i^{**}dv + \int_{S_u} \sigma_{ij}u_j^{**}n_i ds - \int_v \sigma_{ij}u_{i,j}^{**}dv + \lambda \int_{S_p} \bar{T}_j u_j^{**}ds$$
$$+ (1-\lambda)\int_{S_p} \sigma_{ij}n_j u_i^{**}ds = 0 \qquad (12.14)$$

λ は任意なので $\lambda=1$ とすると, S_u 上で $u_j^{**} = \bar{u}_j$ だから,式 (12.14) は次式となる.

$$\int_v \sigma_{ij}\varepsilon_{ij}^{**}dv = \int_{S_p} \bar{T}_i u_i^{**}ds + \int_{S_u} \sigma_{ij}\bar{u}_j n_i ds + \int_v \bar{F}_i u_i^{**}dv \qquad (12.15)$$

逆に,式 (12.15) が成り立てば,境界条件と力の釣合い式が導ける. したがって,釣合い式を解く代わりに,式 (12.15) を解けばよいことになる. 式 (12.12) で, はじめから $\lambda = 1$ とする表現方法もあるが,どちらにしても,結果として式 (12.12) の最後の項 $\sigma_{ij}n_j u_i^{**}$ を 2 つの式から消去することになっている.

ここで,他の運動学的に許容なひずみ場 $\varepsilon^{**'}$ と変位場 $u_i^{**'}$ に対しても式 (12.15) と同様の弱形式を考え,式 (12.15) との差をとると,次のようになる.

$$\int_v \sigma_{ij}\hat{\varepsilon}_{ij}^{**}dv = \int_{S_p} \bar{T}_i \hat{u}_i^{**}ds + \int_v \bar{F}_i \hat{u}_i^{**}dv \qquad (12.16)$$

ここで，$\hat{u}_i^{**} = u_i^{**} - u_i^{**'}$．ただし，付帯条件は，$S_u$ 上で，$u_i = \bar{u}_i$．

力の釣合い式 (12.1) には応力の空間座標に関する 1 階微分が含まれていたが，式 (12.15) には 1 階微分数は現れていない．このように要求される微分可能性が弱められているという意味で，式 (12.15) は力の釣合い式の弱形式と呼ばれる．仮想仕事の原理は構成式によらない．これは応用において重要である．

b. 変位場または応力場の不連続面が存在する場合

地すべりなどでは，すべり面付近で変形が一様に発生せず，すべり面を含むせん断帯でほとんどの変形が発生するような場合が多い．このような変形パターンに対する変形のモデルを考える時は，仮想仕事の原理も不連続面を含む場合に拡張しておく必要がある．

不連続面 Γ で領域が I と II に分けられた場合を考える．ある量 X の 2 つの領域での値を X_I と X_{II} とし，不連続量 $[X]$ を記号 [ ] を用いて，次のように表す (図 12.2)．

$$[X] = X_I - X_{II} \qquad (12.17)$$

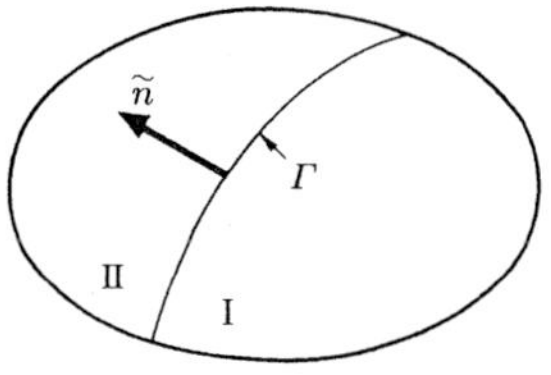

図 12.2 不連続面 Γ

変位ベクトルに関する条件 2 つの領域が離れることはないから，不連続面の単位法線ベクトルを n_i，変位ベクトルを u_i として，

$$[u_i n_i] = 0 \qquad (12.18)$$

応力ベクトルに関する条件 応力ベクトル T_i は連続だから

$$[\sigma_{ij} n_j] = 0 \qquad (12.19)$$

ただし，式 (12.19) を満たす不連続性は許されることに注意したい．

任意の適合系 $(\varepsilon_{ij}^*, u_i^*)$ と釣合い系 (σ_{ij}, F_i, T_i) に対して，仮想仕事の原理を導く．

Γ 上で変位速度に不連続を許す場合，増分境界値問題に対する仮想仕事の原理は，次式で記述される．

$$\int_{v-\Gamma} \dot{\sigma}_{ij} \dot{\varepsilon}_{ij}^{**} dv = \int_{v-\Gamma} \overline{\dot{F}}_i \dot{u}_i^{**} dv + \int_{S_p} \overline{\dot{T}}_i \dot{u}_i^{**} ds + \int_{S_u} \dot{\sigma}_{ij} \bar{\dot{u}}_i n_j ds + \int_{\Gamma} \dot{\sigma}_{ij} n_j [\dot{u}_j^{**}] ds$$
$$(12.20)$$

12.2 弾塑性境界値問題と仮想仕事の原理

ただし, $\dot{\varepsilon}_{ij}^{**}$ はひずみ速度を, $\dot{u}_i^{**}$ は速度を表すものとする. [ ] は Γ を隔てての不連続量であることを示す. 式 (12.16) に相当する式は,

$$\int_{v-\Gamma} \dot{\sigma}_{ij}\hat{\dot{\varepsilon}}_{ij}^{**} dv = \int_{v-\Gamma} \overline{\dot{F}}_i \hat{\dot{u}}_i^{**} dv + \int_{S_p} \overline{\dot{T}}_i \hat{\dot{u}}_i^{**} ds + \int_{\Gamma} \dot{\sigma}_{ij} n_j [\hat{\dot{u}}_j^{**}] ds \quad (12.21)$$

不連続面 Γ がない場合, 次のようになる.

$$\int_v \dot{\sigma}_{ij}\hat{\dot{\varepsilon}}_{ij}^{**} dv = \int_{S_p} \overline{\dot{T}}_i \hat{\dot{u}}_i^{**} ds + \int_v \overline{\dot{F}}_i \hat{\dot{u}}_i^{**} dv \quad (12.22)$$

ここで, $\hat{\dot{u}}_i^{**} = \dot{u}_i^{**} - \dot{u}_i^{**'}$. ただし, 付帯条件は S_u 上で $\dot{u}_i = \bar{\dot{u}}_i$.

c. 最小ポテンシャルエネルギの原理

$\hat{\varepsilon}_{ij}^{**} = \delta\varepsilon_{ij}$ とし, δ は正解からのずれを表すものとする. 物体力と表面力が死荷重 (dead load) の条件下で, 仮想仕事の原理は次のように表される.

$$\delta \int_v W dv - \int_v F_i \delta u_i dv - \int_s T_i \delta, \quad u_i ds = 0 \quad (12.23)$$

ここで,

$$W = \int \sigma_{ij} d\varepsilon_{ij} \quad (12.24)$$

$$\delta W = \sigma_{ij}\delta\varepsilon_{ij} \quad (12.25)$$

ここで, W はひずみエネルギを表す. したがって,

$$\delta \left[\int_v W dv - \int_v F_i u_i dv - \int_s T_i u_i ds \right] = 0 \quad (12.26)$$

$\pi_p = \int W dv - \int_v F_i u_i dv - \int_s T_i u_i ds = 0$ とおくと, 式 (12.26) は,

$$\delta \pi_p = 0 \quad (12.27)$$

これは, 第一変分がゼロ, すなわち π_p が極値をとることを意味する.

したがって, $\delta^2 \pi_p > 0$ ($\delta^2 \pi_p$ は第二変分の意味である) の条件下では,

$$\pi_p(u_i^*) \geq \pi_p(u_i) \quad (12.28)$$

となり, 正解は π_p が最小の時となる. よって, 仮想仕事の原理から最小ポテンシャルエネルギの原理が導かれる. 式 (12.26) で, 第 1 項は, 全ひずみエネルギ, 第 2 項は物体力のポテンシャルエネルギ, 第 3 項は表面力のポテンシャルエネルギを表している.

ただし, ひずみに関して,

$$\varepsilon_{ij} = \frac{1}{2}(u_{i,j} + u_{j,i}), \quad u_i = \bar{u}_i \ (S_u 上で) \quad (12.29)$$

の条件が付帯条件としてある．すなわち，仮想仕事の原理に対して，応力–ひずみ関係にひずみエネルギ関数 W が存在し，荷重が死荷重 (一定荷重) の場合に最小ポテンシャルエネルギの原理が成立することになる．

最小ポテンシャルエネルギの原理から，ひずみに関する付帯条件を外すと，

$$\delta \pi_G = 0 \tag{12.30}$$

$$\pi_G = \pi_p - \int_v \sigma_{ij}\left\{\varepsilon_{ij} - \frac{1}{2}(u_{i,j} + u_{j,i})\right\}dv - \int_{S_u} T_i(u_i - \bar{u}_i)ds \tag{12.31}$$

ここで，t_{ij}, P_i は未定定数であり，$t_{ij} = \sigma_{ij}$, $P_i = T_i$ となる．

式 (12.31) は u_i, σ_{ij}, ε_{ij} を未知数とするフー–ワシヅ (Hu–Washizu) の変分原理である (鷲津, 1980)．

12.3 極限解析

a. 塑性崩壊

ここでは，図 12.3 に示すような土を剛完全塑性体として近似しよう．剛完全塑性体では，ある限界荷重に対して変形は際限なく発生する．このような状態を塑性崩壊状態という．崩壊荷重を塑性論を用いて解析する方法を極限解析 (limit analysis) 法と呼ぶ．ここでは，10 章での古典塑性論を前提とする．つまり，流れ則，塑性ひずみ速度の降伏曲面への垂直性 (法線性)，降伏曲面の凸性，最大塑性仕事の原理が成り立つものとする．

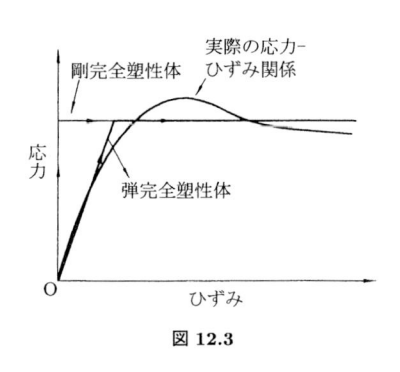

図 12.3

崩壊荷重 n^* は上界定理と下界定理を満足する荷重 n_U, n_L ではさまれ，

$$n_U > n^* > n_L \tag{12.32}$$

となるから，$n_U = n^* = n_L$ として正解が求められる．求められた応力の解は塑性域では唯一であるが，剛性域では唯一性の保証はない．また，全表面での速度が指定されるような場合を除いて，正解速度の解の唯一性は必ずしも保証されないことに注意したい．

b. 上界定理

ある荷重系 (f_i, T_i) (f_i は物体力ベクトル，T_i は応力ベクトル) を考えた場合，外力 (nf_i, nT_i) との仕事が正であるような任意の速度不連続を含む変形メカニズ

ム (運動学的に許容な速度場, ひずみ速度場, $\dot{u}_i^*, \dot{\varepsilon}_{ij}^*$) に対して, 次式で求められる荷重強度乗数 n_U は真の塑性崩壊時の荷重強度乗数に対して上界値を与える.

$$n_U \left[\int_{v-\Gamma} f_i \dot{u}_i dv + \int_{S_p} T_i \dot{u}_i ds \right] = \int_{v-\Gamma} \sigma_{ij} \dot{\varepsilon}_{ij} dv + \int_{\Gamma} c_j [\dot{u}_j] ds \quad (12.33)$$

ここで, Γ は物体 v 中の速度不連続線 (面), S_p は応力境界である. c_j は速度不連続線 (面) に沿ってのせん断応力, $[\dot{u}_j]$ は速度不連続線 (面) をまたいでの変位速度の不連続値, つまり相対変位速度である.

証明

以下では, 簡単のため S_u 上で $\dot{u}_i = 0$ とする. 真の塑性崩壊時の応力 σ_{ij}^* は外力 ($n^* f_i$, $n^* T_i$) と力の釣合い式を満たし, 静力学的に許容である. 一方, 仮定した塑性崩壊メカニズムは運動学的に許容である. したがって, 仮想仕事の原理より,

$$n^* \left(\int_{v-\Gamma} f_i \dot{u}_i dv + \int_{S_p} T_i \dot{u}_i ds \right) = \int_{v-\Gamma} \sigma_{ij}^* \dot{\varepsilon}_{ij} dv + \int_{\Gamma} c_j^* [\dot{u}_j] ds \quad (12.34)$$

が成り立つ.

ここで, 式 (13.33) から式 (13.34) を差し引くと,

$$(n_U - n^*) \left(\int_{v-\Gamma} f_i \dot{u}_i dv + \int_{S_p} T_i \dot{u}_i ds \right) = \int_{v-\Gamma} (\sigma_{ij} - \sigma_{ij}^*) \dot{\varepsilon}_{ij} dv \\ + \int_{\Gamma} (c_j - c_j^*)[\dot{u}_j] ds \quad (12.35)$$

が成り立つ. 式 (12.35) の右辺は最大塑性仕事の原理から 0 または正である. したがって,

$$n_U \geq n^* \quad (12.36)$$

c. 上界法による極限解析

上界定理を用いて, 塑性崩壊時の荷重を求める方法を上界法と呼ぶ. ここで考える変形のパターンでは, 変形はすべり面に対応する速度不連続面で発生し, それ以外の領域は剛体の状態にあるとする. 式 (12.33) の右辺を内部消散エネルギ, 左辺を全外力仕事と呼ぶ.

上界法の計算法

次のような計算手順で塑性崩壊荷重を求める.

① 塑性崩壊メカニズム (速度不連続面) を仮定する.

② 境界条件を考慮し，メカニズムが許容速度場となるように速度成分を求める．
③ 境界外力による仕事と土塊の自重による仕事の和として全外力仕事を求める．
④ 各不連続線上での速度の不連続値から塑性散逸エネルギを求め，全内部消散を計算する．

$$\text{塑性散逸エネルギ}： \int_\Gamma c_j^*[\dot{u}_j]ds \tag{12.37}$$

⑤ 全外力仕事と全塑性散逸エネルギを等しいとおき，そこから求められる境界外力から上界値を求める．
⑥ 新たな崩壊メカニズムを考え，先の値より小さな上界値を求める．このプロセスを繰り返し，真の崩壊荷重を求める．

図 12.4 に示すような飽和粘性土地盤上の幅 B の底面の滑らかな帯基礎を考える．図のような速度不連続線（塑性崩壊メカニズム）を仮定し，上界定理を用いて支持力 q_u の値を求めよう．ただし，自重の効果は無視し，粘土の非排水強度を C_u とする．

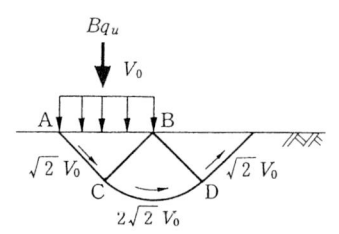

図 12.4

①：速度不連続線は図 12.4 のように与えられている．
②：許容な速度成分は境界条件から図のようになる．
　ただし，CD の速度は円弧であるため，近似ではあるが，BC の中点で ABC のブロックの速度と適合させるため，図に示すように $2\sqrt{2}V_0$ となる．
③：自重の効果は無視する場合，AB 面での支持力を Q_u とすると，外力仕事は Bq_uV_0 となる．
④：全内部消散エネルギは

$$\frac{B}{\sqrt{2}}\sqrt{2}V_0C_u + \frac{\pi}{2\sqrt{2}}B2\sqrt{2}V_0C_u + \frac{B}{\sqrt{2}}\sqrt{2}V_0C_u$$

⑤：全外力仕事と全内部消散を等しいとおき，境界外力を求める．

$$\begin{aligned}q_uBV_0 &= \frac{B}{\sqrt{2}}\sqrt{2}V_0C_u + \frac{\pi}{2\sqrt{2}}B2\sqrt{2}V_0C_u + \frac{B}{\sqrt{2}}\sqrt{2}V_0C_u \\ &= 5.14BC_uV_0\end{aligned}$$

これより，境界外力すなわち支持力は

$$q_u = 5.14C_u$$

となる．

注) 一般には，いくつかのメカニズムを考えて最小値を求める必要があるが，ここでは ⑥ のプロセスは省かれている．

次に，図 12.5 のような塑性崩壊メカニズム (不連続線) を仮定した場合の飽和粘性土地盤の支持力 (q_u) を上界定理を用いて求める．ただし，粘土地盤の非排水強度を C_u とする．

速度は図 12.5 のようになるから，上界定理より，全外力仕事と内部消散エネルギを等しいとおくと，基礎の速度を V_0 として，

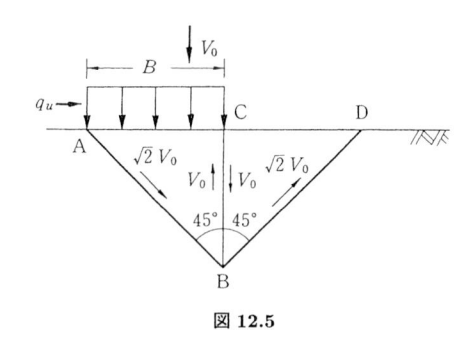

$$2 \times \sqrt{2}B \times \sqrt{2}V_0 C_u + 2 \times BV_0 C_u = BV_0 q_u$$

図 12.5

ゆえに，$q_u = 6C_u$ となる．

図 12.6 のような塑性崩壊メカニズム (不連続線) を仮定した場合の飽和粘性土地盤の支持力を上界定理を用いて求めよう．ただし，粘土地盤の非排水強度を C_u とする．

図 12.6 に示すように，不連続線として O 点を中心とする半径 R の円を考える．不連続線の運動に関する，O 点中心の角速度を ω とすると，半円周の長さは $(\pi - 2\theta)R$ である．この時，支持力を q_u とおくと，外力仕事は $Bq_u(R\cos\theta - B/2)$，内部消散エネルギは $(\pi - 2\theta)R \times R\omega$ となるから，上界定理より，

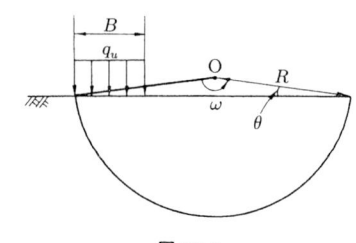

図 12.6

$$Bq_u \left(R\cos\theta - \frac{B}{2} \right) \omega = (\pi - 2\theta)R^2 \omega \quad (12.38)$$

ここで，R と θ が独立変数だから，R と θ に関して，q_u の最小値を求める．$\frac{dq_u}{d\theta} = 0$ より，

$$2\left(R\cos\theta - \frac{\theta}{2} \right) = (\pi - 2\theta)R\sin\theta \quad (12.39)$$

$\frac{dq_u}{dR} = 0$ より，

$$R = \frac{B}{\cos\theta} \quad (12.40)$$

式 (12.39) に式 (12.40) を代入して，

$$(\pi - 2\theta)\tan\theta - 1 = 0$$

これより，$\theta = 23.218°$．したがって，式 (12.38) より，$q_u = 5.52 C_u$ となる．

図 12.7 に示すような直立斜面の崩壊が起こる最小の高さ H は次のようにして求められる．c は粘着力，ϕ は内部摩擦角とする．

仮想すべり面 BC に沿っての仮想変位を u としよう．この時，外力仕事と内部消散仕事より，

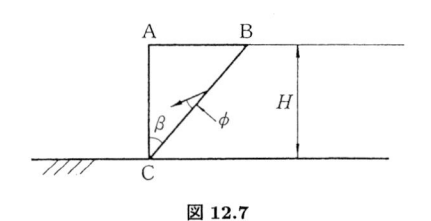

図 12.7

$$uW\cos\beta = (c + \sigma\tan\phi)\frac{H}{\cos\beta}u$$

BC 面への垂直応力は，$\sigma = \frac{H\sin\beta^2}{2}\gamma$ だから，

$$H = \frac{2c\cos\phi}{\gamma\sin\beta\cos(\phi+\beta)}$$

これに，$\frac{dH}{d\beta} = 0$ より求められる，$\beta = \frac{\pi}{4} - \frac{\phi}{2}$ を代入すると，限界高さは，

$$H = \frac{4c\cos\phi}{\gamma(1-\sin\phi)} = \frac{4c\cos\phi}{\gamma}\tan\left(45° + \frac{\phi}{2}\right)$$

となる．これはランキン土圧 (13.2 節参照) より求められる自立高さに等しい．

d. 下界定理と下界法

下界定理

ある荷重系 $\{f_i(\text{物体力ベクトル}), T_i(\text{応力ベクトル})\}$ を考える．荷重乗数を n_L とした時，荷重系と釣合う許容な静的応力場 σ_{ij} が存在すれば，荷重乗数の n_L は正解の荷重乗数 n^* の下界値を与える．

$$n_L \leq n^* \tag{12.41}$$

証明

ある静的許容な応力場および荷重系と，正解の (崩壊時の) 変位速度およびひずみ速度場に対して仮想仕事の原理より，

$$n_L\left(\int_v f_i \dot{u}_i^* dv + \int_{S_p} T_i \dot{u}_i^* ds\right) = \int_v \sigma_{ij}\dot{\varepsilon}_{ij}^* dv \tag{12.42}$$

一方, 正解の静的許容な荷重系 $\{n^*f_i, n^*T_i\}$ および応力場 σ_{ij}^* と, 運動学的許容な変位速度およびひずみ速度 $\dot{u}_i^*, \dot{\varepsilon}_{ij}^*$ に対して仮想仕事の原理を適用すると次式が成り立つ.

$$n^* \left(\int_v f_i \dot{u}_i^* dv + \int_{S_p} T_i \dot{u}_i^* ds \right) = \int_v \sigma_{ij}^* \dot{\varepsilon}_{ij}^* dv \quad (12.43)$$

式 (12.42) と式 (12.43) から

$$(n^* - n_L) \left(\int_v f_i \dot{u}_i^* dv + \int_{S_p} T_i \dot{u}_i^* ds \right) = \int_v (\sigma_{ij}^* - \sigma_{ij}) \dot{\varepsilon}_{ij}^* dv \quad (12.44)$$

右辺は最大仕事の原理より正, また左辺の積分項は正. したがって, 式 (12.41) が成立する. 証明終わり.

ここで, 式 (12.16) の誘導で述べたように, 応力の不連続性は仮想仕事の原理に影響を与えないことに注意したい.

下界定理をいい換えると, 「力の釣合いおよび境界条件と破壊条件を満たす許容応力場 σ_{ij} が存在すれば, これに釣合う外力は正解 (崩壊) 荷重の下界値を与える」となる.

e. 下界法に基づく極限解析

下界定理を用いて崩壊荷重の下限値を求める方法を下界法という.
① まず, 有限個の応力場しか設定することは難しいから, 領域を有限個の応力場に分ける. したがって, その境界では応力が不連続になる.
② 応力既知の境界に接する領域で許容応力場 (力の釣合い, 境界条件, 破壊条件) を満足するよう応力場を定める.
③ 次に応力不連続線を隔てた隣接領域での許容応力場を設定する.
④ 同様にして他の領域でも許容応力場を定め, 求めるべき境界の荷重を求める. 応力不連続線をまたぐと主応力方向が変化することから, モールの円の中心の移動量を求め, モールの円の中心の値と半径から境界での荷重を求めることができる.
⑤ 新たに有限個の応力場を設定し, さらに大きい荷重の下界値を求める.

図 12.8 に示すような直立斜面の崩壊が起こる最小の高さ H を下界定理によって求めてみよう.

図 12.8 (a) の領域 I では, モール・クーロンの破壊規準を満たし, 領域 I と領域

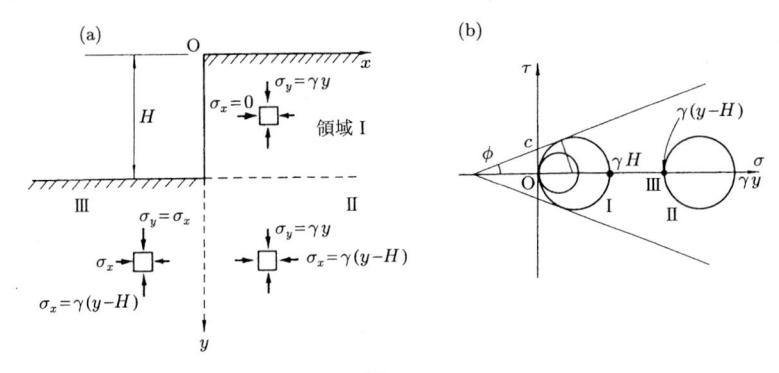

図 12.8

II の境界で応力が不連続である．他の部分で応力は破壊規準を超えないから，図 12.8(b) のモールの応力円より，

$$\sin\phi = \frac{\frac{1}{2}\gamma H}{\frac{c}{\tan\phi} + \frac{1}{2}\gamma H} \tag{12.45}$$

したがって，下界値 γH より求められる限界高さは，

$$H_{cr} = \frac{2c}{\gamma}\tan\left(\frac{\pi}{4} + \frac{\phi}{2}\right) \tag{12.46}$$

■文　献
1) 岡　二三生：地盤の弾粘塑性構成式，森北出版，2000．
2) 鷲津久一郎：エネルギー原理入門，培風館，1980．
3) 井上達雄：弾性力学の基礎，日刊工業新聞社，1979．
4) 北川　浩：塑性力学の基礎，日刊工業新聞社，1979．
5) Chen, W.F. and Liu, X.L.：Limit Analysis in Soil Mechanics, Elsevier, 1990．
6) 田村　武：数値解析法総論，地盤力学数値解析，土質工学会関西支部，pp.1-17, 1986．
7) 日下部　治：地盤力学数値解析，極限解析の基礎と応用，土質工学会関西支部，pp.18-49, 1986．
8) 山口柏樹：土質力学，技報堂出版，1969．
9) 山口柏樹：弾・塑性力学，森北出版，1975．
10) Hill, R.：The mathematical theory of plasticity, Oxford, Clarendon press, 1950．
11) 土木学会編：土木工学ハンドブック，第 6 編第 6 章，技報堂出版，1989．
12) 地盤工学会編：地盤工学における数値解析入門，地盤工学会，2000．
13) Fung, Y.C. and Pin Tong：Classical and computational solid mechanics, World Scientific, 2001．

13 土 圧 理 論

　地盤中の応力や構造物と地盤の境界での応力を土圧という．土圧理論では，構造物の変形を考慮しないで，土が極限平衡状態にある時の土圧，構造物と土の変形における相互作用を考慮する場合の土圧，および土が静止状態にある時の土圧を取り扱う．本来，土圧の問題は土と擁壁などの構造物との相互作用の問題であって，厳密には力の釣合い式と土の応力-ひずみ関係を用いた変形解析によって解かれる．しかし，本章では，主に構造物の変形性は小さいとし，力の釣合いに重点をおいた簡易解析法による取り扱い方法や擁壁に働く土の圧力を中心に述べる．

13.1 静止土圧

　擁壁などの構造物の作用を受けない場合，地中の水平方向の圧力である土圧は静止土圧 (earth pressure at rest) と呼ばれる．

　土は粒状材料であるから，粒子間摩擦に起因する内部摩擦が材料の力学挙動に大きく影響を与える．したがって，液体と異なり，水平に堆積した地盤でも，土に働く水平方向応力は鉛直応力と等しくはない (図 13.1)．一般に，鉛直有効応力を σ'_v とすると，静止土圧係数 K_0 は

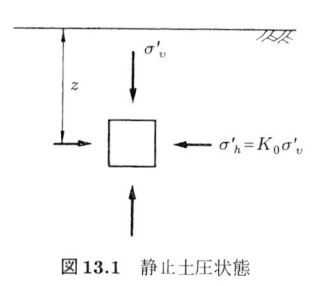

$$K_0 = \frac{\sigma'_h}{\sigma'_v} \qquad (13.1)$$

図 13.1　静止土圧状態

と表される．ここに，σ'_h は水平方向の有効応力である．

　K_0 については種々の式が提案されているが，次式で表される正規圧密土に対してのヤーキー (Jâkey) の式が代表的である．

$$K_0 = 1 - \sin\phi' \qquad (13.2)$$

ここに，ϕ' は内部摩擦角．この時，$0 \leq K_0 \leq 1$．

　過圧密土の静止土圧係数については，メーン (Mayne) とクルハヴィ (Kulhawy)(1982) によって次のような経験式が提案されている．

$$K_0 = (1 - \sin \phi')(\text{OCR})^{\sin \phi'} \tag{13.3}$$

ここで，OCR は過圧密比．

以下，本章では特に断わらない限り，簡単のため，内部摩擦角を ϕ で表す．

13.2 ランキン土圧

土を図 8.2 に示したような剛完全塑性体とし，塑性平衡状態にある場合のみを対象とし，問題を平面問題に限定する．

ランキン (Rankine, 1857) は，地盤内のすべての点で，地盤が破壊規準を満足する極限平衡の応力状態にあるとして，土圧を求めた (力の釣合いと，8 章と 12 章で述べた破壊規準を満たす応力状態を考える)．

図 13.2 のように地盤の中に表面が滑らかな擁壁があると考え，水平方向に，一様に地盤が壁に押される場合を考える．この時，静止土圧の状態から水平応力が増加し，塑性破壊状態に至る．この状態を受働応力状態 (または受働状態) と呼ぶ．この応力状態はモール・クーロンの破壊規準を満足するとして，水平応力が求められ，その合力として受働土圧合力が求められる．反対に，擁壁が地盤から離れようとする場合，静止土圧の状態から応力が減少し，破壊状態に至る．この時の応力状

図 13.2 擁壁の移動による受働状態

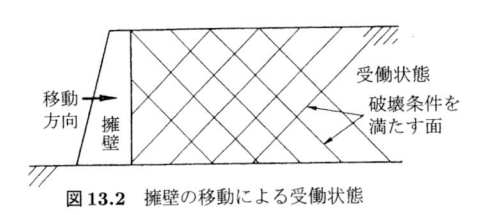

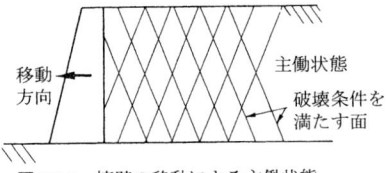

図 13.3 擁壁の移動による主働状態

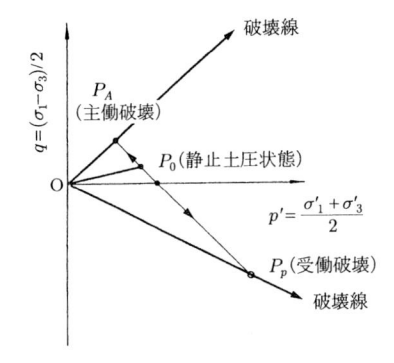

図 13.4 静止土圧状態からの排水応力径路

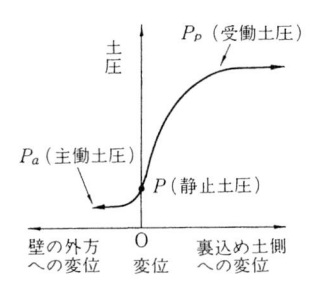

図 13.5 土圧と変位

態を主働応力状態と呼び，その合力として，主働土圧合力が求められる (図 13.3)．ランキンの土圧理論ではこのようにして土圧を求める．

図 13.4 は図 13.2, 図 13.3 に対応する静止土圧状態からの応力径路を示すが，発生するひずみは図 13.5, 図 13.6 に示すように受働状態に至る過程でより多く発生する．

地盤が極限平衡状態にあるとして，破壊時のモールの応力円から，表面が滑らかな壁面を持つ擁壁に働く主働および受働土圧を求めよう．

破壊時の応力状態は図 13.7 のモールの応力円によって表される．まず主働状態の応力円より，ϕ を内部摩擦角，σ_{ha} を主働状態での水平方向応力，また σ_v を鉛直方向応力として，

$$\sin\phi = \frac{\frac{\sigma_v - \sigma_{ha}}{2}}{\frac{\sigma_v + \sigma_{ha}}{2}} \tag{13.4}$$

したがって，

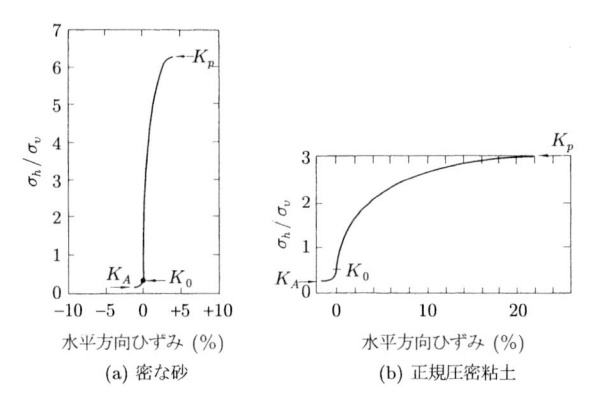

図 13.6 主働および受働土圧係数と水平方向ひずみ (Lambe and Whitman, 1969)

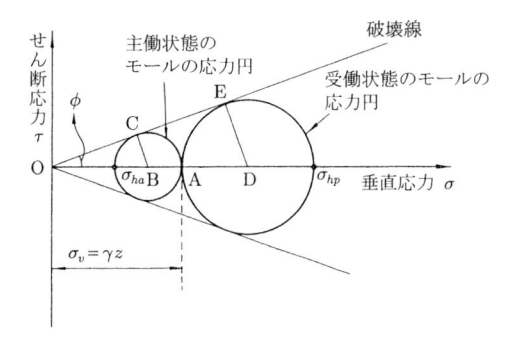

図 13.7 主働および受働破壊状態とモールの円

$$\sigma_{ha} = \frac{1 - \sin\phi}{1 + \sin\phi}\sigma_v = K_a \sigma_v \tag{13.5}$$

ここで，K_a をランキンの主働土圧係数という．

$$K_a = \frac{1 - \sin\phi}{1 + \sin\phi} = \tan^2\left(45° - \frac{\phi}{2}\right) \tag{13.6}$$

主働土圧合力 P_a は，鉛直下方への座標を z として，深さ z での鉛直応力は $\sigma_v = \gamma z$ だから，

$$P_a = \int_0^H \sigma_{ha} dz = \frac{1}{2}\gamma H^2 \tan^2\left(45° - \frac{\phi}{2}\right) \tag{13.7}$$

一方，受働土圧を考える．まず，受働状態の応力円より，σ_{hp} を受働状態での水平方向応力として，

$$\sin\phi = \frac{\frac{\sigma_{hp} - \sigma_v}{2}}{\frac{\sigma_v + \sigma_{hp}}{2}} \tag{13.8}$$

したがって，

$$\sigma_{hp} = \frac{1 + \sin\phi}{1 - \sin\phi}\sigma_v = K_p \sigma_v \tag{13.9}$$

ここで，K_p をランキンの受働土圧係数という．

$$K_p = \frac{1 + \sin\phi}{1 - \sin\phi} = \tan^2\left(45° + \frac{\phi}{2}\right) \tag{13.10}$$

受働土圧合力 P_p は，

$$P_p = \int_0^H \sigma_{hp} dz = \frac{1}{2}\gamma H^2 \tan^2\left(45° + \frac{\phi}{2}\right) \tag{13.11}$$

次に，摩擦角 ϕ に加えて粘着力 c が働く場合の，ランキンの土圧を求める．

破壊時の応力状態は図 13.8 のモールの応力円によって表される．まず，主働状態の応力円より，ϕ を摩擦角，σ_{ha} を主働状態での水平方向応力，また σ_v を鉛直方向応力として，

$$\sin\phi = \frac{\frac{\sigma_v - \sigma_{ha}}{2}}{\frac{\sigma_v + \sigma_{ha}}{2} + c\cot\phi} \tag{13.12}$$

したがって，

$$\begin{aligned}\sigma_{ha} &= \frac{1 - \sin\phi}{1 + \sin\phi}\sigma_v - \frac{2c\cos\phi}{1 + \sin\phi} \\ &= \gamma z \tan^2\left(45° - \frac{\phi}{2}\right) - 2c\tan\left(45° - \frac{\phi}{2}\right)\end{aligned} \tag{13.13}$$

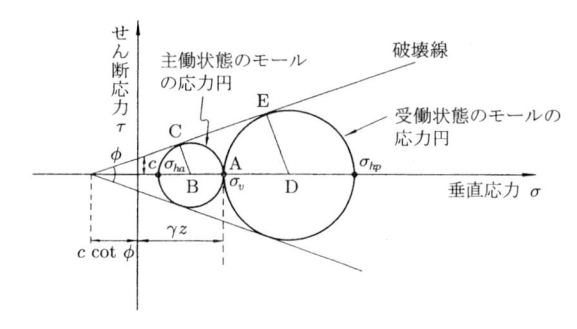

図13.8 主働および受働破壊状態とモールの円 ($c \neq 0$)

ランキンの主働土圧係数 K_a を用いて書き直すと,

$$K_a = \tan^2\left(45° - \frac{\phi}{2}\right) \tag{13.14}$$

$$\sigma_{ha} = K_a \gamma z - 2c\sqrt{K_a} \tag{13.15}$$

したがって, 主働土圧合力は,

$$P_a = \int_0^H \sigma_{ha} dz = \frac{1}{2}\gamma H^2 K_a - 2cH\sqrt{K_a} \tag{13.16}$$

同様に, ランキンの受働土圧係数 K_p を用いると,

$$K_p = \tan^2\left(45° + \frac{\phi}{2}\right) \tag{13.17}$$

$$\sigma_{hp} = K_p \gamma z + 2c\sqrt{K_p} \tag{13.18}$$

受働土圧合力は,

$$P_p = \int_0^H \sigma_{hp} dz = \frac{1}{2}\gamma H^2 K_p + 2cH\sqrt{K_p} \tag{13.19}$$

a. 粘着力がある場合の土圧の軽減

ランキンの主働土圧において, 粘着力がある場合, 擁壁の上部で土圧が軽減され, 逆に引張り領域が発生する. この時, z_c を限界深さ, γ を単位体積重量とすると,

$$p_a = K_a \gamma z - 2c\sqrt{K_a} = 0 \tag{13.20}$$

から,

$$z_c = \frac{2c}{\gamma\sqrt{K_a}} \qquad (13.21)$$

土圧分布は，図 13.9 に示すようになる．深さ z_c までは，引張り亀裂が発生する可能性があるので，この深さまでの土圧を無視し，次式で土圧合力を求める．

$$P_a = \frac{1}{2}(K_a\gamma H - 2c\sqrt{K_a})(H - z_c) = \frac{1}{2}\gamma H^2 K_a - 2cH\sqrt{K_a} + \frac{2c^2}{\gamma} \quad (13.22)$$

裏込め傾斜地盤が極限平衡状態にあるとして，モールの応力円から，滑らかな壁面を持つ擁壁に働く主働および受働土圧を求めてみよう．

まず，準備として図 13.10 のような傾斜角 i の斜面下 z での，斜面に平行な面に働く応力を求める．

図 13.10 より，ab 面に垂直な面への垂直応力は $\gamma z \cos^2 i$，ab に沿ったせん断応力は $\gamma z \cos i \sin i$ となる．

次に土圧の算定を行う．

深さ z での鉛直方向応力 p_v を通り，破壊規準を満足するモールの応力円は図 13.11 のようになる．主働状態のモールの円は D_1 が中心，受働状態のモールの円は D_2 が中心である．

主働土圧係数を K_a，主働状態における斜面に平衡な応力を p_{la} とすると，図 13.11 で OC$'$ が主働応力となる，補助の図 13.12 より，

$$\frac{p_{la}}{p_v} = \frac{OC'}{OB} = \frac{OC}{OB} = \frac{OF - FB}{OB} = \frac{OD_1 \cos i - \sqrt{R^2 - FD_1^2}}{OD_1 \cos i + \sqrt{R^2 - FD_1^2}} \quad (13.23)$$

ここで，$p_v = \gamma z \cos i$.
また，$FD_1 = OD_1 \sin i$，$R/OD_1 = \sin\phi$ だから，

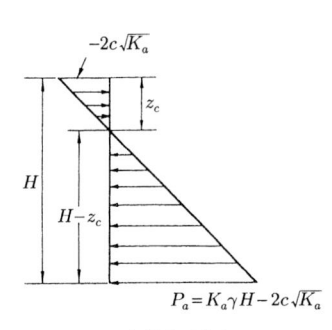

図 13.9 主働土圧分布

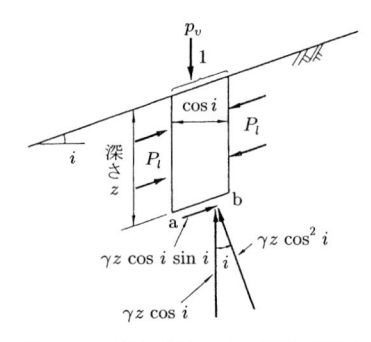

図 13.10 斜面の深さ z での表面に平行な面上の応力状態

13.2 ランキン土圧

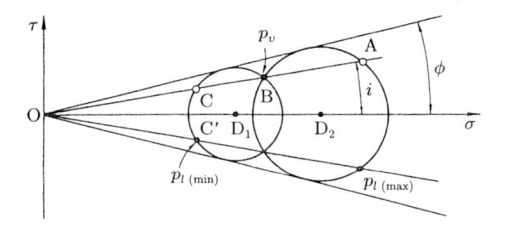

図 13.11 無限斜面における垂直,側方応力状態のモールの円

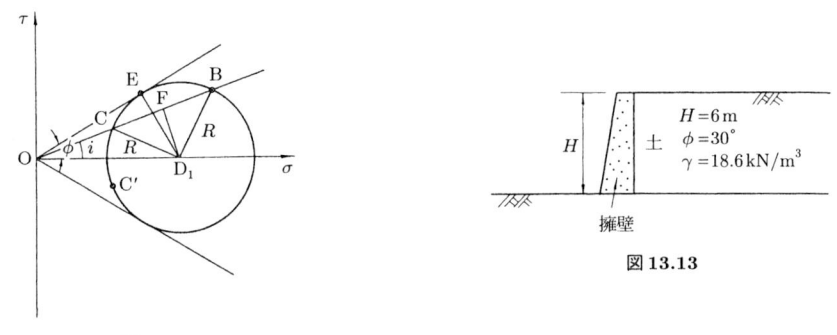

図 13.12

図 13.13

$H = 6\,\text{m}$
$\phi = 30°$
$\gamma = 18.6\,\text{kN/m}^3$

$$\frac{p_{la}}{p_v} = \frac{\cos i - \sqrt{\cos^2 i - \cos^2 \phi}}{\cos i + \sqrt{\cos^2 i - \cos^2 \phi}}$$

受働土圧係数を K_p,受働状態における斜面に平衡な応力を p_{lp} とすると,主働土圧の場合と同様にして,

$$\frac{p_{lp}}{p_v} = \frac{\cos i + \sqrt{\cos^2 i - \cos^2 \phi}}{\cos i - \sqrt{\cos^2 i - \cos^2 \phi}}$$

したがって,土圧合力が求められる.主働土圧合力 P_a は,

$$P_a = \int_0^H p_{la} dz = \frac{1}{2}\gamma H^2 \cos i \frac{\cos i - \sqrt{\cos^2 i - \cos^2 \phi}}{\cos i + \sqrt{\cos^2 i - \cos^2 \phi}} \tag{13.24}$$

受働土圧合力 P_p は,

$$P_p = \int_0^H p_{lp} dz = \frac{1}{2}\gamma H^2 \cos i \frac{\cos i + \sqrt{\cos^2 i - \cos^2 \phi}}{\cos i - \sqrt{\cos^2 i - \cos^2 \phi}} \tag{13.25}$$

となる.

例として,図 13.13 の擁壁に働く主働土圧を求めてみよう.ただし,擁壁と土

の間の摩擦は考えない．土の内部摩擦角 $\phi = 30°$，$H=6\,\mathrm{m}$，土の単位体積重量 $\gamma=18.6\,\mathrm{kN/m^3}$ とする．

ランキンの主働土圧係数 $K_a = 0.333$．主働土圧合力 P_a は，

$$P_a = \frac{1}{2}\gamma K_a H^2$$

$$= \frac{1}{2} \times 18.6 \times 0.333 \times 36 = 111.5\,\mathrm{kN/m}$$

13.3　クーロン土圧

電磁気学でも有名なフランス人のクーロン (1773) は土くさび論と呼ばれる土圧理論を展開した．クーロンの土圧理論では，極限平衡状態において，剛体壁面の裏込め土が平面すべり面に沿ってすべり出すと仮定し，その時の土圧合力をすべり面で分けられる土くさび，壁面とすべり面との間の力の釣合いから求める．クーロンの土圧理論では，平面すべり面を仮定するが，実際にはすべり面として，一部を対数らせんで表す場合もある．

図 13.14 で擁壁に働く主働土圧を求めよう．ただし，土と擁壁の間の摩擦角 $\delta = 0°$ とする．

図 13.14 より，土くさびの重量を W とすると，

$$W = \frac{1}{2}\gamma H^2 \cot\theta \tag{13.26}$$

連力図より，

$$\frac{W}{\sin(90° + \phi - \theta)} = \frac{P_a}{\sin(\theta - \phi)}$$

したがって，主働土圧 P_a は，

$$P_a = \frac{1}{2}\gamma H^2 \cot\theta \tan(\theta - \phi) \tag{13.27}$$

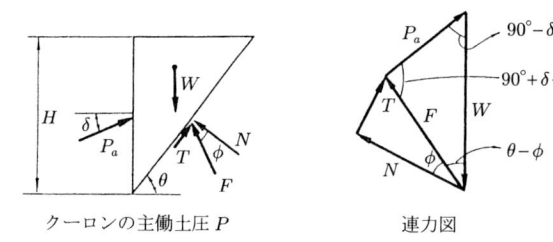

図 13.14　主働土圧と連力図

次に，θ を求めよう．ここでの解析ではメカニズムを仮定する方法を用いるため，上界値を求めることに相当するから，最小値を求めることになるが，主働土圧の場合，変位の方向と土圧の方向が反対なので最大値を求めることになるという点に注意したい．θ に関する P_a の極値を求めよう．

P_a の θ に関する偏微分を求める．

$$\frac{2}{\gamma H^2}\frac{\partial P_a}{\partial \theta} = -\frac{\tan(\theta-\phi)}{\sin^2\theta} + \frac{\cos\theta}{\cos^2(\theta-\phi)\sin\theta}$$

$$= \frac{\sin\phi\cos(2\theta-\phi)}{[\cos(\theta-\phi)\sin\theta]^2} = 0 \tag{13.28}$$

$\cos(2\theta-\phi) = 0$ より，

$$\theta = \frac{\pi}{4} + \frac{\phi}{2} \tag{13.29}$$

したがって，主働土圧は

$$P_a = \frac{1}{2}\gamma H^2 K_a \tag{13.30}$$

$$K_a = \tan^2\left(\frac{\pi}{4} - \frac{\phi}{2}\right) \tag{13.31}$$

図 13.14 のような擁壁に働く主働土圧の作用点は，擁壁下部より擁壁高さの 1/3 の点になる．

a. クーロンの受働土圧

図 13.15 で擁壁に働く受働土圧合力 P_p の満たす力の多角形を示し，その多角形より受働土圧を求める式を求める．ただし，土の内部摩擦角を ϕ，水平に対するすべり面の角度を θ とし，擁壁と土の間の摩擦角を δ とする．

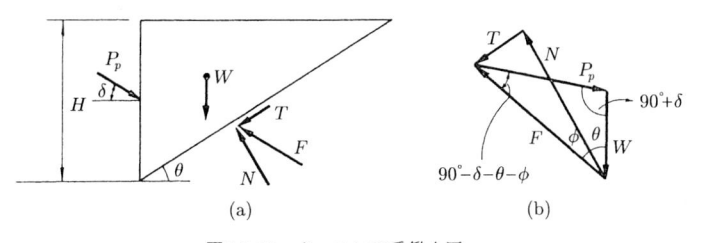

図 13.15 から，

図 13.15 クーロンの受働土圧

$$P_p = W\frac{\sin(\theta+\phi)}{\sin(90°-\delta-\phi-\theta)} = W\frac{\sin(\theta+\phi)}{\cos\delta\cos(\theta+\phi)-\sin\delta\sin(\theta+\phi)} \tag{13.32}$$

$$P_p = \frac{1}{2}\gamma H^2 \cot\theta \frac{\tan(\theta+\phi)}{\cos\delta-\sin\delta\tan(\theta+\phi)} \tag{13.33}$$

また，擁壁と土との間の摩擦はないとして，図 13.15 に示す擁壁に働く受働土圧は次のように求められる．

$$\frac{\partial P_p}{\partial \theta} = 0$$

より，

$$\theta = \frac{\pi}{4} - \frac{\phi}{2}$$

したがって，

$$P_p = \frac{1}{2}\gamma H^2 K_p \tag{13.34}$$

$$K_p = \tan^2\left(\frac{\pi}{4} + \frac{\phi}{2}\right) \tag{13.35}$$

図 13.16 のように擁壁背面が傾いている時，クーロンの主働土圧を求める場合のすべり面の角度 ω を求める．ただし，擁壁の壁面摩擦角を δ とし，$\beta = 0$ とする．

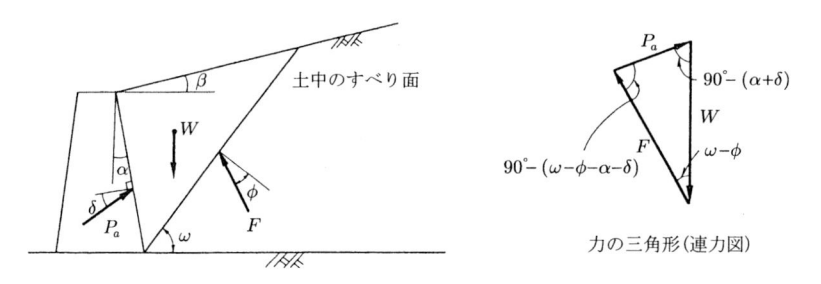

図 13.16 主働土圧と連力図

図 13.16 より，

$$W = \frac{1}{2}\gamma H(l_1 + l_2) = \frac{1}{2}\gamma H^2(\tan\alpha + \cot\omega) \tag{13.36}$$

$x = \cot\omega$ とおくと，

$$P_a = W\frac{\sin(\omega-\phi)}{\sin(90°-\omega+\phi+\delta+\alpha)} \tag{13.37}$$

だから，

$$P' = \frac{2}{\gamma H^2}P_a = (\tan\alpha + x)\left[\frac{\cos\phi - x\sin\phi}{x\cos(\phi+\delta+\alpha) + \sin(\phi+\delta+\alpha)}\right] \quad (13.38)$$

主働土圧を求めるため, P_a の最大値を求める.
$\frac{dP'}{dx} = 0$ より, 角度として正をとると,

$$\cot\omega = \frac{1}{\cos(\phi+\delta+\alpha)}\sqrt{\frac{\cos(\delta+\alpha)\sin(\phi+\delta)}{\sin\phi\cos\alpha}} - \tan(\phi+\delta+\alpha) \quad (13.39)$$

次にこの時のクーロンの主働土圧を求めよう.
式 (13.38) より,

$$P' = \frac{2}{\gamma H^2}P_a = (\tan\alpha + x)\left[\frac{\cos\phi - x\sin\phi}{x\cos(\phi+\delta+\alpha) + \sin(\phi+\delta+\alpha)}\right] \quad (13.40)$$

$$x = \frac{\cos\omega}{\sin\omega} = \cot\omega \quad (13.41)$$

$x' = x\cos(\phi+\delta+\alpha)$ とおくと, 式 (13.39) より,

$$x' = \sqrt{\frac{\cos(\delta+\alpha)\sin(\phi+\delta)}{\sin\phi\cos\alpha}} - \sin(\phi+\delta+\alpha) \quad (13.42)$$

式 (13.42) を式 (13.40) に代入すると,

$$P' = \frac{(\tan\alpha + x)(\cos\phi - x\sin\phi)}{\sqrt{\frac{\cos(\alpha+\delta)\sin(\phi+\delta)}{\cos\alpha\sin\phi}}} \quad (13.43)$$

書き直して整理すると,

$$P' = \frac{[-\sin\phi\sin(\phi+\delta) + \cos(\delta+\alpha)\cos\alpha]^2}{\cos^2\alpha\cos(\delta+\alpha)\cos^2(\phi+\delta+\alpha)\left[1 + \sqrt{\frac{\sin\phi\sin(\phi+\delta)}{\cos\alpha\cos(\delta+\alpha)}}\right]^2} \quad (13.44)$$

ここで,

$$\cos(\phi-\alpha) = \frac{-\sin\phi\sin(\phi+\delta) + \cos(\delta+\alpha)\cos\alpha}{\cos(\phi+\delta+\alpha)} \quad (13.45)$$

だから,

$$P_a = \frac{1}{2}\gamma H^2 K_A \quad (13.46)$$

K_A は次に示す主働土圧係数である.

$$K_A = \frac{\cos^2(\phi - \alpha)}{\cos^2 \alpha \cos(\alpha + \delta) \left[1 + \sqrt{\frac{\sin \phi \sin(\phi+\delta)}{\cos \alpha \cos(\delta+\alpha)}}\right]^2} \quad (13.47)$$

図 13.16 で $\beta \neq 0$, $\delta \neq 0$ の時, すべり面の角度 ω は次式で求められる.

$$\cot(\omega - \beta) = \frac{1}{\cos(\phi + \delta + \alpha - \beta)} \sqrt{\frac{\cos(\delta + \alpha) \sin(\phi + \delta)}{\sin(\phi - \beta) \cos(\beta - \alpha)}} - \tan(\phi + \delta + \alpha - \beta) \quad (13.48)$$

さらに, 図 13.16 のように擁壁背面が傾いている場合のクーロンの主働土圧は次式で求められる. ただし, 擁壁の壁面摩擦角を δ とし, $\beta \neq 0$ とする.

$$P = \frac{1}{2}\gamma H^2 K_A \quad (13.49)$$

K_A は主働土圧係数である.

$$K_A = \frac{\cos^2(\phi - \alpha)}{\cos^2 \alpha \cos(\alpha + \delta) \left[1 + \sqrt{\frac{\sin(\phi-\beta) \sin(\phi+\delta)}{\cos(\beta-\alpha) \cos(\delta+\alpha)}}\right]^2} \quad (13.50)$$

さらに, 図 13.17 のように地震力が作用する場合, 震度法を適用して, クーロンの主働土圧係数は次式で求められる. 震度法とは, 地震時の水平加速度に土のくさびの重さ W を乗じた慣性力が働くとするもので, 通常鉛直加速度の効果は小さいとして無視する. 水平震度 k_h＝水平加速度/重力加速度で求める.

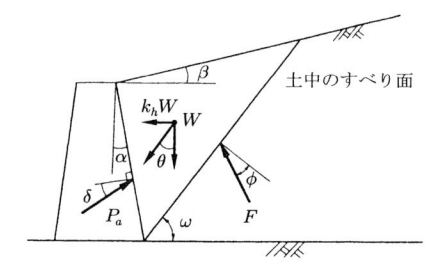

図 13.17

$$K_A = \frac{\cos^2(\phi - \alpha - \theta)}{\cos\theta \cos^2 \alpha \cos(\alpha + \delta + \theta) \left[1 + \sqrt{\frac{\sin(\phi-\beta-\theta) \sin(\phi+\delta)}{\cos(\beta-\alpha) \cos(\delta+\alpha+\theta)}}\right]^2} \quad (13.51)$$

ここで, θ は地震合成角であり, k_h を水平震度として, $\theta = \tan^{-1} k_h$ で与えられる.

図 13.18 のように裏込めが部分的に水浸している擁壁に働く主働土圧合力をクーロンの土圧理論によって求めよう. ただし $\delta = 0°$ とする.

$$W = \frac{1}{2}\gamma_t h^2 \cot\theta + \frac{1}{2}\gamma \cot\theta(H^2 - h^2) \quad (13.52)$$

13.3 クーロン土圧

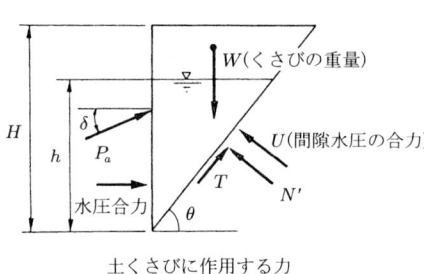

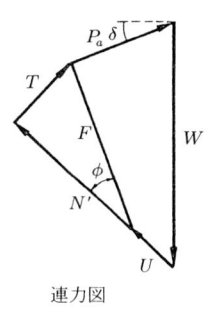

図 13.18

土くさびに作用する力 / 連力図

$$W - T\sin\theta - N'\cos\theta - U\cos\theta = 0 \tag{13.53}$$

ここで，U（間隙水圧の合力）$= \frac{1}{2}\gamma_w h^2 / \sin\theta$．

鉛直方向の力の釣合いから，

$$\frac{1}{2}\gamma' h^2 \cot\theta + \frac{1}{2}\gamma \cot\theta (H^2 - h^2) = N'(\cos\theta + \sin\theta \tan\phi) \tag{13.54}$$

水平方向の力の釣合いから，

$$P_a + \frac{1}{2}\gamma_w h^2 - N'\sin\theta + T\cos\theta - \frac{1}{2}\gamma_w h^2 = 0 \tag{13.55}$$

$T = N'\tan\phi$ だから，

$$P_a = \frac{1}{2}[\gamma H^2 - (\gamma - \gamma')h^2]\cot\theta \tan(\theta - \phi) \tag{13.56}$$

θ を変化させ，P_a の最大値を求めると，主働土圧が求められる．

図 13.19 に示すように擁壁の変形様式と土圧分布は対応しており，壁が土から離れる方向に変形，移動すると土圧は緩和され，その逆では，土圧が増加する．

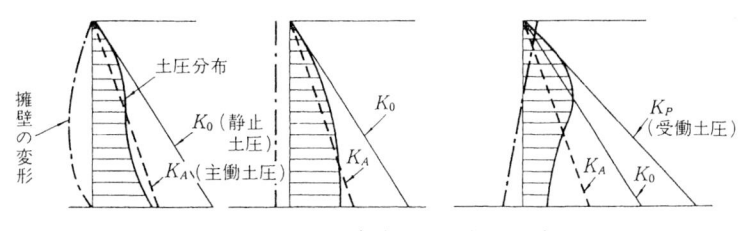

図 13.19 壁の変形モードと土圧の分布

b. 山留め工と土圧

地盤を掘削する際の方法として,山留め工を用いる山留め掘削がある.山留め工としては,鋼矢板や親杭横矢板が用いられる.掘削に当たって,あらかじめ山留め工によって地盤を区切り,掘削に伴って掘削背面の土が掘削側へ移動してくるのを防ぐため,山留めに切り梁やアンカーを用いる.図 13.20 と図 13.21 は,山留め壁の変位と土圧の分布例である[14].掘削深さより上では,切り梁のため変位は抑制されるが,掘削側では,土圧は増大する.この例では,掘削側の土圧はランキン土圧にほぼ等しくなっている.図 13.22 は,山留めによる土圧分布の模式図である.山留め背面の地盤では,山留めの変位により土圧が軽減されるが,掘削側では,変位による土圧は増大する.

擁壁の安定について考慮すべき事項は以下の通りである.

擁壁の安定条件として,擁壁底面と地盤のすべり,擁壁の転倒と地盤の支持力を検討する必要がある.

まず,擁壁底面と地盤のすべりに関しては,図 13.23 に示すように,B を擁壁の幅,W を擁壁の重量,P_v を作用合力の垂直成分,P_h を作用合力の水平成分,とする.単位奥行きを考えると,安全率 F は,

$$F = \frac{P_v \tan \delta}{P_h} \geq 1.5 \qquad (13.57)$$

転倒に対しては,P_v と P_h の合力が擁壁底面内に作用していれば安定である.図 13.24 のように e を中央点からの偏心距離とすると,垂直作用力が断面の核 (中央

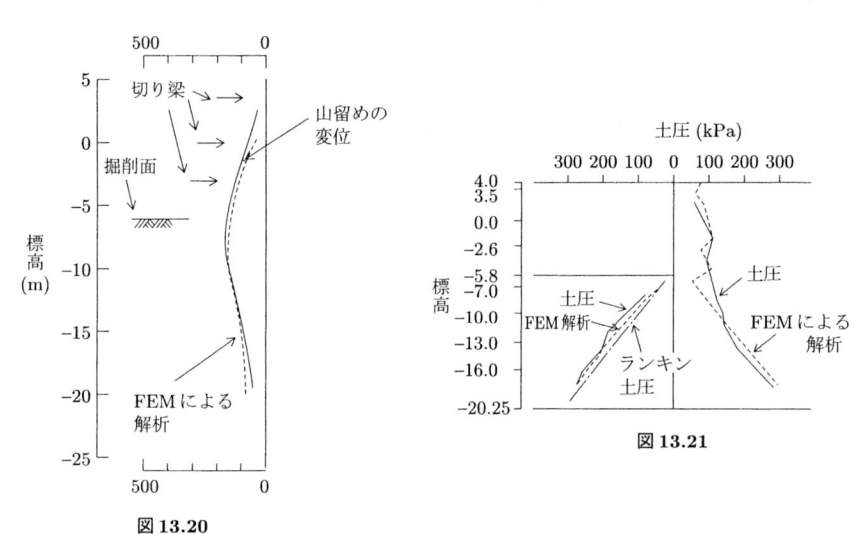

図 13.20

図 13.21

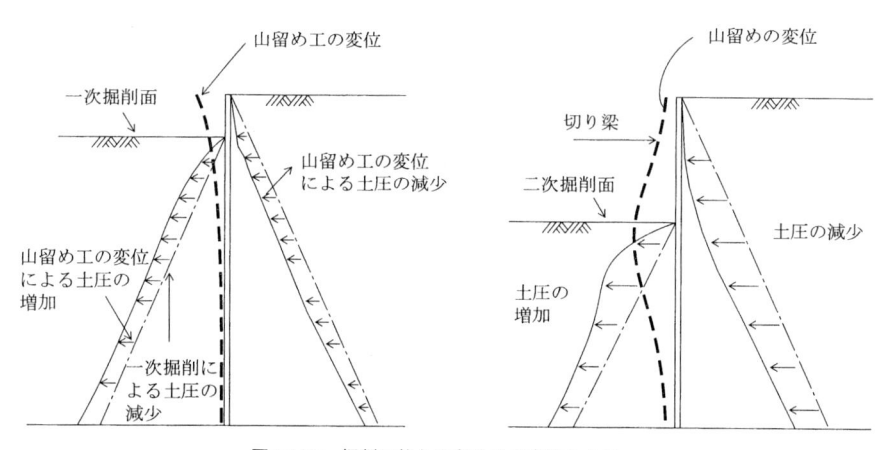

図 13.22 掘削に伴う山留め工の変位と土圧

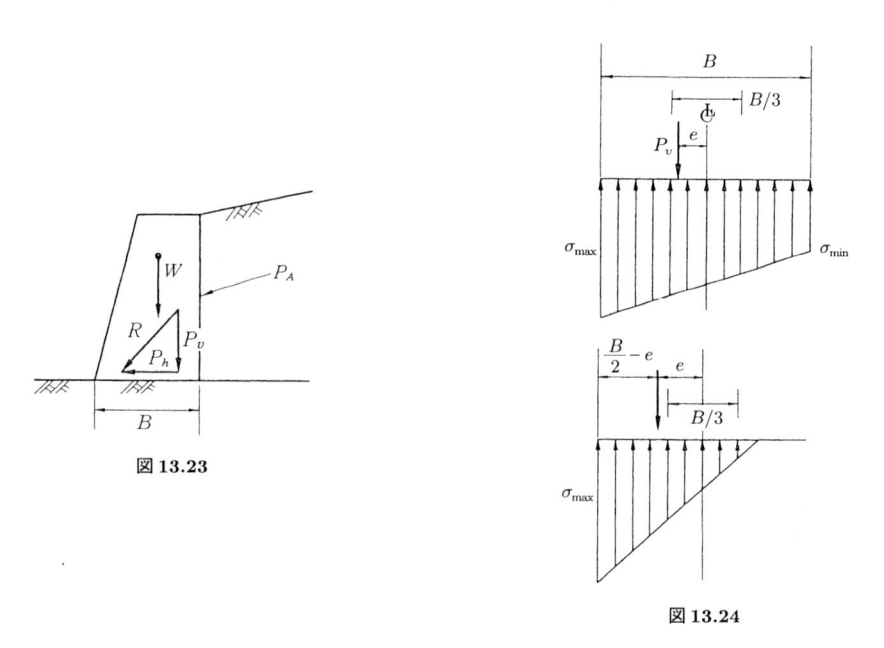

図 13.23

図 13.24

三分点) 内にある時は, W を断面係数, $A = B \times 1$ として,

$$W = \frac{B^2}{6}$$

$$\sigma_{\max} = \frac{P_v}{A} + \frac{M}{W} = \frac{P_v}{B}\left(1 + \frac{6e}{B}\right) \tag{13.58}$$

P_v が断面の核から出る時は, P_v の作用点が地盤反力の合力の作用点になると考

えて，

$$\sigma_{\max} = \frac{4P_v}{3(B-2e)} \quad (13.59)$$

$\sigma_{\max}$ が地盤の支持力すなわち許容圧縮応力より大きければ地盤は安定である．

c. 埋設管に働く土圧

埋設管に働く土圧を考えよう．図 13.25 に示すように，埋設管掘削で緩み領域の幅を $2B$ と考える場合（または，幅 $2B$ で掘削し，埋め戻した場合），地表面からの深さ z での微小部分の鉛直方向の力の釣合いより，

$$2Bdz\gamma + 2B\sigma_v = 2B(\sigma_v + d\sigma_v) + 2\tau dz \quad (13.60)$$

摩擦則より，粘着力 c，摩擦角 ϕ とすると，

$$\tau = c + \sigma_h \tan\phi \quad (13.61)$$

静止土圧係数を K_0 とすると，

$$\sigma_h = K_0 \sigma_v \quad (13.62)$$

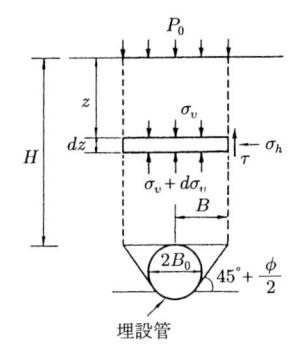

図 13.25 埋設管に働く土圧
$2B$：緩み領域の幅
τ：土の単位体積重量
ϕ：内部摩擦角

式 (13.60), (13.61), (13.62) より，

$$\gamma dz + \sigma_v = \sigma_v + d\sigma_v + \frac{c + K_0 \sigma_v \tan\phi}{B} dz \quad (13.63)$$

$$\frac{d\sigma_v}{dz} + \frac{K_0 \sigma_v \tan\phi}{B} = \gamma - \frac{c}{B} \quad (13.64)$$

$z = 0$ の時，地表面での圧力を $\sigma_v = p_0$ とすると，$\phi \neq 0, c \neq 0$ の場合，

$$\sigma_v = \frac{B(\gamma - c/B)}{K \tan\phi}(1 - e^{-AH}) + p_0 e^{-AH} \quad (13.65)$$

ここで，

$$A = \frac{K_0 \tan\phi}{B} \quad (13.66)$$

一方，地盤上に埋設管を設置して，その上に盛土した場合（図 13.26），τ の方向が逆になるから，$z = 0$ で $\sigma_v = 0$．この時，$\phi \neq 0, c \neq 0$ として，

$$\sigma_v = \frac{B(\gamma - c/B)}{K_0 \tan\phi}(e^{AH} - 1) \tag{13.67}$$

テルツアギー (1943) は緩み領域を考え，トンネルに働く土圧の計算に当たって，図 13.25 に示した幅 B を次式で求めた．

$$B = B_0 + 2B_0 \tan\left(\frac{45° - \phi}{2}\right) \tag{13.68}$$

一方，アーチ効果を考えれば，式 (13.65) と式 (13.67) から求められる土圧より小さくなる．アーチ効果を考えるために，図 13.27 のような剛な壁の中にある土を考える．図の下にある剛なプレートを取り去ると，すべての土は下方に落ちるのではなく，図の右に示したアーチの下の部分のみが落下することになる (Davis and Selvadurai, 2002)．この問題を考えよう．土材料は摩擦角 ϕ，粘着力 c を持ち，密度は ρ とする．壁との摩擦を δ とする．2 次元問題として，力の釣合いを考える．実測などから σ_{xx} は水平方向に一定と仮定できるから，σ_{xy} も y 方向には一定となる．一方，鉛直方向応力 σ_{yy} は，実測やヤンセン (Janssen) の式から一定以上の深さがあれば，y 方向には一定であると仮定できるから，鉛直方向の釣合い式は，

$$\frac{\partial \sigma_{xy}}{\partial x} = \rho g$$

これを積分して $\sigma_{xy} = \rho g x$．

壁との摩擦を考えると，壁に垂直な応力 p_0 は，

$$p_0 = \frac{\rho g a}{\tan\delta}$$

図 13.26

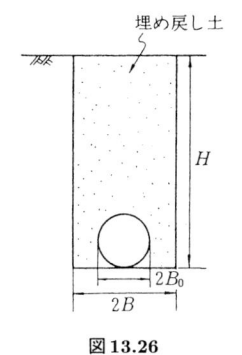

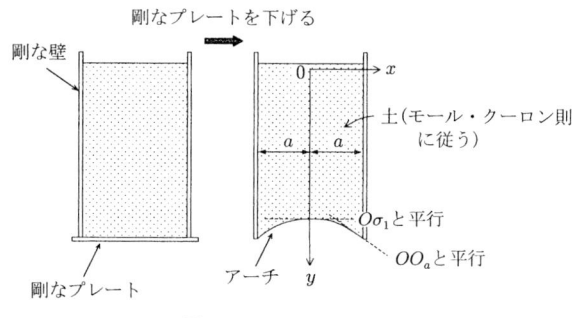

図 13.27

アーチと壁の交差するあたりの応力状態を考えると，主応力は $\sigma_1 = p_0 + \rho g a \tan \delta$ と 0 となる．したがって，モールの円は図 13.28 のようになる．極は O_a となるから，アーチの方向は O–O_a となる．壁から離れると，せん断力は小さくなり，$x = 0$ で 0 となるから，$x = 0$ では，アーチは水平となる．したがって，アーチの傾きは，

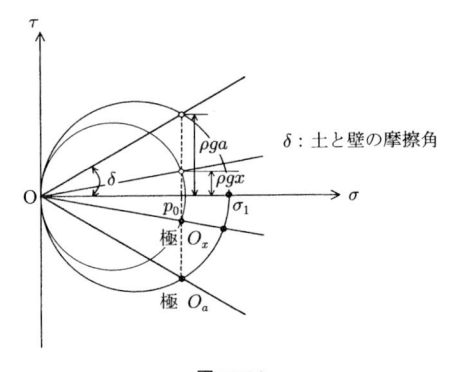

図 13.28

$$\frac{dy}{dx} = \frac{\rho g x}{p_0} = \frac{x}{a} \tan \delta'$$

となり，これを積分すると，C を積分定数として，

$$y = \frac{\tan \delta'}{2a} x^2 + C$$

となるから，アーチは近似的に放物線となる．

ここで，δ' は実際に発揮される摩擦角であり，$\delta' \leq \delta$．粗な壁では最大で ϕ となる．以上，破壊規準を満足する応力状態から近似的なアーチの形状を考えた．つまり，下界定理に基づく考察を行ったが，力の釣合いとアーチ面が任意形状をとれるという条件から，近似的なアーチ形状を求めることもできる (デュラン, 2002)．アーチ効果はトンネルの土圧が深さに比例して大きくならない理由の一つである (村山ら, 1971)．このことより，深いトンネルも築造可能となる．

文 献

1) Mayne, P.W. and Kulhawy, F.H.：Relationships in soil, *ASCE Journal*, **108** (GT6) pp.851-872, 1982.
2) Rankine, W.J.M.：On the stability of loose earth, *Phil. Trans. of the Roy. Soc. of London*, **147**, pp.9-27, 1857.
3) Coulomb, C.A.：Essai sur une application des règles des maximis et minimis à quelques problèmes de statique relatifs à l'architecture, *Mém. acad. roy. pres. divers savants*, **7**, pp.343-382, 1773.
4) Davis, R.O. and Selvadurai, A.S.P.：Plasticity and Geomechanics, Cambridge University Press, 2002.
5) Terzaghi, K.：Theoretical Soil Mechanics, John Wiley & Sons, 1943.
6) J. デュラン著, 中西　秀, 奥村　剛 共訳：粉粒体の物理学, 吉岡書店, 2002.
7) 村山朔郎, 松岡　元：砂質土中のトンネル土圧に関する基礎的研究, 土木学会論文報告集, **187**, pp.95-108, 1971.

8) 岡 二三生：土質力学演習, 森北出版, 1995.
9) Diaz-Rodrigues, J.A., Leroueil, S. and Aleman, J.D.：On yielding of Mexico city clay and other natural clays, *J. Geotechnical Engineering, ASCE*, **118** (7), pp.981-995, 1992.
10) Lambe, T.W. and Whitman, R.V.：Soil Mechanics, John Wiley & Sons, 1969.
11) Taylor, D.W.：Fundamentals of Soil Mechanics, John Wiley & Sons, 1948.
12) 地盤工学会編：新編 土と基礎の設計計算演習, 地盤工学会, 2000.
13) 地盤工学会編：土圧入門, 地盤工学会入門シリーズ 22, 地盤工学会, 1997.
14) Sekiguchi, K. and Oka, F.：Ground deformation during a braced excavation in a thick soft clay deposit, *J. Structural Engineering, JSCE*, **43A**, pp.1403-1410, 1997.
15) 日本建築学会編：建築基礎構造設計指針, 丸善, 2001.
16) 福岡正巳編：新しい土圧入門, 近代図書, 1983.

14 | 地盤の支持力と基礎

14.1 はじめに

構造物の基礎を造る時,自重や外力に対して地盤が大きな変形や破壊をしないためには,支持する基礎地盤が耐えうる上載荷重,すなわち支持力を知る必要がある.

一般に基礎を造る時,地盤に根入れをするのが普通である.根入れ,すなわち地表からの基礎の深さ (D_f) が基礎幅 (B) に対して大きいもの ($\frac{D_f}{B} \geq 1$) を深い基礎,反対に基礎幅に対して根入れが小さい基礎 ($\frac{D_f}{B} < 1$) を浅い基礎と呼ぶ.基礎形式は次のように分類される.浅い基礎には,フーチング基礎,べた基礎や帯基礎がある (図 14.1 (a)).一方,深い基礎には杭基礎やケーソン基礎などが一般的であるが,最近は,連続地中壁基礎や鋼管矢板基礎などがある (図 14.1 (b)).浅い基礎のフーチング基礎やべた基礎では基礎を剛体と見なすのに対して,杭基礎では杭の弾性を考える.ただし,ケーソン基礎では,一般に基礎幅 B が大きいため,必

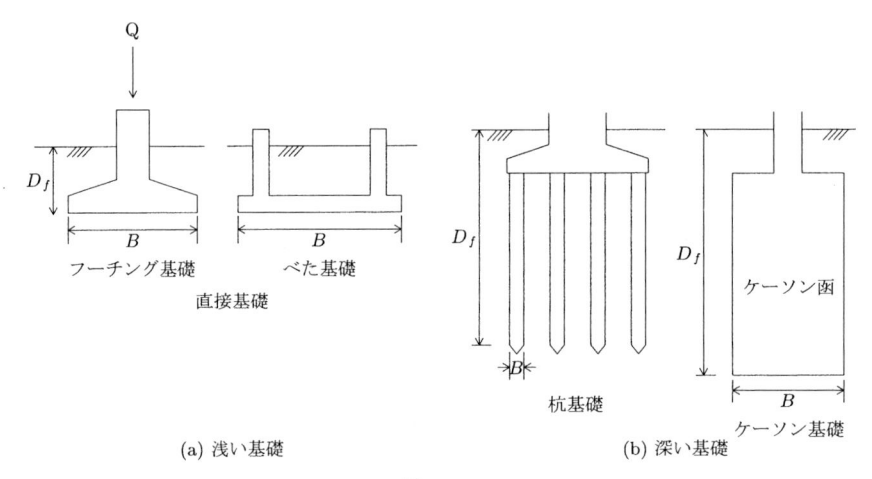

図 14.1

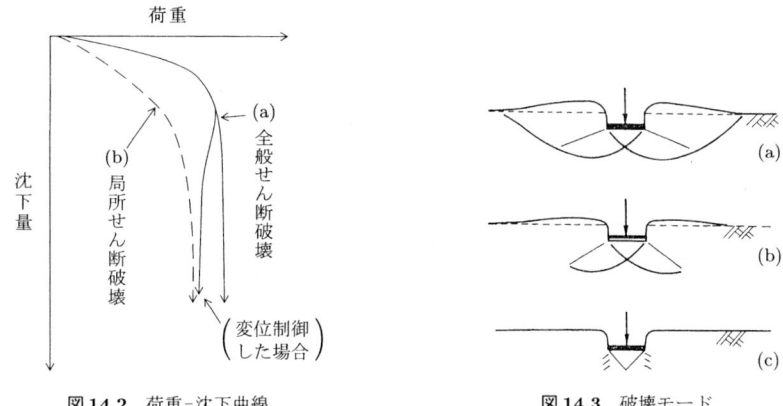

図14.2 荷重−沈下曲線　　　　**図14.3** 破壊モード

ずしも基礎底面と地表との距離は短くなく，変形を考慮する必要がある場合もある．フーチング基礎，べた基礎などの直接基礎は，上載荷重を基礎スラブ（基礎版）底面から直接地盤に伝える形式の基礎で，硬質な地盤など地盤条件のよい場合に用いられる．杭基礎は，杭先端の支持力と杭周辺の摩擦で上載圧を支える基礎形式で，比較的地盤条件の悪い軟弱地盤でも基礎として用いられる．主に先端抵抗によるものを支持杭，周辺摩擦によるものを摩擦杭と呼ぶ．摩擦杭は，支持層が深い場合に用いられる．ケーソン基礎は，杭基礎が適当でない場合や大きな剛性が必要な場合に用いられ，直接基礎と異なり，側面の反力を見込む．ケーソンは箱型または筒状の躯体で，通常鉄筋コンクリートなどで作成され，底面から土を排出しながら沈設する．

　一般に，図14.2の曲線 (a) に示すように，基礎地盤への荷重が増加すると，地盤の変形が進行するが，やがて塑性変形が卓越し，荷重が最大となって破壊に至る．実際には荷重制御で荷重−沈下曲線を求めるため，ピーク後ひずみが急増するが，変位制御ではピークを持つ曲線となる（図14.2）．このような荷重−変位曲線は硬質の土（密な砂や硬質粘土）でよく見受けられる．この時の破壊のモード（図14.3(a)）では，基礎の端から発達したせん断帯（せん断変形の集中する領域）は図のように地表に到達する．この時，地表は盛り上がる．このような基礎地盤の破壊を全般せん断破壊 (general shear failure)，その時の最大荷重を極限支持力 (limit bearing capacity) と呼ぶ．一方，軟らかい軟弱な地盤では，図14.2の曲線 (b) のような荷重−変位曲線を示す．これを局所（局部）せん断破壊 (local shear failure) と呼ぶ．この場合，変形の集中するせん断帯が基礎の端から十分発達せず，周りの地盤の膨張量も小さい（図14.3(b)）．この場合も最大荷重を極限支持力と呼ぶ．

図14.3(c)のような破壊モードをパンチングシアー (punching shear) と呼び，基礎の底面直下の土の圧縮量が大きい．極限支持力に対して，安全率を考慮したものを許容支持力 (allowable bearing capacity) と呼ぶ．一方，上部構造物の機能や安全性を損なわない範囲で許される沈下量からみて，許容しうる沈下量を超えないことも重要であり，かつ基礎構造部材が許容応力度を超えないことが必要となる．『建築基礎構造設計指針』(2001) では，直接基礎の設計において終局，損傷，使用限界状態という3つの限界状態に対する要求性能を示し，その要求性能に対して必要な支持力を算定することになっている．したがって，損傷限界状態に対しては，地盤が過大な変形を生じないことが必要であるが，終局限界状態に対しては地盤が崩壊せず，直接基礎全体が鉛直支持性能を喪失しないことが要求される．使用限界状態に対しては，使用上有害な地盤の変形が生じないことが要求性能となっている．直接基礎の荷重–沈下曲線と限界状態の対応は，図14.4のように表される．

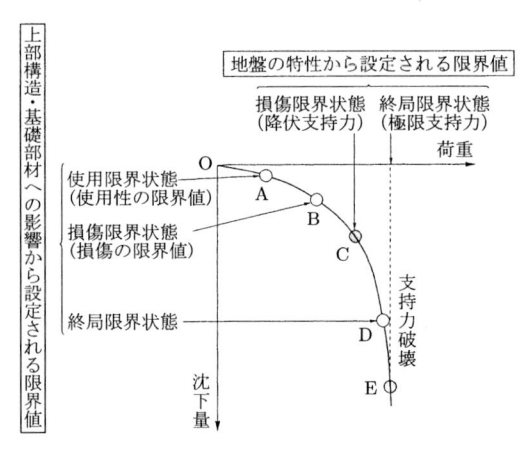

図14.4 直接基礎の荷重-沈下関係と限界状態の対応（日本建築学会, 2001）

基礎地盤の支持力を算定するための古典的極限解法として，①ランキンくさびによる解，②すべり線解法によるプラントル (Prandtl) の解，③テルツアギーによる解の3つが代表的である．

14.2 すべり線解法

基礎荷重による地盤の挙動の解析問題は，一般に弾塑性問題であるが，破壊のみに注目すれば，問題の解析を容易にするために地盤を剛塑性体として近似するこ

図 14.5

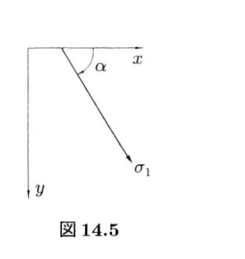

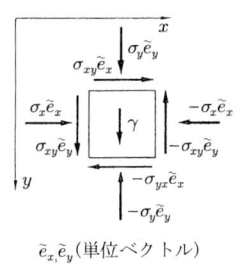

図 14.6 $\tilde{e}_x, \tilde{e}_y$（単位ベクトル）

とは，金属塑性論をはじめ古くから用いられてきた．ここでは，簡単のため 2 次元問題を考える．まず，2 次元応力状態において，応力で表した力の釣合い式とモール・クーロンの破壊規準から求められる偏微分方程式を導く．ただし，土の自重 γ を無視する．

図 14.5 に示す座標軸に対して，最大主応力 σ_1 と x 軸のなす角（ここでは y 座標が下向きなので時計回りに測る）を α とする．この時，最小主応力を σ_3 として，各応力成分は次のように表される（図 14.6）．$(\sigma_1 \geq \sigma_3)$．

$$\sigma_x = \frac{\sigma_1 + \sigma_3}{2} + \frac{\sigma_1 - \sigma_3}{2} \cos 2\alpha$$

$$\sigma_y = \frac{\sigma_1 + \sigma_3}{2} - \frac{\sigma_1 - \sigma_3}{2} \cos 2\alpha$$

$$\sigma_{xy} = \frac{1}{2}(\sigma_1 - \sigma_3) \sin 2\alpha \tag{14.1}$$

ここで，

$$p = \frac{\sigma_1 + \sigma_3}{2}, \quad q = \frac{\sigma_1 - \sigma_3}{2}$$

とおくと，応力成分は次のように書き直すことができる．

$$\sigma_x = p + q \cos 2\alpha, \quad \sigma_y = p - q \cos 2\alpha, \quad \sigma_{xy} = q \sin 2\alpha \tag{14.2}$$

これらをモール・クーロンの破壊規準（$q = p \sin\phi + c \cos\phi$，$\phi$：摩擦角，$c$：粘着抵抗力）を用いて書き直すと，

$$\sigma_x = p + (p \sin\phi + c \cos\phi) \cos 2\alpha$$

$$\sigma_y = p - (p \sin\phi + c \cos\phi) \cos 2\alpha$$

$$\sigma_{xy} = (p \sin\phi + c \cos\phi) \sin 2\alpha \tag{14.3}$$

となる.

自重を無視した場合，2次元応力場の釣合い式は次式となる．

$$\frac{\partial \sigma_x}{\partial x} + \frac{\partial \sigma_{xy}}{\partial y} = 0, \quad \frac{\partial \sigma_{yx}}{\partial x} + \frac{\partial \sigma_y}{\partial y} = 0 \qquad (14.4)$$

これらの式に式 (14.3) を代入すると，次のような偏微分方程式が得られる．

$$(1 + \sin\phi\cos 2\alpha)\frac{\partial p}{\partial x} + \sin\phi\sin 2\alpha\frac{\partial p}{\partial y} - 2q\sin 2\alpha\frac{\partial \alpha}{\partial x} + 2q\cos 2\alpha\frac{\partial \alpha}{\partial y} = 0$$

$$\sin\phi\sin 2\alpha\frac{\partial p}{\partial x} + (1 - \sin\phi\cos 2\alpha)\frac{\partial p}{\partial y} + 2q\cos 2\alpha\frac{\partial \alpha}{\partial x} + 2q\sin 2\alpha\frac{\partial \alpha}{\partial y} = 0$$
$$(14.5)$$

ただし，

$$q = p\sin\phi + c\cos\phi$$

である．式 (14.5) は拡張されたケッター (Kötter) の式と呼ばれ，双曲型の偏微分方程式に分類されている．

ここで，双曲型偏微分方程式 (14.5) の特性曲線を求めよう．双曲型の偏微分方程式は，特性曲線を持ち，その特性曲線に沿っては，偏微分方程式は常微分方程式に変換される．

式 (14.5) で，$A = \sin\phi\cos 2\alpha$, $B = \sin\phi\sin 2\alpha$, $C = 2q\sin 2\alpha$, $D = 2q\cos 2\alpha$ とおくと，

$$(1+A)\frac{\partial p}{\partial x} + B\frac{\partial p}{\partial y} - C\frac{\partial \alpha}{\partial x} + D\frac{\partial \alpha}{\partial y} = 0$$

$$B\frac{\partial p}{\partial x} + (1-A)\frac{\partial p}{\partial y} + D\frac{\partial \alpha}{\partial x} + C\frac{\partial \alpha}{\partial y} = 0 \qquad (14.6)$$

双曲型の偏微分方程式には 2 つの特性方向が存在し，その方向への全微分は，

$$\frac{\partial p}{\partial x}dx + \frac{\partial p}{\partial y}dy = dp, \quad \frac{\partial \alpha}{\partial x}dx + \frac{\partial \alpha}{\partial y}dy = d\alpha \qquad (14.7)$$

式 (14.6), (14.7) をマトリックス形に書き直すと，

$$[X] = \begin{bmatrix} 1+A & B & -C & D \\ B & 1-A & D & C \\ dx & dy & 0 & 0 \\ 0 & 0 & dx & dy \end{bmatrix} \qquad (14.8)$$

14.2 すべり線解法

$$[X]\begin{bmatrix}\frac{\partial p}{\partial x}\\ \frac{\partial p}{\partial y}\\ \frac{\partial \alpha}{\partial x}\\ \frac{\partial \alpha}{\partial y}\end{bmatrix}=\begin{bmatrix}0\\0\\dp\\d\alpha\end{bmatrix} \quad (14.9)$$

式 (14.9) で表される連立方程式系は, $\det[X] \neq 0$ であれば一意的解を持ち, 偏微分量が一意に定まる. したがって, 連続な解が構成できるが, 今求めようとしているのはそのような解ではない. すべり面に対応する不連続な解を許す場合を考えよう. $\det[X] = 0$ の場合を考える. この条件から,

$$(\sin\phi + \cos 2\alpha)\left(\frac{dy}{dx}\right)^2 + (\sin\phi - \cos 2\alpha) - 2\sin 2\alpha\left(\frac{dy}{dx}\right) = 0 \quad (14.10)$$

式 (14.10) の解として,

$$\frac{dy}{dx} = \frac{\sin 2\alpha \pm \cos\phi}{\sin\phi + \cos 2\alpha} = \tan\left(\alpha \pm \left(\frac{\pi}{4} - \frac{\phi}{2}\right)\right) \quad (14.11)$$

が得られる. これが特性曲線である (図 14.7, 図中 $\beta = \frac{\pi}{4} - \frac{\phi}{2}$). この特性曲線上では, 微分量が唯一に決まらないから, この曲線を横切って解が不連続になることが許される. このことから, 特性曲線をすべり線と見なすことができる.

一方, 式 (14.5) と式 (14.10) から, 特性曲線に沿って次の微分関係が成り立つ. 式 (14.11) の第 2 項の分子のマイナス符号 $-$ に対応して,

$$\text{特性線 } s_1 : dp - 2(p\tan\phi + c)d\alpha = 0 \quad (14.12)$$

同様に, 式 (14.11) 第 2 項の分子のプラス符号 $+$ に対応して,

$$\text{特性線 } s_2 : dp + 2(p\tan\phi + c)d\alpha = 0 \quad (14.13)$$

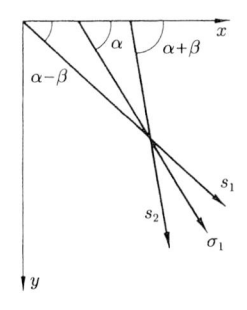

図 14.7

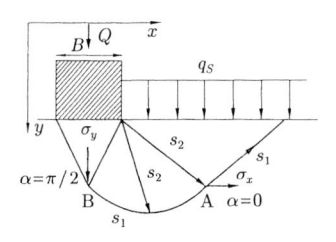

図 14.8

が得られる.

図 14.8 に剛な帯状フーチング下の地盤中の特性曲線 S_1, S_2 が描かれている. q_s を上載荷重として, モール・クーロンの破壊規準を満たす時の地盤の支持力 (フーチング直下の垂直応力 σ_y) を求めよう. ただし, 自重の効果は無視し, 摩擦角 ϕ, 粘着抵抗力を c とする.

点 A では $\alpha = 0$, 点 B では $\alpha = \pi/2$ だから, 式 (14.12) を A から B まで積分すると,

$$\int_{p_A}^{p_B} \frac{dp}{p \tan\phi + c} = \int_0^{\pi/2} 2d\alpha = [2\alpha]_0^{\pi/2} = \pi \tag{14.14}$$

これより,

$$p_B \tan\phi + c = (p_A \tan\phi + c) \exp(\pi \tan\phi) \tag{14.15}$$

一方, 点 A では上載圧が q_s で, 受働状態にあることを考慮すると,

$$p_A = \frac{c \cos\phi + q_s}{1 - \sin\phi} \tag{14.16}$$

だから,

$$p_B = \left(\frac{c \cos\phi + q_s}{1 - \sin\phi} + \frac{c}{\tan\phi} \right) \exp(\pi \tan\phi) - \frac{c}{\tan\phi} \tag{14.17}$$

式 (14.17) を式 (14.3) の第 2 式に代入すると,

$$\sigma_y = p_B(1 + \sin\phi) + c \cos\phi = \frac{1 + \sin\phi}{1 - \sin\phi} \exp(\pi \tan\phi) q_s$$
$$+ \left(\frac{1 + \sin\phi}{1 - \sin\phi} \exp(\pi \tan\phi) - 1 \right) c \cot\phi \tag{14.18}$$

したがって, 支持力 $\frac{Q}{B}$ を支持力係数 N_q, N_c で表すと次のように表現される.

$$\frac{Q}{B} = \sigma_y = N_q q_s + N_c c \tag{14.19}$$

$$N_q = \frac{1 + \sin\phi}{1 - \sin\phi} \exp(\pi \tan\phi) \tag{14.20}$$

$$N_c = (N_q - 1) \cot\phi \tag{14.21}$$

$\phi = 0$ の時, つまり, 摩擦を考えない時の支持力は $q_s = 0$ の場合, 式 (14.18) にロピタル (l'Hopital) の定理を用いると, $q_c = 5.14c$ と求まる.

14.3 テルツアギーの支持力解

テルツアギーはプラントルの解を基礎にして,次のような浅い基礎に対する支持力を算定した (図 14.9). 特徴は以下の通りである.
① すべり面の形はプラントルの解を参考にする.
② 帯基礎 (フーチング) の底面は粗い.
③ フーチング直下のくさび面を剛体の壁と考え,この壁が土の方向に移動するとして, bc 面で受働土圧 P_p を考える.
④ フーチング直下のくさび面と水平面のなす角度は土の内部摩擦角 ϕ と等しいとする.
⑤ 土の自重に対する支持力係数 N_γ と粘着力と根入れに対する支持力係数, N_c, N_q を求める方法が異なり, N_γ を求める時の極が対数らせんのものと異なる.

ただし,④の仮定は実際と異なるといわれている (たとえば, 山口, 1984).

$\overline{bc}$ 面に働く受働土圧は 3 つの成分, それぞれ P_γ (自重による), P_c (粘着力による), P_q (根入れによる) からなるとする.

まず受働土圧として,粘着力によるものと根入れによるもののみを考える.

$$P_p = P_c + P_q \tag{14.22}$$

$\overline{cd}$ 間を対数らせんと考え,すべり線を図 14.9 (a) のように仮定する. $\overline{df}$, および $\overline{bc}$ 面に働く受働土圧は自重を考えないので, $\overline{df}$, および $\overline{bc}$ の中点に働くとする. ここで,境界条件に注意すると対数らせんの動径方向は 1 つのすべり面と考えられる. ここで, 13.2 節で述べたように,各すべり面は最大主応力方向と $45° - \frac{\phi}{2}$ で交わるから, 2 つのすべり面は $90° - \phi$ の角度で交わることになる. 図 14.9 (b) に示すように,対数らせんは動径と $90° - \phi$ の角度で交わるから, 1 つのすべり面と考えることができることに注意したい.

△abc での力の釣合いより, 図 14.9 (a) を参考にすると,

$$Q_u = 2P_p + 2C_a \sin\phi - \frac{\gamma B^2}{4} \tan\phi \tag{14.23}$$

$$C_a = \frac{cB}{2\cos\phi} \tag{14.24}$$

$$Q_u = 2P_p + cB \tan\phi - \frac{\gamma B^2}{4} \tan\phi \tag{14.25}$$

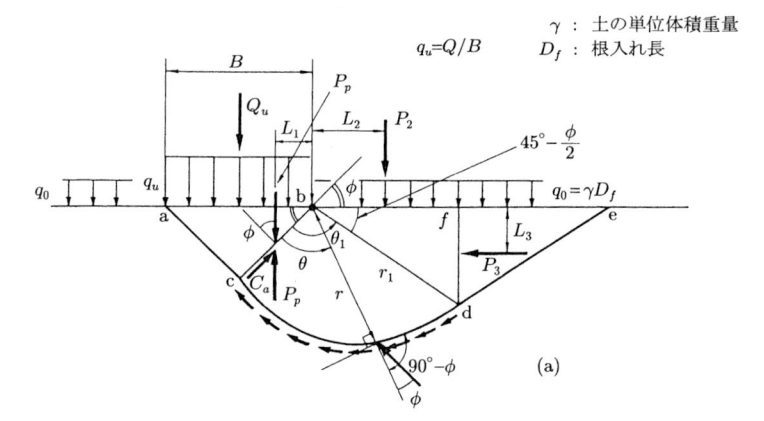

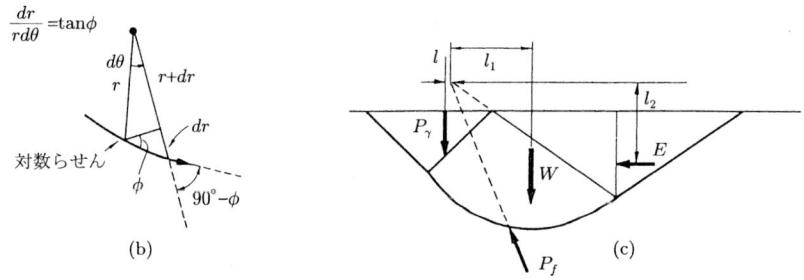

図 14.9 テルツアギーの支持力解

$$L_1 = \frac{r_0 \cos\phi}{2}, \quad r_0 = \overline{\text{bc}} \tag{14.26}$$

ここで, γ は土の単位体積重量, ϕ は内部摩擦角, B はフーチングの幅である.

受働土圧 P_p, P_3, 根入れによる荷重 P_2 と対数らせん $\overline{\text{cd}}$ に働く粘着力による抵抗モーメント $\int_c^d cr\cos\phi ds$ を考えると, 対数らせんの極 b 点に関するモーメントの釣合いより,

$$P_p \times L_1 = P_3 \times L_3 + P_2 \times L_2 + \int_c^d cr\cos\phi ds \tag{14.27}$$

$$ds = \frac{rd\theta}{\cos\phi} \tag{14.28}$$

だから, 以下の関係式より,

$$L_2 = \frac{1}{2}r_1 \cos\left(45° - \frac{\phi}{2}\right) \tag{14.29}$$

$$L_3 = \frac{1}{2}r_1 \sin\left(45° - \frac{\phi}{2}\right) \tag{14.30}$$

$$P_3 \times L_3 = \left[2c\tan\left(45° + \frac{\phi}{2}\right) + q_0\tan^2\left(45° + \frac{\phi}{2}\right)\right] \times 2L_3^2 \tag{14.31}$$

$$P_2 \times L_2 = q_0 r_1 \cos\left(45° - \frac{\phi}{2}\right) \times L_2$$
$$= \frac{1}{4} q_0 r_1^2 1 + \sin\phi \tag{14.32}$$

$$2L_3^2 = \frac{1 - \sin\phi}{4} r_1^2$$

式 (14.27) は,

$$P_p \times \frac{r_0 \cos\phi}{2} = c \int_c^d r^2 d\theta + \frac{cr_1^2 \cos\phi}{2} + \frac{1}{2} q_0 (1 + \sin\phi) r_1^2 \tag{14.33}$$

ここで,

$$r_0 = \frac{B}{2\cos\phi} \tag{14.34}$$

$$\frac{dr}{rd\theta} = \tan\phi \tag{14.35}$$

だから, 式 (14.35) を c 点で $\theta = 0$, d 点で $\theta = \theta_1$ の条件下で積分すると,

$$\frac{r_1^2}{r_0^2} = \exp(2\theta_1 \tan\phi) \tag{14.36}$$

ここで, 図 14.9 (a) より,

$$\theta_1 = \frac{3\pi}{4} - \frac{\phi}{2} \tag{14.37}$$

式 (14.33) の右辺第 1 項は, 式 (14.35) と式 (14.36) を用いて,

$$c \int_c^d r^2 d\theta = \frac{c}{2\tan\phi} [r_0^2 \exp(2\theta \tan\phi)]_c^d$$
$$= \frac{cr_0^2}{2\tan\phi} [\exp(2\theta_1 \tan\phi) - 1]$$

したがって,

$$P_p = \frac{Bq_0}{2(1 - \sin\phi)} \exp(2\theta_1 \tan\phi) + \frac{Bc}{2\sin\phi \cos\phi}[(1 + \sin\phi)\exp(2\theta_1 \tan\phi) - 1]$$

はじめに, $P_p = P_c + P_q$ と仮定したから,

$$P_c = \frac{Bc}{2\sin\phi \cos\phi}[(1 + \sin\phi)\exp(2\theta_1 \tan\phi) - 1]$$

$$P_q = \frac{Bq_0}{2(1 - \sin\phi)} \exp(2\theta_1 \tan\phi)$$

となる. 式 (14.25) より,

$$Q_u = 2P_p + cB\tan\phi - \frac{\gamma B^2}{4}\tan\phi \tag{14.38}$$

したがって，P_γ も含めて考えると，$P_p = P_c + P_q + P_\gamma$ だから，極限支持力 q_u は次のように求められる．

$$q_u = \frac{Q_u}{B} = \frac{2P_c}{B} + \frac{2P_q}{B} + c\tan\phi + \frac{2P_\gamma}{B} - \frac{\gamma B}{4}\tan\phi \tag{14.39}$$

この支持力を支持力係数 (N_c, N_q, N_γ) を用いて表すと，次のようになる．

$$q_u = c\left[\frac{2P_c}{cB} + \tan\phi\right] + q_0\left[\frac{2P_q}{q_0 B}\right] + \frac{\gamma B}{2}\left[\frac{4P_\gamma}{\gamma B^2} - \frac{1}{2}\tan\phi\right] \tag{14.40}$$

$$= cN_c + q_0 N_q + \frac{\gamma B}{2}N_\gamma \tag{14.41}$$

$$N_q = \frac{1}{1-\sin\phi}\exp(2\theta_1\tan\phi) \tag{14.42}$$

$$N_c = \tan\phi + \frac{1}{\sin\phi\cos\phi}[(1+\sin\phi)\exp(2\theta_1\tan\phi) - 1] \tag{14.43}$$

書き直すと，

$$N_q = \frac{1}{1-\sin\phi}\exp\left(\left(\frac{3\pi}{2} - \phi\right)\tan\phi\right) \tag{14.44}$$

$$N_c = (N_q - 1)\cot\phi \tag{14.45}$$

自重に関する支持力係数 N_γ は図 14.9 (c) に示すように，異なる極に関するモーメントから，最小の P_γ を次式で求め，式 (14.40) と式 (14.41) から決定することになる．

$$P_\gamma \times l = W \times l_1 + E \times l_2 \tag{14.46}$$

N_γ としては，マイヤーホッフ (1963) の次式がよく知られている．

$$N_\gamma = (N_q - 1)\tan(1.4\phi) \tag{14.47}$$

マイヤーホッフは N_q, N_c として次のような支持力係数を提案している．

$$N_q = \exp(\pi\tan\phi)\tan^2\left(45° + \frac{\phi}{2}\right) \tag{14.48}$$

$$N_c = (N_q - 1)\cot\phi \tag{14.49}$$

『建築基礎構造設計指針』では，式 (14.20), (14.21) および式 (14.47) が推奨されている．

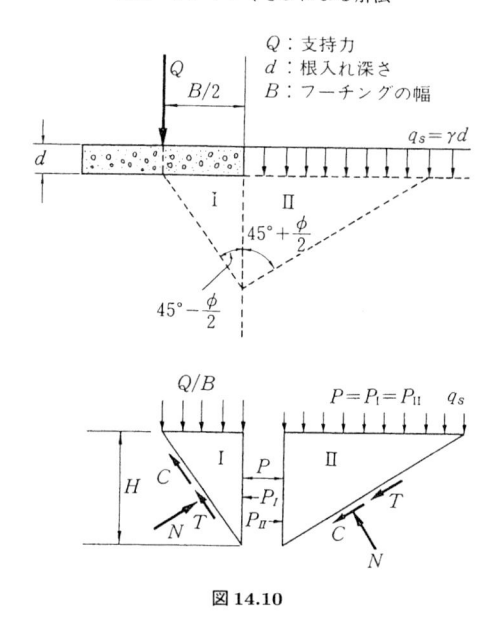

14.4 ランキンくさびによる解法

Q：支持力
d：根入れ深さ
B：フーチングの幅

図 14.10

14.4 ランキンくさびによる解法

基礎底面は滑らかであるとして，ランキンくさび (主働および受働塑性域) による支持力を求めよう．

内部摩擦角を ϕ，粘着抵抗力を c' とすると，主働くさび I に働く最大力 P_I は，図 14.10 より，

$$P_I = \frac{QH}{BN_\phi} + \frac{1}{2}\gamma H^2 \frac{1}{N_\phi} - 2c'H\sqrt{\frac{1}{N_\phi}} \tag{14.50}$$

ここで，$N_\phi = \tan^2(45° + \frac{\phi}{2})$ は流動値である．したがって，支持力 Q は $H = \frac{B}{2}\tan(45° + \frac{\phi}{2}) = \frac{B}{2}\sqrt{N_\phi}$ だから，

$$\frac{Q}{B} = \frac{2P_I}{B}\sqrt{N_\phi} - \frac{1}{4}\gamma B\sqrt{N_\phi} + 2c'\sqrt{N_\phi} \tag{14.51}$$

受働くさび II に働く最大力 P_{II} は，図 14.10 より，

$$P_{II} = q_s H N_\phi + \frac{1}{2}\gamma H^2 N_\phi + 2c'H\sqrt{N_\phi} \tag{14.52}$$

$$P_{II} = q_s \frac{B}{2} N_\phi^{3/2} + \frac{1}{8}\gamma B^2 N_\phi^2 + c'BN_\phi \tag{14.53}$$

$P_I = P_{II}$ だから，式 (14.51) と式 (14.53) より，単位基礎幅当たりの支持力は

$$\frac{Q}{B} = \frac{\gamma B}{4}\left(N_\phi^{5/2} - N_\phi^{1/2}\right) + 2c'\left(N_\phi^{3/2} + N_\phi^{1/2}\right) + q_s N_\phi^2 \qquad (14.54)$$

支持力係数 (N_c, N_γ, N_q) を用いて書き直すと，根入れを d, $q_s = \gamma d$ として，

$$\frac{Q}{B} = c' N_c + \gamma B \frac{N_\gamma}{2} + \gamma d N_q \qquad (14.55)$$

$$N_c = 2\left(N_\phi^{3/2} + N_\phi^{1/2}\right) \qquad (14.56)$$

$$N_\gamma = \frac{1}{2}\left(N_\phi^{5/2} - N_\phi^{1/2}\right) \qquad (14.57)$$

$$N_q = N_\phi^2 \qquad (14.58)$$

となる．

図 14.11 (a) は内部摩擦角 ϕ とテルツアギーの支持力係数 N_c, N_q とマイヤーホッフの支持力係数 N_γ との関係を図示したものである．図 14.11(a) より，N_c は $\phi = 0$ で 5.71，N_q は $\phi = 0$ で 1.0 になること，摩擦角が 35° 以下では，N_c が大きいことに注意したい．図 14.11 (b) はプラントルの解とマイヤーホッフの式 (14.47) から求めた N_γ の関係である．

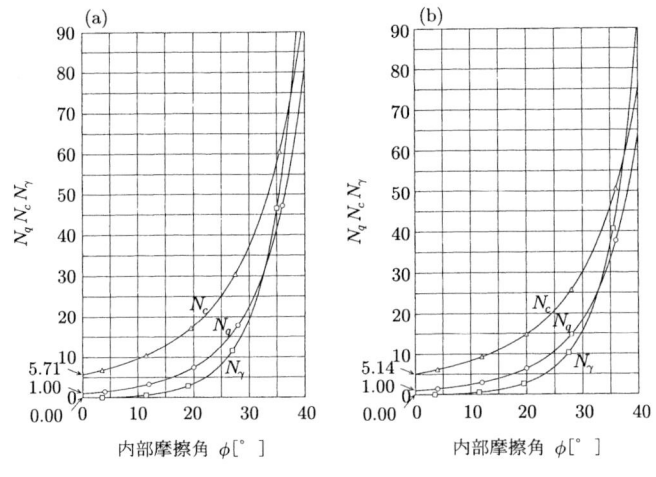

図 14.11

14.5 支持力公式

前節で述べたような極限解析法によって導かれた支持力を基礎に，基礎の形状など種々の効果を考慮し，以下のような一般化支持式が用いられている．

$$q_u = \frac{Q_u}{A} = \alpha c N_c + \frac{1}{2}\beta \gamma_1 B N_\gamma + \gamma_2 D_f N_q \qquad (14.59)$$

ここで，q_u：基礎底面地盤の極限支持力度，Q_u：極限支持力，A：基礎の底面積 (ただし荷重に偏心がある場合は有効面積)，c：粘着抵抗力，γ_1：基礎荷重面下にある土の単位体積重量，γ_2：基礎荷重面より上にある土の単位体積重量，B：基礎幅 (円形基礎では直径)，D_f：根入れ深さである．α と β は基礎の形状による補正係数である．

形状係数は，ハンセン (Hansen, 1970) やドビィヤ (De Beer, 1970) の実験的研究によって，次のように求められている．

$$\alpha = 1 + \frac{BN_q}{LN_c} \qquad (14.60)$$

$$\beta = 1 - 0.4\frac{B}{L} \qquad (14.61)$$

$$N_q \text{の項に関する形状係数} = 1 + \frac{B}{L}\tan\phi' \qquad (14.62)$$

図 14.12 は乾燥砂を用いた基礎形状の違いによる支持力-沈下挙動の模型実験結果である．円形基礎では，長方形基礎の 1/2 以下の支持力 (最大荷重) となっている．

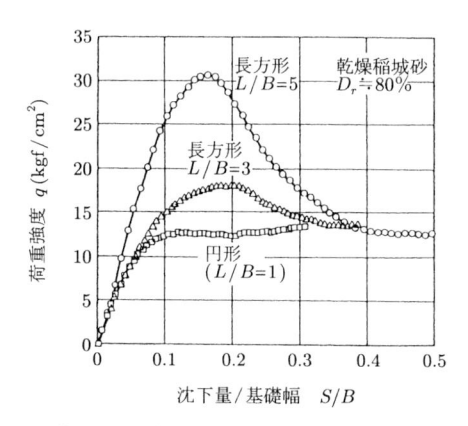

図 14.12 基礎形状の違いによる支持力-沈下挙動の変化 (森影ら, 1990)

表 14.1

係数	帯状基礎	正方形基礎	円形基礎	長方形
α (テルツアギー, 道路)	1	1.3	1.3	$1+0.3B/L$
α (建築)	1	1.2	1.2	$1.0+0.2B/L$
β (テルツアギー)	1	0.8	0.6	$1 \sim 0.2B/L$
β (道路)	1.0	0.6	0.6	$1 \sim 0.4B/L$
β (建築)	0.5	0.3	0.3	$0.5 \sim 0.2B/L$

注) ただし, B は長方形の短辺長さ, L は長方形の長辺長さである.
　道路:道路橋示方書・同解説 IV 下部構造編 (2002) より
　建築:建築基礎構造設計指針 (2001) より

基礎の形状係数は, 以上のような研究と実験を参考に表 14.1 のような値が用いられている.

以上は全般せん断破壊についてであるが, 局所せん断破壊のモードの場合は, $c' = \frac{2}{3}c$, $\phi' = \frac{2}{3}\phi$, または, $\tan\phi' = \frac{2}{3}\tan\phi$ として同じ支持力式を用い, 強度低下によって破壊モードの差を表現する.

その他, 深さに関する補正係数も提案されている (De Beer, 1970).
N_q の項に対して, マイヤーホッフ (1963) は以下の係数を提案している.

$$d_q = 1 + 0.26\frac{D_f}{B} \qquad (14.63)$$

その他, 支持力には, 地盤の異方性が影響することが明らかとなっている (森影ら, 1990).

支持力を求める方法には, テルツアギーと同様の支持力式から求める方法の他に, 平板載荷試験や直接標準貫入試験の N 値から求める方法がある.

図 14.13 は, 道路で採用されている支持力係数と内部摩擦角 ϕ の関係を表したものである.

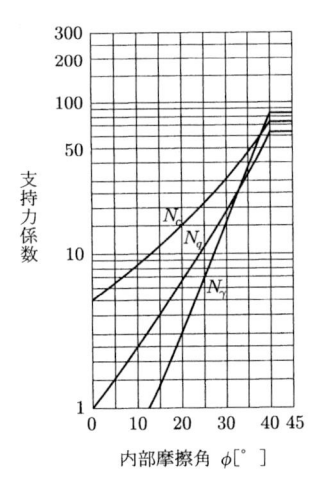

図 14.13 支持力係数(道路) (道路橋示方書, 2002)

1) 許容支持力

根入れ深さに比べて内部摩擦角や粘着力の算定は不確実性が高いので, 安全率 F を考えて極限支持力に対して, 許容支持力を考える.

$$Q_a = \frac{1}{F}(Q_u - \gamma D_f A) + \gamma D_f A \qquad (14.64)$$

ここで，Q_a：許容支持力，Q_u：極限支持力，A：基礎の有効載荷面積，D_f：基礎の有効根入れ深さである．

単位面積当たりの許容支持力度で表すと，

$$q_u = q_{\text{net}} + \gamma D_f \tag{14.65}$$

$$q_{\text{net}} = c'N_c + \gamma B \frac{N_\gamma}{2} + \gamma D_f(N_q - 1) \tag{14.66}$$

『道路橋示方書・同解説』では，常時で $F = 3$，暴風時やレベル 1 の地震時で $F = 2$ としている．

2) 偏心荷重

荷重に偏心がある場合は，B の代わりに有効幅 B' を用いる．『建築基礎構造設計指針』では，$B' = B - 2e$，e：偏心量，$e = M/V$，M：基礎底面に作用するモーメント，V：鉛直荷重 である．

3) 傾斜荷重

地震時など水平荷重が加わり，荷重が傾斜している場合，支持力公式の 3 つの項にそれぞれ補正係数 i_c, i_q, i_γ をかける．建築では，$i_c = i_q = (1 - \theta/90°)^2$，$i_\gamma = (1 - \theta/\phi)^2$，$\theta$ は荷重の傾斜角，$\tan\theta = H/V$（H：水平荷重，V：鉛直荷重）で，$\tan\theta \leq \mu$（μ：基礎底面の摩擦係数），ϕ は土の内部摩擦角としている．

土中 1.0 m の深さにある幅 1.5 m の帯状基礎がある．土の単位体積重量を $18\,\text{kN/m}^3$，粘着力を $150\,\text{kN/m}^2$，内部摩擦角を 25° として，極限支持力（q_u）と安全率を 3 とした許容支持力（q_a）を求めてみよう．

マイヤーホッフの支持力式から支持力係数を求める．式 (14.47)，(14.48) と式 (14.49) から，$N_q = 10.7$，$N_c = 20.7$，$N_\gamma = 6.8$．

したがって，

$$\begin{aligned} q_u &= cN_c + \frac{1}{2}\gamma B N_\gamma + \gamma D_f N_q \\ &= 150 \times 20.7 + \frac{1}{2} \times 18 \times 1.5 \times 6.8 + 18 \times 1.2 \times 10.7 = 3428\,\text{kN/m}^2 \end{aligned}$$

安全率を 3 として，$q_a - \gamma D_f = \frac{1}{3}q_u$ とおくと，

$$q_a = \gamma D_f + \frac{1}{3}q_u = 1164\,\text{kN/m}^2$$

ゆえに，極限支持力は $2862\,\text{kN/m}^2$，許容支持力は $976\,\text{kN/m}^2$ となる．

14.6 杭 基 礎

直接基礎などの浅い基礎に対して，支持層が深い場合には深い基礎が必要である．深い基礎には杭基礎やケーソン基礎などがあるが，杭基礎は深い基礎の中でも最もよく使われている．図 14.14 は材料と工法からみた杭基礎の分類である．

(1) 杭の材質による分類

- 杭
  - 鋼杭
    - 鋼管杭
    - H 型杭
  - コンクリート杭
    - 既製杭
      - RC 杭
      - PHC 杭
    - 場所打ち杭
  - 合成杭
    - 外殻鋼管付きコンクリート杭
    - 鋼管合成杭

(2) 杭の工法による分類

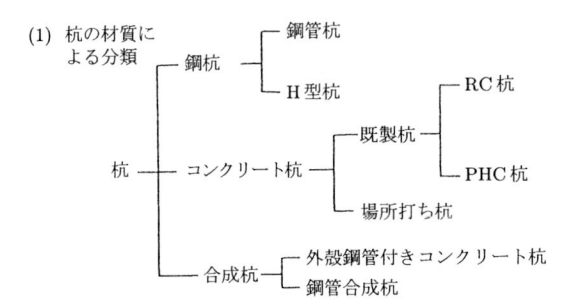

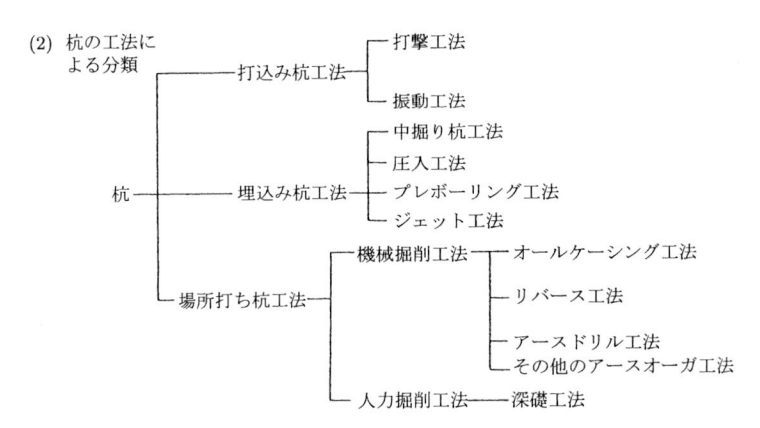

- 杭
  - 打込み杭工法
    - 打撃工法
    - 振動工法
  - 埋込み杭工法
    - 中掘り杭工法
    - 圧入工法
    - プレボーリング工法
    - ジェット工法
  - 場所打ち杭工法
    - 機械掘削工法
      - オールケーシング工法
      - リバース工法
      - アースドリル工法
      - その他のアースオーガ工法
    - 人力掘削工法
      - 深礎工法

図 14.14 杭種類による分類（地盤工学会, 2000）

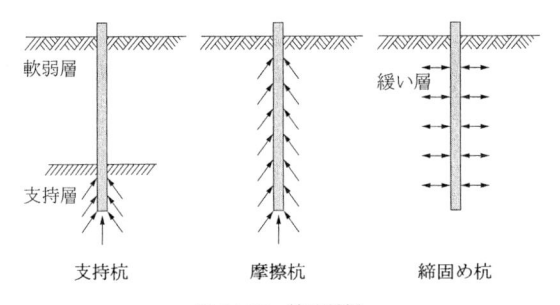

支持杭　　摩擦杭　　締固め杭

図 14.15 杭の種類

14.6 杭 基 礎

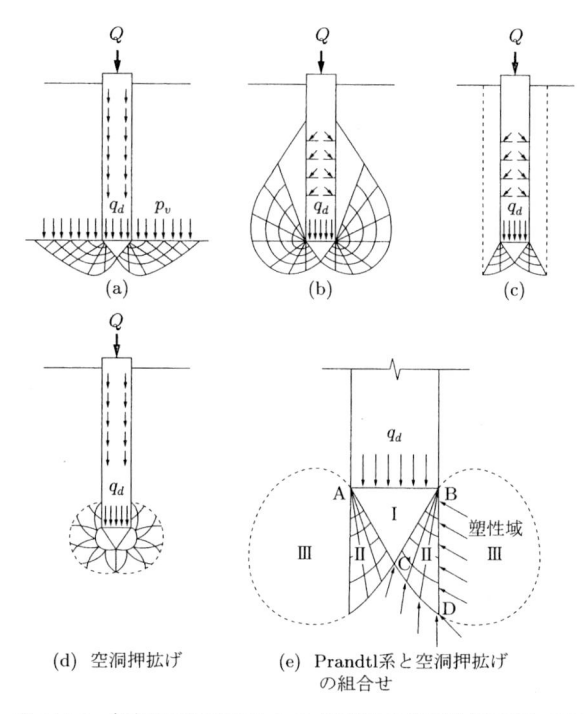

図 14.16 支持力理論で仮定したすべり線場の分類（地盤工学会, 2000）

杭の鉛直支持力は，図 14.15 のように大きく 3 つに分けられる．すなわち，支持層での支持力による支持杭，支持層が深い場合よく用いられる摩擦杭，さらに締固め杭である．支持杭の支持機構，つまり杭に働く鉛直力は，先端での支持力と周辺の摩擦力によって受け持たれている．

杭の鉛直先端支持力機構についてテルツアギーは図 14.16 (a) のようなメカニズムを考えた．これは浅い基礎の支持機構を深い基礎に適用したものである．すなわち，根入れ深さを考慮している．一方，マイヤーホッフはすべり線が杭先端より上部に及ぶと考えた（図 14.16 (b)）．さらに，Vesić はパンチング型の破壊が起こると考え，図 14.16 (c) のような破壊形式を考えている．杭先端部での空洞の押広げ形式の破壊モードも提案されている．図 14.17 は杭頭部での荷重–沈下曲線の例であるが，変形とともに

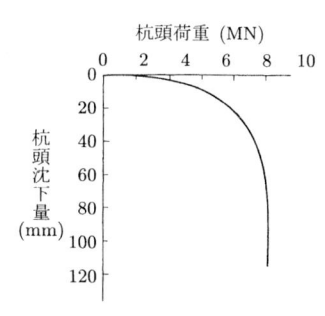

図 14.17 杭頭の荷重-沈下曲線（地盤工学会, 2000）

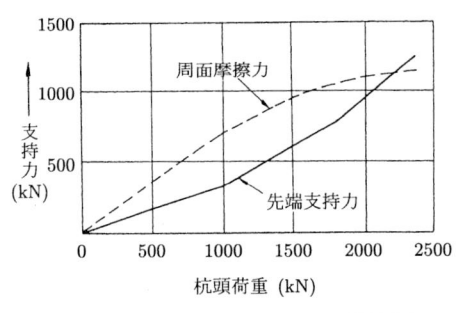

図 14.18 先端支持力と周面摩擦力（日本鋼管杭協会, 2000）

荷重は増大し，変形の増大に対して荷重の増加が減少する非線形な領域へ移り，最終的に一定荷重に達する．この時の荷重を杭の鉛直極限荷重と呼ぶ．

図 14.18 は先端支持力と周面摩擦力との関係を示している．荷重が小さいうちは周辺摩擦が卓越するが，荷重が大きくなると周辺摩擦力はあまり増加せず，荷重増分は先端での荷重増分となる．

ネガティブフリクション

地盤に打設された杭では，杭の周囲には地盤からの摩擦力が上向きに働くが，圧密が進行中などの軟弱地盤に打設された杭の場合，周辺地盤の沈下に伴い杭の周囲に下向きの摩擦力が働く（図 14.19）．この下向きに作用する摩擦力を負の摩擦，すなわちネガティブフリクション (negative friction) という．負の摩擦力は，杭に過大な荷重負担を与える場合には杭にとって好ましくない．摩擦力が負から正に変わる点を中立点 (neutral point) という．この点では，周囲の地盤と杭の相対変位がゼロとなっている．図 14.20, 図 14.21 は軟弱地盤での鋼管杭の例であるが，摩擦の正負が転換する点で，相対変位もほぼゼロになっている．

14.7　基礎の設計

構造物基礎の設計には，本章で述べた支持力の他に，基礎の変形を考慮する必要がある．具体的には 7 章の圧密沈下と，11.4 節で述べた即時沈下を考慮する必要がある．特に沈下については，不同沈下（不等沈下）を避ける必要がある．相対沈下量（芳賀, 1990）において，変形角が $1.0 \sim 2.0 \times 10^{-3}$ を超えると鉄筋コンクリート造の建築物に被害が生じるといわれている．

14.7 基礎の設計

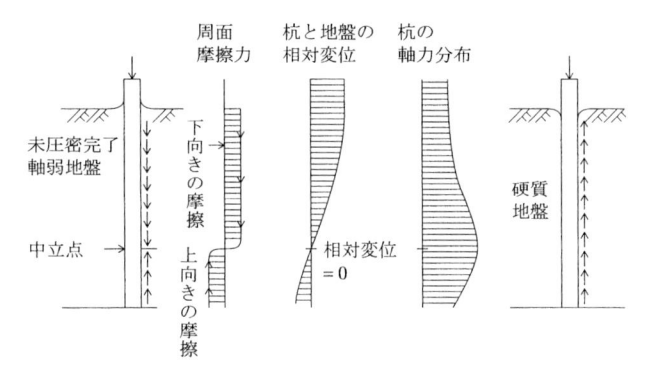

図 14.19 負の摩擦（ネガティブフリクション）（遠藤, 1969）

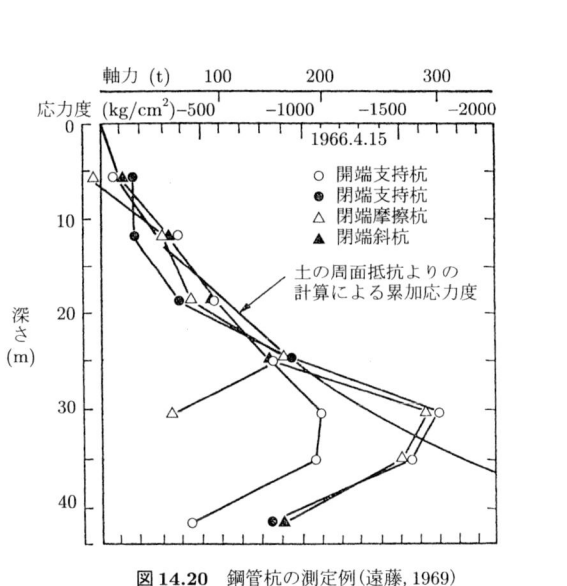

図 14.20 鋼管杭の測定例（遠藤, 1969）

図 14.21 杭の周面摩擦と相対変位（土質工学会鋼グイ研究委員会, 1969）

■文　献

1) 日本建築学会編：建築基礎構造設計指針, 丸善, 2001.
2) 山口柏樹：土質力学 (全改訂), 技報堂出版, 1984.
3) Meyerhof, G.G.：Some recent research on the bearing capacity of foundations, *Can. Geotech. J.*, **1** (1), 1963.
4) Hansen, J.B.：A revised and extended formula for bearing capacity, Danish Geotech-

nical Institute, *Bulletin* **28**, Copenhagen, 1970.
5) De Beer, E.E. : Experimental determination of the factors and the bearing capacity factors of sand, *Géotechnique*, **20** (4), pp.387-411, 1970.
6) 日本道路協会：道路橋示方書・同解説 IV 下部構造編, 丸善, 2002.
7) 森影篤史, 日下部治, 山口柏樹, 小林利雄：乾燥砂上 3 次元基礎の支持力遠心実験, 第 25 回土質工学会研究発表会講演集, pp.1273-1276, 1990.
8) 芳賀保夫：建物の許容沈下量, 土と基礎, **38** (8), pp.41-46, 1990.
9) 地盤工学会編：新編 土と基礎の設計計算演習, 地盤工学会, 2000.
10) 鋼管杭協会：鋼管杭—その設計と施工—2000, 鋼管杭協会, 2000.
11) 遠藤正明：ネガティブフリクション, 鋼グイ研究委員会報告, 土質基礎工学ライブラリー 6, 土質工学会, pp.257-316, 1969.
12) 土質工学会鋼グイ研究委員会：杭に関する負の摩擦力研究, 鋼グイ研究委員会第 2 分科会報告書, 土質工学会, 1969.
13) Terzaghi, K. : Theoretical Soil Mechanics, John Wiley & Sons, 1943.
14) Lambe, T.W. and Whitman, R.V. : Soil Mechanics, John Wiley & Sons, 1969.
15) 柴田 徹：埋立て軟弱地盤の防災, 柴田 徹編, 第 5 章, 森北出版, 1982.
16) Hanna, A.M. and Meyerhof, G.G. : Experimental evaluation of bearing capacity of footings subjected to inclined loads, *Can. Geotech. J.*, **18**, pp.599-603, 1981.
17) 木村 孟, 斎藤邦夫, 日下部治, 司代 明：砂地盤の支持力ならびに変形性状に対する異方性の影響について, 土木学会論文報告集, **319**, pp.105 113, 1982.

15 斜面の安定

　土の斜面では，自重によりせん断応力が発生しており，通常水平地盤に比較して不安定な状態にある．そのような斜面に，建設活動による外力，降雨や地震力が加えられると，せん断破壊によるすべりが発生し崩壊を起こす．斜面には，山地などの自然斜面や盛土構築による人工斜面がある．斜面の安定としては，斜面のみでなく盛土などの基礎地盤の安定も考えなければならない．自然斜面のすべりによる崩壊は，地すべりとして自然災害の主要な原因となっている．斜面の安定解析には，変形を考慮した方法も用いられるようになってきている（たとえば Adachi et al., 1999）が，ここでは，主にすべり面を仮定する古典的な安定解析法について述べることとする．

15.1 斜面の古典的安定解析法

　斜面が力学的に不安定になり，崩壊に至る過程では，何らかの外力によって，液状化を含む土のせん断破壊に伴う弱化，すなわちせん断帯やすべり面の形成が見られる．外力としては，盛土荷重などの付加外力，地盤の改変や水の移動に伴う地盤内応力の不均衡や地震力が考えられる．ここでは，すべり面などが形成された場合，地盤を剛体と考える古典的な安定解析法について述べる．

　斜面の古典的安定解析法は大きく分けて次の 3 方法に分類される．
① 斜面に平行なすべりに対する解析法
② 摩擦円に基づく円弧すべり面解析法
③ すべり土塊を複数の土塊に分割し，円弧，非円弧すべり面の安定を解析する分割法

15.2 無限斜面の安定解析

　図 15.1 に示す砂質地盤の無限斜面の安定性を検討しよう．

　まず，浸透流がない場合，単位体積重量を γ，内部摩擦角を ϕ として，図 15.1 より，深さ z での斜面単位断面積当たりのせん断抵抗力 τ は

$$\tau = \gamma z \cos^2 i \tan \phi \tag{15.1}$$

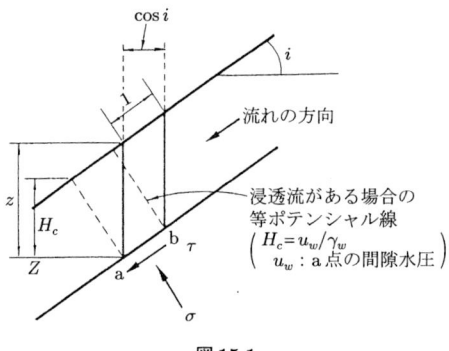

図 15.1

一方, すべりを起こさせる力は $\gamma z \cos i \sin i$ だから, 安全率 F_s は,

$$F_s = \frac{\tan\phi}{\tan i} \tag{15.2}$$

となる. したがって, $i > \phi$ の時は, 無限斜面の安定性は失われる.

浸透流がある場合, 流線は斜面に平行で等ポテンシャル線は地表面に平行であるとすると, ab 面に働く間隙水圧は,

$$u_w = \gamma_w z \cos^2 i \tag{15.3}$$

ab 面に働く有効垂直応力は

$$\gamma z \cos^2 i - \gamma_w z \cos^2 i \tag{15.4}$$

したがって, 安全率は

$$F_s = \frac{\gamma' \tan\phi}{\gamma \tan i} \tag{15.5}$$

ただし, $\gamma' = \gamma - \gamma_w$, γ_w は水の単位体積重量である. $\gamma'/\gamma < 1$ だから, 浸透流がある場合はない場合に比べて安全率は小さくなる.

$\phi < i$ の場合でも, 粘着力を有する土の場合, 斜面のある深さ H_c まで, 安定を保つ場合があり, その深さは次のように求められる.

浸透流のない場合, 深さ H での斜面に沿ってのせん断応力と垂直応力は, 先の検討から, $\gamma H \sin i \cos i$, $\sigma = \gamma H \cos^2 i$ である. せん断強度 τ は,

$$\tau = c + \sigma \tan\phi$$

だから, せん断応力がせん断抵抗力に等しくなる深さでは,

$$\gamma H \sin i \cos i = c + \gamma H \cos^2 i \tan\phi$$

となるから，

$$\frac{c}{\gamma H} = \cos^2 i (\tan i - \tan\phi)$$

となる．したがって，限界深さ H_c は，

$$H_c = \frac{c}{\gamma} \frac{\sec^2 i}{(\tan i - \tan\phi)} \tag{15.6}$$

浸透流のある場合，$c = 0$ の場合と同様にして，

$$H_c = \frac{c}{\gamma} \frac{\sec^2 i}{\left(\tan i - \frac{\gamma'}{\gamma}\tan\phi\right)} \tag{15.7}$$

ここで，無次元数 $\frac{c}{\gamma H}$ を安定数 (N'_s)，$\frac{\gamma H}{c}$ を安定係数 (N_s) と呼ぶ．

15.3　円弧すべり面を仮定する場合の斜面の安定解析法

a. 円弧すべりの発生パターン

テイラー (1937) は後に述べる安定数と斜面傾斜角の関係を破壊パターンについて整理し，安定図表 (図 15.5) を作成している．安定図表では，すべり破壊時のすべり面と斜面との幾何学的な関係を，図 15.2 に示すように (a) 斜面先破壊，(b) 底部破壊，(c) 斜面内破壊，の 3 つのパターンに分類している．

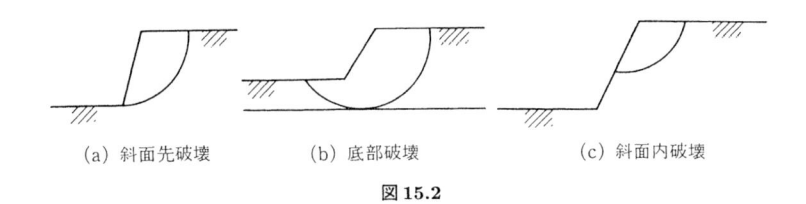

(a) 斜面先破壊　　(b) 底部破壊　　(c) 斜面内破壊

図 15.2

b. 摩擦円

図 15.3 のような斜面に円弧のすべり面を考える．円弧 AB に働く摩擦反力はすべり面に立てた垂線に対して ϕ (内部摩擦角) の角度だけ傾いている．したがって，この摩擦反力の作用線は図に示す円弧中心と同じ中心を持つ半径 $r\sin\phi$ の円に接する．この円を摩擦円と呼ぶ．この反力の合力は厳密にはこの摩擦円には接しないが，近似的に摩擦円に接するとしてもよいとされている．また，円弧に働く粘

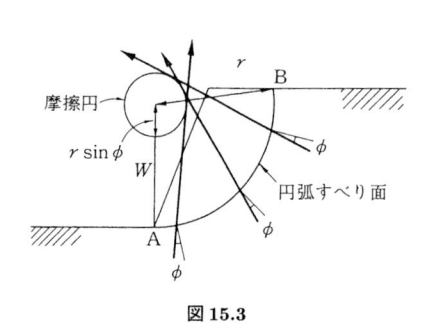

図 15.3

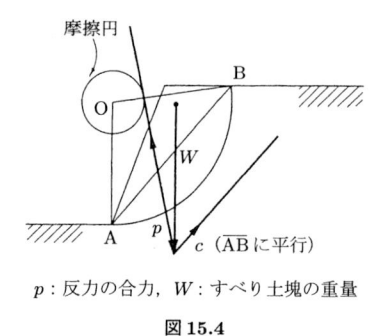

図 15.4
p：反力の合力，W：すべり土塊の重量

着力による反力の合力は弦 AB に平行であり，弦 AB に垂直な成分は打ち消しあう (図 15.4)．

c. 摩擦円による図解安定解析法

まず，安定に必要な摩擦角 ϕ_d を仮定する．真の摩擦角を ϕ として，

$$\tan \phi_d = \frac{\tan \phi}{F_\phi} \tag{15.8}$$

図 15.4 に示すように，すべり土塊の重量は方向と大きさが既知であり，摩擦反力の合力と粘着力による合力は方向が既知である．したがって，粘着力の合力の値が求められる．したがって，これより安定に必要な粘着力 c_m が求められ，粘着力に関する安全率が求められる．

$$F_c = \frac{c}{c_m} \tag{15.9}$$

ここで，c は真の粘着力である．この時，F_ϕ と F_c が等しくなるまで，ϕ_d を仮定し直し，同様の手順を行う．F_ϕ と F_c が等しくなった時の安全率を斜面の安全率とする．

d. 摩擦円に基づく準解析的安定解析

テイラーは先に述べた摩擦円解法を用いて準解析的に破壊時の斜面の安定性を検討し，図 15.5 に示す安定数と斜面傾斜角の関係を破壊パターンについて求め，安定図表を作成

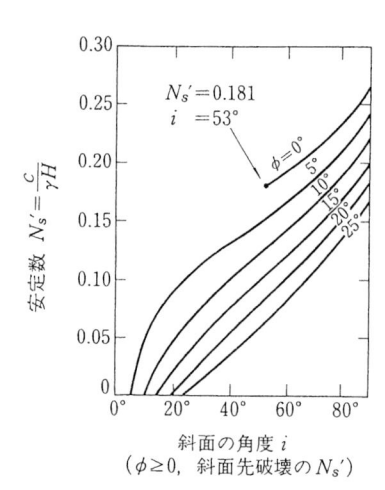

図 15.5　安定図表
（$\phi \geq 0$，斜面先破壊の N_s'）
斜面の角度 i
安定数 $N_s' = \dfrac{c}{\gamma H}$

15.3 円弧すべり面を仮定する場合の斜面の安定解析法

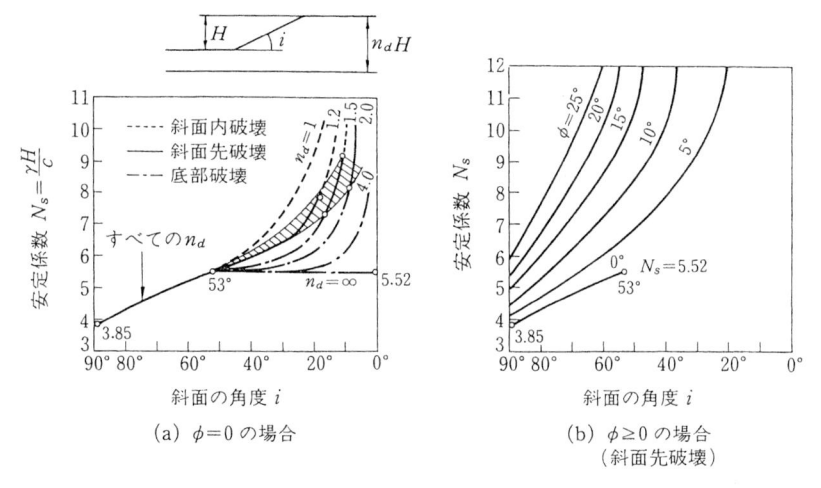

図 15.6 安定係数 N_s

(a) $\phi=0$ の場合

(b) $\phi \geq 0$ の場合（斜面先破壊）

した．さらに，テルツアギー (1943) は安定係数を用いてそれを書き直している (図 15.6).

テイラーは摩擦円解析における摩擦反力が摩擦円に接すると仮定し，内部摩擦角と円弧すべりの幾何学的条件と，斜面破壊が発生する時の粘着力 c_m の合力，すべり土塊の重量および摩擦反力の釣合いから，斜面先破壊の場合，下記に示すような関係式を導いた．

$$\frac{c_m}{\gamma H} = \frac{\operatorname{cosec}^2 x(y \operatorname{cosec}^2 y - \cot y) + 2(\cot x - \cot i)}{4 \cot x \cot v + 4} \tag{15.10}$$

上式の左辺は安定数と呼ばれ，大きいほど斜面は安定となる．c を真の粘着力とし，破壊が起こる時の粘着力を c_m とする．したがって，粘着力に関する安全率 F_c は

$$F_c = \frac{c}{c_m} \tag{15.11}$$

斜面先破壊を仮定した場合，摩擦円は図 15.7 のようになる．図より，まず，すべり土塊の重量を求める．三角形 ABD と弦 AB と円弧 AB に囲まれた部分に分ける．$\overline{\mathrm{DB}}$ は

$$\overline{\mathrm{DB}} = \frac{\sin(i-x)H}{\sin x \sin i} \tag{15.12}$$

$$\Delta \mathrm{ABD} = \frac{\sin(i-x)H^2}{2\sin x \sin i} \tag{15.13}$$

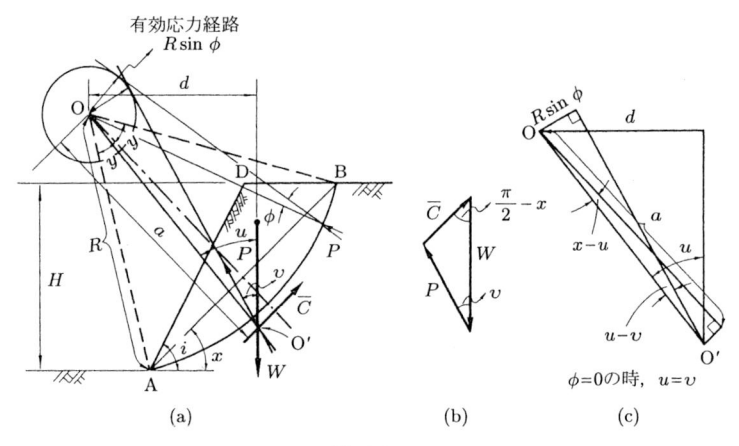

図 15.7

$$R = \frac{H}{2\sin x \sin y} \tag{15.14}$$

だから，O 点から弦 AB に下ろした垂線の長さは $\frac{H}{2\tan y \sin x}$ となる．したがって，

$$\Delta \text{OAB} = \frac{H^2}{4\sin^2 x \tan y} \tag{15.15}$$

弦 AB と円弧 AB で囲まれた部分の面積は

$$\frac{H^2 \pi \frac{2y}{2\pi}}{4\sin^2 x \sin^2 y} - \frac{H^2}{4\sin^2 x \tan y} = \frac{H^2}{4\sin^2 x}\left(\frac{y}{\sin^2 y} - \frac{1}{\tan y}\right) \tag{15.16}$$

したがって，すべり土塊の重量 W は，

$$W = \left(\frac{\sin(i-x)H^2}{2\sin i \sin x} + \frac{H^2}{4\sin^2 x}[y\,\text{cosec}^2 y - \cot y]\right)\gamma \tag{15.17}$$

図 15.7 (b) より，すべり崩壊時の粘着力の合力 $\overline{C}$ は

$$\frac{\overline{C}}{\sin v} = \frac{W}{\sin(\frac{\pi}{2}+x-v)} \tag{15.18}$$

だから，

$$\overline{C} = \frac{H^2\gamma}{2}\frac{\sin v}{\cos x \cos v + \sin x \sin v}\left[\cot x - \cot i + \frac{y\,\text{cosec}^2 y - \cot y}{2\sin^2 x}\right] \tag{15.19}$$

単位面積当たりの真の粘着力を c とすると，F_c を安全率として，$\overline{C} = \frac{c}{F_c}\frac{H}{\sin x}$ となるから，

$$N'_s = \frac{c_m}{\gamma H} = \frac{c}{F_c \gamma H} = \frac{\frac{1}{2}\operatorname{cosec}^2 x(y \operatorname{cosec}^2 y - \cot y) + \cot x - \cot i}{2(\cot x \cot v + 1)}$$
(15.20)

テイラーは上式の左辺 $\frac{c}{F_c \gamma H}$ を安定数 (N'_s) と呼んだ. c_m は斜面崩壊時に発揮される粘着力である. テルツアギーはこの逆数を安定係数 N_s と呼んで安定図表を作成した. $c_m = c/F_c$ に注意して,

$$N_s = \frac{\gamma H}{c_m}$$
(15.21)

テイラーは底部破壊や斜面内破壊に対しても同様な解析を行い, 図 15.6 を作成している.

8.4 節で述べた $\phi_u = 0$ 解析法の場合, $\phi = 0$ と考えるから, $\phi = 0$ の時, $u = v$ となる. 同様にして,

$$\begin{aligned}N'_s &= \frac{c_m}{\gamma H} = \frac{c}{F_c \gamma H} \\ &= \frac{\sin^2 x \sin^2 y}{2y}\left[\frac{1 - 2\cot^2 i}{3} + \cot x \cot y + \cot i(\cot x - \cot y)\right]\end{aligned}$$
(15.22)

となる.

図 15.6 に示した安定図表は次のように用いられる.

まず, 深さ係数 n_d を求める. 次に, 与えられた幾何学的境界条件に対して, 内部摩擦角を仮定し, 与えられた傾斜角で安定係数を求める. これより, この時動員される粘着力 c_m から F_c を求め, 仮定した内部摩擦角の安全率 F_ϕ も求める. いくつかの内部摩擦角を仮定して同様の手順を行い, $F_c = F_\phi$ として, 安全率を求める. $\phi_u = 0$ 解析法の場合は, ϕ を仮定しなくてよい.

15.4　一般分割法による安定解析法

一般に, 地盤の強度は均一ではないし, 円弧状のすべり面とは限らない. このような場合の安定問題を考えるため, 一般分割法が考えられてきた. 地盤をいくつかの帯片 (スライス) に分割して斜面の安定を考えるのが分割法である. この方法では土塊を剛塑性体として, そのすべりを考えるので, 基本は剛体の力学の枠組みである. したがって, すべりの条件, モーメントと力の釣合いを考えなければならない. 安定解析の結果として, いくつかの斜面崩壊メカニズムについて最小安全率を見出し, 斜面の安定性を評価する.

図 15.8 円形すべり面

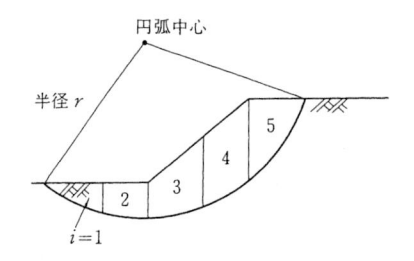

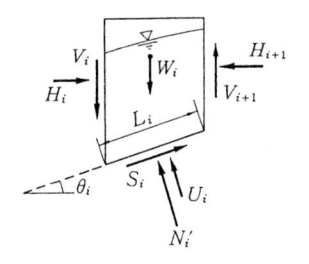

図 15.9 i 番目の土のスライスに働く力

まず，円形すべり面を仮定する簡易分割法について述べる．図 15.8 のような半径 r の円弧すべり面を仮定する．すべり面に沿って土を任意のスライスに分割すると図 15.9 のようなスライスに働く力が定まる．図 15.9 中で，H_i，V_i は側面に働く水平，鉛直の断面力，S_i は破壊時のすべりせん断抵抗力，N'_i はすべり面に垂直な有効応力の合力，U_i はすべり面に働く間隙水圧の合力，W_i は i 番目の土の重量である．

水平方向 (X 方向) に働く力の釣合い式 (X_i)，鉛直方向 (Y 方向) に働く力の釣合い式 (Y_i)，モーメントの釣合い式 (M_i) とすべりの条件式が基本式である．一方，土スライスの重量 (W_i)，すべり面に働く間隙水圧の合力 (U_i) は既知とする．この時，未知な量は水平方向断面力 H_i，鉛直方向断面力 V_i，側方断面力の着力点 h_i，破壊時のすべり抵抗力 S_i，すべり面に垂直な有効応力の合力 N'_i である．ここで，すべり発生前の間隙水圧を考慮するという意味では有効応力 (間隙水圧係数 r_u が用いられる場合がある) が使われるが，せん断時の間隙水圧の発生量を考えない場合は，基本的に全応力解析となっていることに注意する必要がある．

i 番目の土スライスに対して，

$$\text{水平方向 } (X \text{ 方向}) \text{ の力 } (X_i) \text{ の釣合い式} \tag{15.23}$$

$$\text{鉛直方向 } (Y \text{ 方向}) \text{ に働く力 } (Y_i) \text{ の釣合い式} \tag{15.24}$$

$$\text{各スライスに働くモーメント } (M_i) \text{ の釣合い式} \tag{15.25}$$

を考える．また，すべり条件式は

$$S_i = \frac{(c'_i + \sigma'_i \tan \phi'_i) L_i}{F_s} \tag{15.26}$$

である．ここに，c'_i は粘着力，σ'_i はすべり面に垂直な有効応力，ϕ'_i は内部摩擦角，F_s は安全率である．

式 (15.26) で，$F_s S_i = (c'_i + \sigma'_i \tan \phi'_i) L_i$ は実際に地盤が持つすべり抵抗力で

ある.

　以下にいくつかの解析法について述べるが, 円弧すべりの場合と非円弧すべりの場合, それぞれ, いくつかのすべり面を仮定し, 最小安全率を求めると, 斜面の安定性が検討できる.

　次に, 分割された土スライスの数を n として, 簡易分割法の未知数と条件式の数から, 不静定次数を検討しよう.

　水平方向 (X 方向) に働く力の釣合い式が n 個, 鉛直方向 (Y 方向) に働く力の釣合い式が n 個, モーメントの釣合い式が n 個, すべりの条件式が n 個であるが, モーメントに関しては, 側方断面力の着力点が決まって, 断面力のモーメントを消去しても全体のモーメントの釣合い式 1 個が残る. したがって, 条件式は $3n+1$ 個となる. 一方, 未知数は, 水平方向断面力 H_i が $n-1$ 個, 鉛直方向断面力 V_i が $n-1$ 個, 破壊時すべり抵抗力 S_i は n 個, すべり面に垂直な有効応力の合力 N'_i は n 個, 安全率 1 個で, 全体で $4n-1$ 個である. したがって, この差 $(4n-1-3n-1)$ から不静定次数は $n-2$ となる.

a. フェレニウス法

　斜面の安定計算法は, ペターソン (Petterson) やハルティン (Hultin) による, スウェーデンの岸壁で発生した円弧すべり破壊の安定計算に始まるといわれている. フェレニウス (Fellenius) 法はスウェーデン法とも呼ばれる方法で, フェレニウス (W. Fellenius, 1936) によって提案された.

　すべり面鉛直方向の力の釣合い式は, i 番目の土スライスに対して,

$$N'_i - (H_i - H_{i+1})\sin\theta_i - (W_i + (V_i - V_{i+1}))\cos\theta_i + U_i = 0 \quad (15.27)$$

すべり面に平行な方向の力の釣合い式は,

$$S_i + (H_i - H_{i+1})\cos\theta_i - (W_i + (V_i - V_{i+1}))\sin\theta_i = 0 \quad (15.28)$$

この方法では側方断面力の合力はすべり面に平行に働くと仮定する.

　注)　スライス側面の合力が釣合っていると仮定する場合もある.

　したがって,

$$-(H_i - H_{i+1})\sin\theta_i = (V_i - V_{i+1})\cos\theta_i \quad (15.29)$$

式 (15.29) を式 (15.27) に代入すると,

$$N'_i - W_i \cos \theta_i + U_i = 0 \tag{15.30}$$

すべり条件式は，

$$S_i = \frac{(c'_i + \sigma'_i \tan \phi'_i) L_i}{F_s} \tag{15.31}$$

破壊円に沿って働く抵抗力のモーメント (安定を保つために必要な強度のモーメント) の和と破壊円に沿って働く滑動力のモーメントは等しいから，

$$r \sum_{i=1}^n W_i \sin \theta_i = r \sum_{i=1}^n \frac{c'_i + \sigma'_i \tan \phi'_i}{F_s} L_i \tag{15.32}$$

したがって，

$$F_s = \frac{\sum_{i=1}^n (c'_i L_i + N'_i \tan \phi'_i)}{\sum_{i=1}^n W_i \sin \theta_i} \tag{15.33}$$

ただし，

$$N'_i = W_i \cos \theta_i - U_i = \sigma'_i L_i \tag{15.34}$$

この方法では，すべり面に平行な方向の力の釣合い式は用いられていない点に注意したい．

b. 修正フェレニウス法と水中重量法

土スライスの設定の仕方によって，すべり面と水平のなす角度が急で大きいと，式 (15.33) で N'_i が負になる場合がある．この場合，N'_i を水中重量 W'_i から求める．この方法を修正フェレニウス法と呼ぶ．間隙水圧が大きくなる場合や円弧中心角が大きい場合は，水中重量を用いる水中重量法が精度がよい．

c. 簡易ビショップ法

簡易ビショップ法ではスライス側方の鉛直方向の断面力は釣合っていると仮定する (図 15.10)．つまり，初期値 $V_1 = 0$ だから，

$$V_i = 0, \quad i = 2, 3 \cdots, n$$

したがって，$n-1$ 個の条件が新たに付加される．不静定次数は -1，つまり条件過多となる．

鉛直方向の力の釣合い式は，

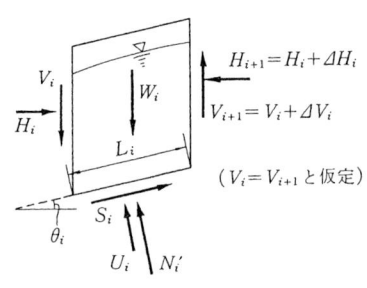

図 15.10 i 番目の土のスライスに働く力

$$U_i \cos\theta_i + N'_i \cos\theta_i + S_i \sin\theta_i - W_i = 0 \tag{15.35}$$

これにすべり条件式 $S_i = \frac{c'_i L_i + N'_i \tan\phi_i}{F_s}$, $N'_i = \sigma'_i L_i$ を代入すると, N'_i が求められる.

$$N'_i = \frac{W_i - U_i \cos\theta_i - \frac{1}{F_s} c'_i L_i \sin\theta_i}{\cos_i [1 + \frac{1}{F_s} \tan\theta_i \tan\phi'_i]} \tag{15.36}$$

モーメントの釣合い式は,

$$r \sum_{i=1}^{n} W_i \sin\theta_i = r \sum_{i=1}^{n} S_i \tag{15.37}$$

したがって, すべり条件式を上式に代入して S_i を消去し, 式 (15.36) の N'_i を代入すると,

$$F_s = \frac{\sum_{i=1}^{n} [c'_i L_i \cos\theta_i + (W_i - U_i \cos\theta_i) \tan\phi'_i]/m_{\alpha_i}}{\sum_{i=1}^{n} W_i \sin\theta_i} \tag{15.38}$$

$$m_{\alpha_i} = \cos\theta_i \left[1 + \frac{1}{F_s} \tan\theta_i \tan\phi'_i\right] \tag{15.39}$$

ビショップの簡易法では, 水平方向の力の釣合い式は用いられていない. したがって, 全体としての水平方向の力の釣合い式が成立しているとは限らない.

d. ヤンブの簡易法

地盤の構成によっては, すべり面として円弧以外の任意形状のものも考える必要がある (図 15.11). このような任意形状のすべり面に対する分割法として, ヤンブ (Janbu, 1956) の方法がある. ヤンブの方法には厳密法と簡易法があるが, ここでは簡易法を取り上げる. この簡易法ではスライス水平方向に働く力 H_i は全体として釣合っていると仮定する. さらに, 土スライス側方に働く鉛直断面力は釣合っていると仮定する.

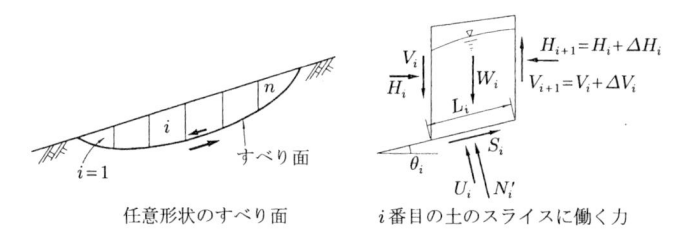

図 15.11 任意すべり面の斜面安定解析 (ヤンブの簡易法)

水平方向の力の釣合いより,

$$S_i \cos\theta_i - N_i' \sin\theta_i - U_i \sin\theta_i = H_{i+1} - H_i \tag{15.40}$$

鉛直方向の力の釣合いより,

$$S_i \sin\theta_i + N_i' \cos\theta_i + U_i \cos\theta_i = W_i \tag{15.41}$$

$$S_i = \frac{c_i' L_i + N_i' \tan\phi_i'}{F_s} \tag{15.42}$$

ここに,

i：土スライスの番号, W_i：土スライスの重量 (水没している場合は水を含めた重量), N_i'：すべり面に働く垂直有効応力の合力, U_i：すべり面に働く間隙水圧の合力, ϕ_i'：内部摩擦角, c_i'：粘着力, S_i：土が破壊する時に発揮されるせん断抵抗力 (強度), F_s：安全率.

式 (15.41), (15.42) より,

$$N_i' = \frac{W_i - c_i L_i \sin\theta_i / F_s - U_i \cos\theta_i}{\cos\theta_i + (\tan\phi_i' \sin\theta_i)/F_s} \tag{15.43}$$

水平方向の力の釣合いより,

$$\sum_{i=1}^{n}(H_{i+1} - H_i) = 0 \tag{15.44}$$

式 (15.40), (15.43) と式 (15.44) より,

$$F_s = \frac{\sum_{i=1}^{n}[c_i' L_i \cos\theta_i + (W_i - U_i \cos\theta_i)\tan\phi_i']/n_{\alpha_i}}{\sum_{i=1}^{n} W_i \tan\theta_i} \tag{15.45}$$

$$n_{\alpha_i} = \cos\theta_i \left[\cos\theta_i + \frac{1}{F_s}(\sin\theta_i \tan\phi_i')\right] \tag{15.46}$$

以上の誘導において, モーメントの釣合い式は用いられていない点に注意したい.

e. 間隙水を考慮する場合の方法

　間隙水を考慮に入れる場合は, 水で飽和した土の重量と間隙水圧を考える方法が一般的である. 一方, 水中重量と浸透力を考える方法もある. 水中重量を考える方法は釣合い式において, 有効応力と間隙水圧に分けて考えるため, 間隙水圧の勾配すなわち浸透水圧 (浸透力, 透水力) を考えることになる. 浸透を考える場合はこのような取り扱いが必要になるが, より一般的には, 土の構成式と 2 相混合体理論による一般的な取り扱いがより適している. 簡便法では, 水で飽和した土の重量と間隙水圧を考える方法が考えやすい.

f. 自由水面がある場合の取り扱い

図 15.12 (a) のように自由水面がある場合，水がある部分に水と同じ密度で強度ゼロの仮想的な土があるとして解析を行うか，図 15.12 (b) に示すような静水圧のモーメントを考えてもよい．

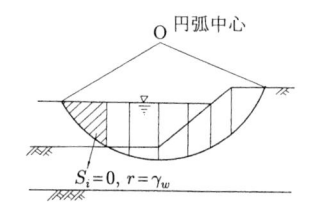

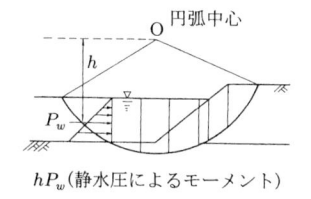

(a) 自由水面がある場合の滑動モーメント　　(b) 自由水圧がある場合の滑動モーメント

図 15.12

g. 地震力を考慮する場合

地震力を考慮する最も簡単な方法は，震度法を適用する方法である．震度法とは，地盤を剛体と考え，地盤に働く加速度に考えている領域の土の質量をかけた慣性力を静的な釣合い式に考慮する方法である．g を重力加速度，水平加速度を α_h，鉛直加速度を α_v とすると，$k_h = \alpha_h/g$, $k_v = \alpha_v/g$ は，それぞれ水平震度と鉛直震度になる．鉛直方向の影響は，実質的に無視できるから，水平方向の震度を考慮することが多い．

したがって，フェレニウス法では，以下のようになる．

$$F_s = \frac{\sum_{i=1}^{n}(c_i' L_i + N_i' \tan \phi_i')}{\sum_{i=1}^{n} W_i \sin \theta_i + k_h W_i \cos \theta_i} \tag{15.47}$$

ただし，

$$N_i' = W_i \cos \theta_i - U_i - k_h W \sin \theta_i \tag{15.48}$$

簡易ビショップ法では，滑動モーメントの増加のみに影響を与える．したがって，

$$F_s = \frac{\sum_{i=1}^{n}[c_i' L_i \cos \theta_i + (W_i - U_i \cos \theta_i) \tan \phi_i']/m_{\alpha_i}}{\sum_{i=1}^{n} W_i \sin \theta_i + k_h W_i \cos \theta_i} \tag{15.49}$$

となる．

図 15.13 に示す斜面の安定をフェレニウス法，簡易ビショップ法および簡易ヤンブ法で検討しよう．飽和単位体積重量 $\gamma = 2.1$ tf/m^3，摩擦角 $\phi = 32°$，粘着力

図 15.13

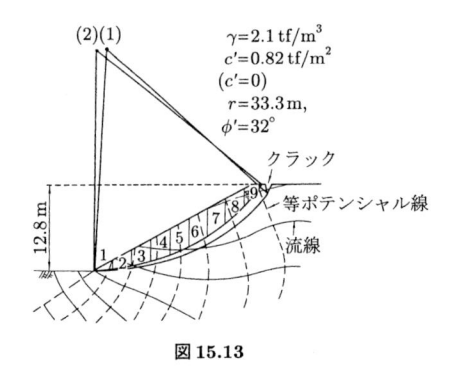

$c'=0.82\,\mathrm{tf/m^2}$ (または $c'=0\,\mathrm{tf/m^2}$) とする. ただし, 円弧の中心を図中の (2) とし, 自由水面より上の部分の単位体積重量も同じく $2.1\,\mathrm{tf/m^3}$ とする.

フェレニウス法の場合, 表 15.1 より,

$$\sum_{i=1}^{n} L_i = 29.4, \quad \sum_{i=1}^{n} W_i \cos\theta_i = 137.0, \quad \sum_{i=1}^{n} W_i \sin\theta_i = 64.6, \quad \sum_{i=1}^{n} U_i = 71.6$$

$c' = 0.82$ の時, 安全率は

$$F_s = \frac{0.82 \times 29.4 + 0.625 \times (137 - 71.6)}{64.6} = 1.01$$

$c' = 0$ の時, 安全率 $F_s = 0.63$.

簡易ビショップ法の場合, 表 15.2 より, $\sum_{i=1}^{n} f_i/m_{\alpha_i} = 68.31$.
$F_s = 1.02$ と仮定すると, $F_s = \frac{68.3}{64.4} = 1.06$.
$F_s = 1.07$ と仮定すると, $F_s = 1.07$ となり, この場合, 安全率は 1.07 となる.
簡易ヤンブ法の場合, 表 15.3 より,

表 15.1 フェレニウス法による解析

スライス番号	θ_i 度 (°)	$\sin\theta_i$	$\cos\theta_i$	W_i (tf/m)	$W_i\sin\theta_i$ (tf/m)	$W_i\cos\theta_i$ (tf/m)	L_i (m)	U_i (tf/m)
1	2	0.035	0.999	4.45	0.16	4.45	2.91	2.12
2	7	0.122	0.993	12.4	1.51	12.3	2.91	5.94
3	13	0.225	0.974	17.8	4.01	17.3	2.91	9.31
4	18	0.309	0.951	21.8	6.74	20.7	2.91	10.2
5	23	0.391	0.921	24.4	9.54	22.5	3.20	12.1
6	29	0.485	0.875	24.9	12.1	21.8	3.35	12.2
7	34	0.559	0.829	23.1	12.9	19.2	3.49	11.2
8	41	0.656	0.755	17.8	11.7	13.4	3.78	7.14
9	48	0.743	0.669	8.04	5.97	5.38	3.93	1.35

15.4 一般分割法による安定解析法

表 15.2 ビショップ法による解析
($F_s = 1.02$ と仮定した場合)

スライス番号	f_i	$m_{\alpha i}$	$f_i/m_{\alpha i}$
1	3.84	1.02	3.76
2	6.45	1.07	6.03
3	7.76	1.11	6.99
4	9.84	1.14	8.63
5	10.7	1.16	9.22
6	11.3	1.17	9.66
7	11.0	1.17	9.40
8	10.1	1.16	8.71
9	6.62	1.12	5.91

$f_i = c'_i L_i \cos\theta_i + (W_i - U_i \cos\theta_i)\tan\phi'$

表 15.3 ヤンブ法による解析
($F_s = 1.03$ と仮定した場合)

スライス番号	g_i	$m_{\alpha i}$	$g_i/m_{\alpha i}$
1	3.84	1.02	3.76
2	6.45	1.06	6.08
3	7.76	1.08	7.19
4	9.84	1.08	9.11
5	10.7	1.07	10.0
6	11.3	1.02	11.1
7	11.0	0.969	11.4
8	10.1	0.870	11.6
9	6.62	0.749	8.84

$g_i = c'_i L_i \cos\theta_i + (W_i - U_i \cos\theta_i)\tan\phi'$

$$\sum_{i=1}^{n} g_i/m_{\alpha_i} = 79.1$$

$F_s = 1.03$ と仮定すると, $F_s = 1.03$ となり, この場合, 安全率は 1.03 となる.

問題 ヤンブ法の安全率を与える式 (15.45) を導け.
ヒント：式 (15.41) の両辺に $\tan\theta_i$ をかけ, 式 (15.42) を代入してみよ.

分割法による斜面安定計算法の特徴は以下の通りである. 分割法による斜面の安定計算法では, 各土スライスの側方に働く不静定力である力 V_i, H_i の決定の仕方で方法が異なってくる. ビショップの簡易法とヤンブの簡易法では $V_i - V_{i-1} = 0$, 一方, スペンサー (Spencer) 法では, $V_i = \tan\theta H_i$ とおく. θ は側方力の方向を表し, 決定すべき定数である. モルゲンシュタイン・プライス (Morgenstern & Price, M&P) 法 (1965) では, 不静定力の斜面内での分布を考え, $V_i = \lambda f(x) H_i$ と仮定する. λ は未知数, $f(x)$ は斜面内の分布関数である. モルゲンシュタイン・プライス法やスペンサー法では未知数と条件式の数が一致しており, 合理的である.

また, 安全率については, モーメントの釣合いから求められる F_{sm} と力の釣合い式から求められる F_{sf} があるが, フェレニウス法 (スウェーデン法) やビショップ法ではモーメントの釣合いに関する安全率のみを, ヤンブ法では力の釣合い式に関する安全率のみを考えている. スペンサー法とモルゲンシュタイン・プライス法ではモーメントと力の釣合い式に関

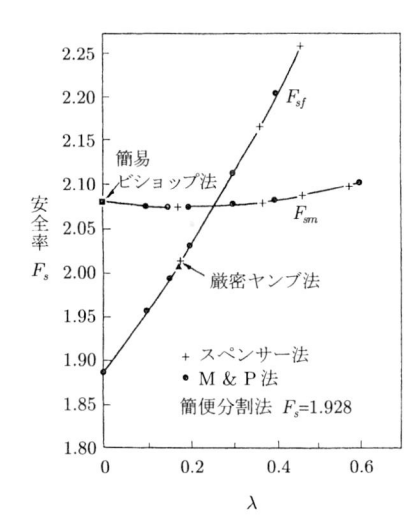

図 15.14 分割法における安全率の関係

する安全率 (F_{sf}) を考え，それらが一致するように求められる．すべり面形状で分類すると円弧すべり面を仮定できるのは，フェレニウス法，ビショップ法，スペンサー法とモルゲンシュタイン・プライス法であるが，非円弧すべり面に適用できるのはヤンブ法とモルゲンシュタイン・プライス法である．安全率の計算では，ビショップ法がフェレニウス法に対して大きな安全率を与えること，また，モーメントに関する安全率 (F_{sm}) はスライス側方断面力の仮定による影響が小さいため，簡易ビショップ法はスペンサー法とモルゲンシュタイン・プライス法に近い安全率を与えるといわれている (図 15.14).

h. 盛土–地盤系のすべり破壊に対する安定解析

水平な飽和軟弱粘土上に盛土を急速に築造する場合，基礎地盤が脆弱な時，盛土–地盤系が円弧状のすべり面によって破壊する場合がある．正規圧密粘土や軽過圧密粘土のような軟弱粘土基礎地盤は，間隙水圧の増加に伴い，急速築造後に安全率の低下が著しく，安全率が 1 を下回ると破壊に至る．一方，安全率が 1 以下にならず，安定な場合は，盛土築造後の圧密によって地盤の強度が増加し，長期的には安全率は回復する．図 15.15 は，安全率の時間的な変化を示すが，破壊に至らない場合，安全率は間隙水圧の消散に伴って増加してゆく．ただし，鋭敏な粘土などでは，盛土荷重による変形によって構造が乱されるため，強度の低下が起こり，間隙水圧の発生や有効応力の減少に伴って安全率が一時的に低下することもある．間隙水圧の予測の困難さから，従来短期的な安定解析には，非排水状態を想定した $\phi = 0$ 解析法が用いられることが多かったが，変形の数値解析法の進歩から，有効応力に基づく変形解析も適用することができるようになってきた (Oka ら, 1986)．先に述べた簡易解析法では，初期の水圧は考慮するが変形に伴う間隙水圧発生を考慮しない場合は，全応力解析法となることに注意しておこう．

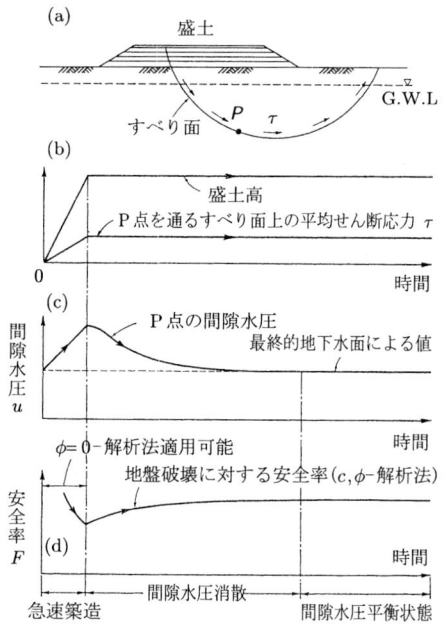

図 15.15 盛土基礎としての飽和粘土地盤のすべり破壊

軟弱粘土地盤の安定問題をより詳しくみてみよう.

図 15.16 は，盛土荷重の増加に伴う盛土直下での間隙水圧の変化である．実線の限界曲面(初期降伏曲面)内では，8章で述べたようにひずみの発生は少ない．盛土直下の T1 では，鉛直荷重 (γH) が 25 kPa で間隙水圧の増加率が増加し，1.0 に近い値となっている．T2 では，増加率の変化する折れ曲がり点は 48 kPa である．一方，G3 では，増加率は徐々に小さくなる傾向にある．盛土の初期に間隙水圧の増加が小さいのは，荷重が圧密降伏応力以下で圧縮性が小さく，間隙水圧の消散も速いためである．図 15.17 は盛土中央直下粘土地盤中での典型的な応力径路である．O' 点が始点であり，基礎地盤が破壊する場合は，経路 $O'P'$ を経て，モール・クーロン破壊線上の破壊点 F' に達し，最終的に限界状態の C' に至る．P' 点は，圧密降伏応力に対応している．レルウェイユら (1978) によれば，圧密降伏荷重 σ'_p は

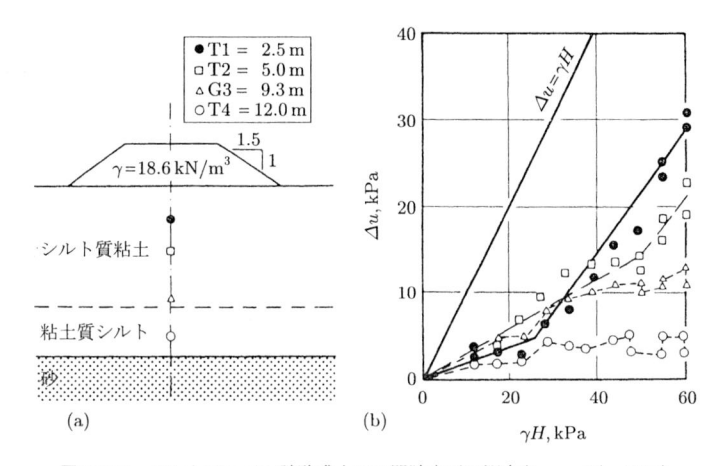

図 15.16 セントアルバン試験盛土での間隙水圧の測定 (Leroueil ら, 1978)

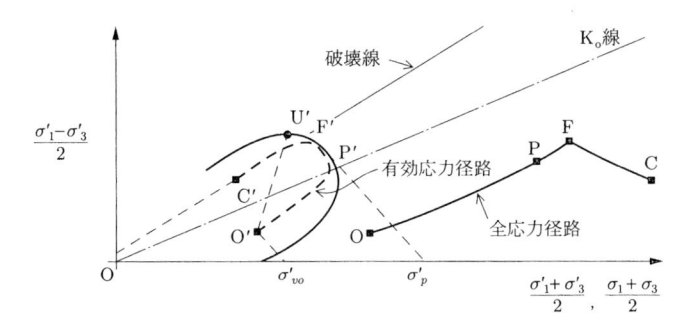

図 15.17 盛土中央直下での応力径路 (Leroueil ら, 1985)

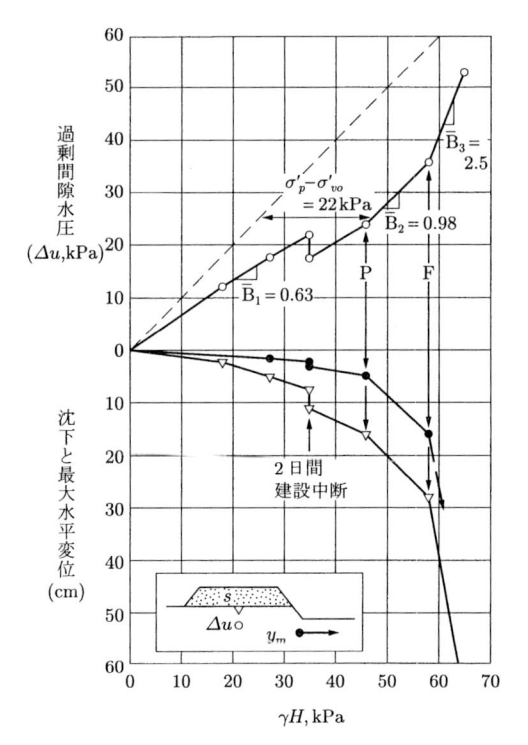

図 15.18 Kalix(スウェーデン)試験盛土の観測結果(HoltzとHolm, 1979)

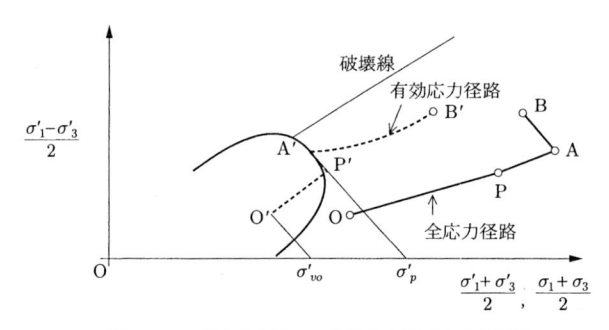

図 15.19 盛土中央下での有効応力及び全応力径路

荷重-間隙水圧増分関係の折れ曲がり点での盛土による鉛直荷重に対応していることが示されている．図 15.18 は他の盛土下での間隙水圧発生および沈下と，盛土による鉛直荷重の関係を示すが，この例では，点 F 以降，荷重の増加に対して間隙水圧の増加率は 1.0 を超え，2.5 となっている．このような場合は，破壊点を超え，径路図 15.17 の径路 $F'O'$ に対応している．一方，破壊に至らず安定に向かう

場合は，図 15.19 のように，A′ から間隙水圧の減少とともに鉛直有効応力が増加し B′ 点へ向かう．この場合，破壊線から遠ざかるため，安定となる．他のケース (Tavenas et al., 1980) で荷重が小さい場合の盛土中央直下の沈下量 Δs と盛土高さ ΔH の関係 $\Delta s = (0.07 \pm 0.03)\Delta H$ が報告されている．側方変位が増大する点は間隙水圧が増大する点に対応しており，この点を超えると，側方変形は沈下量の約 90%になるといわれている．円弧状のすべりが発生する場合は，沈下量に対して側方変形が卓越することになる．

盛土基礎地盤の安定性については，松尾・川村 (1975) は，$S - \delta/S$ (S：盛土中央基礎地盤と盛土の境界での沈下量，δ：法尻での水平変位) 関係で整理し，基礎地盤の破壊時 (P_j：施工中の盛土荷重と P_f：破壊盛土荷重) には，ユニークな関係があることを見出し，施工管理に用いることを提案している (図 15.20)．

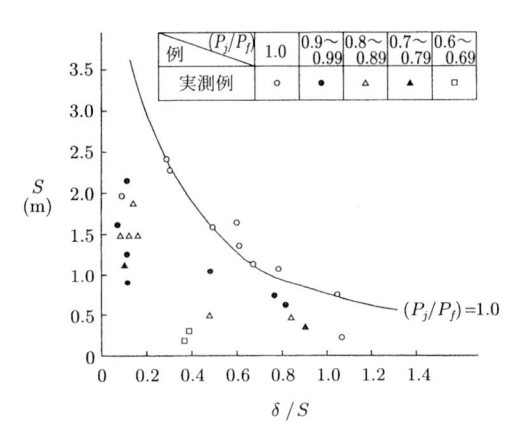

図 15.20 $S \sim \delta/S$ 管理図 (松尾ら, 1975)

i. 切土斜面の安定解析

切土による荷重の減少により，全応力，間隙水圧はともに減少する．特に，重過圧密粘土では，正のダイレイタンシーによって間隙水圧の減少もしくは負の間隙水圧の発生によって，有効応力が増大するため，切土直後は安全率は比較的高く安定しているが，時間が経つにつれ，負の間隙水圧の消散によって有効応力が減少し，安全率が低下していく (図 15.21)．したがって，長期の安定問題を検討しておく必要がある．このような場合には，排水条件下での有効応力に基づく簡易安定解析法 (c'，ϕ' を用いる) が適用されるが，間隙水圧の消散を考慮した詳細な有効応力変形解析も用いられるようになってきた (Adachi et al., 1999).

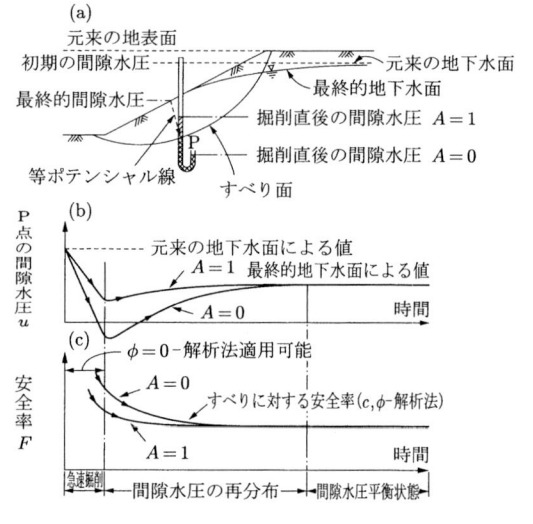

図 15.21 切土斜面のすべり破壊

j. 斜面崩壊時間の予測

斜面に変状が発生して崩壊に至るまでには時間遅れがある場合がある．これをクリープ破壊と呼ぶが，斉藤・上沢 (1961) は多くの現場での斜面破壊計測事例から，クリープ中の最小ひずみ速度 (定常ひずみ速度) と最小ひずみ速度に至ってから斜面が破壊するまでの時間との間に，次のような関係を見出している．

$$\text{破壊に至る時間} \times \dot{\varepsilon}_{\min} = \text{一定} \tag{15.50}$$

すなわち，地盤の変位速度が急増しているような加速クリープを斜面に対して発見した場合，その時刻を t とすると，次式で破壊時間を予測することができる．

$$\dot{\varepsilon} \times (t_f - t) = \text{一定} \tag{15.51}$$

ここで，t_f は破壊時間，$\dot{\varepsilon}$ は時間 t での加速クリープ領域でのひずみ速度である．実際，上式を鉄道の沿線の斜面崩壊に適用して斜面崩壊の予測に成功した例が報告されている (斉藤, 1992)．

土を含めた材料のクリープ破壊では，図 15.22 に模式的に示すように，時間とともにひずみが増大し破壊に至る．ひずみ速度は，初期に減少するが，最小ひずみ速度に至った後に増大し，破壊に至る．ひずみ速度が加速する過程を加速クリープ (または三次クリープ) 領域，ひずみ速度一定の過程を定常クリープ (二次クリープ)，初期ひずみ速度の減少過程を一次クリープと呼ぶ．もちろん，破壊に至らな

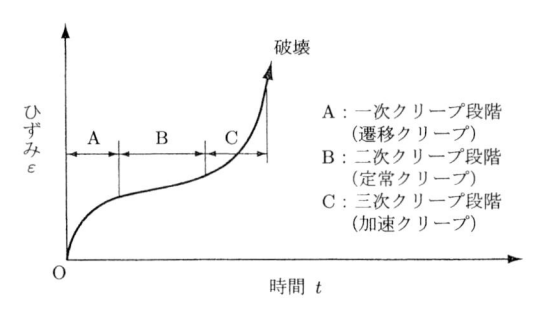

図15.22 クリープ曲線と段階

い場合もある.先に述べた破壊までの時間と最小ひずみ速度との関係は,フィン (Finn) とシェド (Shead)(1973) はじめ多くの研究者によって粘性土のクリープ破壊に対して見出されている.このようなクリープ特性は,典型的な土材料の時間依存特性の1つである (岡, 2000).

■文 献

1) Adachi, T., Oka, F., Osaki, H. and Zhang, F.：Soil-water coupling analysis of progressive failure of cut slope using a strain softening model, Proc. Int. Symp. on Slope stability Engineering, Yagi, Yamagami and Jiang, eds., pp.333-338, 1999.
2) Taylor, D.W.：Stability of earth slopes, *J. Boston Soc. Civil Engineers*, **24**, pp.197-246, 1937.
3) Terzaghi, K.：Theoretical Soil Mechanics, John Wiley & Sons, 1943.
4) Fellenius, W.：Calculation of the stability of earth dams, Trans. 2nd Conf. Large Dams, **4**, pp.445-462, 1936.
5) Janbu, N., Bjerrum, L. and Kjaernsli, B.：Stabilitetsberegning forfyllinger skjaeringer-og naturlige skraninger, *Norwegian Geotechnical Publication*, **16**, 1956.
6) Morgenstern, N.R. and Price, V.E.：The analysis of the stability of general slip surfaces, *Géotechnique*, **15** (1), pp.70-93, 1965.
7) Oka, F., Adachi, T. and Okano, Y.：Two-dimensional consolidation analysis using an elasto-viscoplastic constitutive equation, *Int. J. Numerical and Analytical Methods in Geomechanics*, **10**, pp.1-16, 1986.
8) Leroueil, S., Tavenas, F., Trak, B., La Rochelle, P. and Roy, M.：Construction pore pressures in clay foundations under embankments, Part I：the Saint Alban test fills, *Can. Geotech. J.*, **15** (1), pp.54-65, 1978.
9) Tavenas, F. and Leroueil, S.：The behavior of embankments on clay foundations, *Can. Geotech. J.*, **17** (2), pp.236-260, 1980.
10) 松尾 稔, 川村国夫：盛土の情報化施工とその評価に関する研究, 土木学会論文報告集, **241**, pp.81-91, 1975.
11) Saito, M. and Uezawa, H.：Failure of soil due to creep, Proc. 5th ICSMFE, **1**, pp.315-318, 1961.

12) 斉藤迪孝：実証土質工学, 技報堂出版, p.156, 1992.
13) Finn, L. and Shead, D.：Creep and creep rupture of a sensitive clay, 8th ICSMFE, **1.1**, pp.135-142, 1973.
14) 岡　二三生：地盤の弾粘塑性構成式, 森北出版, 2000.
15) Holtz, R.D. and Holm, G.：Test embankment on an organic silty clay, Proc. 7th ECSMFE, **3**, pp.79-86, 1979.
16) Tavenas, F., Mieussens, C. and Bourges, F.：Lateral displacements in clay foundations under embankments, *Can. Geotech. J.*, **16** (3), pp.532-550, 1979.
17) Bishop, A.W.：The use of the slip circle in the stability analysis of slopes, *Géotechnique*, **5** (1), pp.7-17, 1955.
18) Spencer, E.：A method of analysis of the stability of embankments assuming parallel inter-slice forces, *Géotechnique*, **17** (1), pp.11-26, 1967.
19) King, G.J.W.：Revision of effective-stress method of slices, *Géotechnique*, **39** (3), pp.497-502, 1989.
20) 成田国朝：斜面安定計算法の歩み—静定化を巡る考察—, 土質基礎工学に関する講演会資料, 土質工学会中部支部, 1992.
21) 地盤工学会編：地盤工学ハンドブック, 第2編, 第3章土質力学, 地盤工学会, pp.176-179, 1999.
22) 岡　二三生：土質力学演習, 森北出版, 1995.
23) 赤井浩一：土質力学, 朝倉書店, 1980.
24) Bishop, A.W. and Bjerrum, L.：The relevance of the triaxial test to the solution of stability problems, Proc. ASCE Research Conf. on Shear strength of cohesive soils, pp.437-501, 1960.
25) Leroueil, S., Magnan, J.P. and Tavenas, F.：Embankments on soft clays, Ellis Horwood, 1990.

16 地盤改良

　地盤の改良の目的は，地盤工学上問題となる地盤，すなわち，強度が小さく，変形しやすい地盤や，透水性が大き過ぎたり，排水性が悪い地盤，汚染された地盤を，地盤の利用目的や地盤環境改善に役立つよう改良することであり，その方法は物理的，化学的，力学的さらに生物学的なものなど，多種多様である．地盤改良を大別すると以下のようである．

① 力学的な改良：支持力の増大，過大な変形性の防止，液状化抵抗の増大，土圧の軽減や斜面の安定など．
② 水理学的な改良：排水性の改良，止水性の増大や侵食の防止など．
③ 環境の改良：環境保全や廃棄物処理など．

　改良の原理には，① 密度の増大，② 固結，③ 置換，④ 地盤の複合化による補強，および ⑤ 吸着，分解，洗浄がある．

　地盤改良はこのような原理に基づいて行われている．⑤ は汚染された土の改良であるが，改良する場所によって大きく3つに分かれる．すなわち，地盤は1〜3m程度の浅層部とそれ以深の深層部に分けられるが，さらに人工地盤構造物である盛土や人工的に改変の行われた切土部などに分けられ，そこでは沢山の原理と工法が用いられている（地盤工学ハンドブック，1999）．

　密度の増大による工法としては，すでに 7.5 節で述べた排水促進のためのサンドドレーン工法が代表的である．この工法は沈下を促進させ，密度増大はせん断強度の増大をもたらす．液状化対策としてサンドコンパクションパイル工法があるが，これは，締固めによる液状化抵抗力の増大を目的にしている．セメント，石灰や薬液による安定・固化処理も行われている．

a. 石灰による地盤の改良

　従来から行われている工法として，石灰を用いて地盤改良する方法がある．この方法は石灰と土との化学反応を利用する方法である．石灰安定処理する方法は陽イオン交換，ポゾラン反応，石灰の炭酸化，吸水発熱膨張作用などの反応を基礎

としている. まず, 2.4 節で述べたように, 陽イオン交換によって, 石灰中の Ca^{2+} が土粒子表面の吸着陽イオンにかわることによって電荷状態が変化し, 粘土が凝集することにより団粒化する. このような効果はアルカリ環境のもとで促進される. さらに, 時間が進むと, コロイドシリカやコロイドアルミナが石灰と反応し, ケイ酸カルシウム水和物やアルミン酸カルシウムの水和物などが生成されるポゾラン反応が起こる. この反応によって作り出された生成物が土粒子間を結合させ, 土が固化され, 強度や耐久性が増強される. この反応は, 他の方法で安定化しにくいアロフェンやモンモリロナイトや加水ハロイサイトなどの粘土鉱物との間にも見られるため, これらの粘土鉱物を含む土の安定化にも適している. さらに, 石灰が空気中の炭酸ガスと反応してできる炭酸カルシウムがアルミン酸カルシウムと反応して土が固結される. これが, 石灰の炭酸化による効果である.

生石灰 (CaO) は水と反応する時, 1 kg 当たり 280 kcal (1cal=4.8605 J) の発熱と 1.99 倍の体積膨張を伴う.

$$CaO + H_2O \longrightarrow Ca(OH)_2 \quad 発熱 (15.6 \text{ kcal})$$

発熱は水分の蒸発による含水比の低下を, また体積膨張は圧密を促進し, 間隙比の低下すなわち強度増加をもたらす. 石灰の使用量は土によって異なるが, 土に対する質量比で数%～20%程度である.

b. セメント安定処理

セメントによる安定処理工法もその水和反応により水酸化カルシウムを生成させ, 地盤を安定化させる. しかしながら, セメントや石灰による安定化は安定化初期の生成物が高アルカリ性を呈するため, 環境影響に十分配慮する必要がある. ジェットグラウティング工法では, セメントミルクを注入し, 土と撹拌することにより固結体を形成する方法がとられている.

c. 薬液注入工法

短時間に凝固する性質の薬剤を地盤に注入し固結させ, 地盤の強度や止水性を改良する方法である. 注入剤としては, 先に述べたセメント系のものや石灰があるが, 薬液としては, セメント系, 高分子系, 水ガラス系や特殊シリカ系のものが開発されてきた. アクリルアミド系の高分子系薬剤は, 浸透によって, 土壌汚染, 水質汚濁を発生させた. たとえば, 下水道工事で使用されたアクリルアミド系薬剤によって, 近い場所 (2m 以内) の井戸水が汚染され, 健康に障害が発生した. こ

のように，高分子材は環境に悪影響を与えることから，わが国では，水ガラス系の薬剤に限って使用が許されている(薬液注入工法による建設工事の施工に関する暫定指針，1974年7月)．ただし，水ガラス系のものは，耐久性に問題があることが指摘されている．このことから，耐久性に優れた特殊シリカ系の薬剤が使用されるようになってきている．注入に当たっては，脈状注入を避け，地盤の強度を低下させないゆっくりした注入が望ましい．

d. 軟弱地盤の改良

わが国の都市平野部に多く見られる軟弱な粘土層は，せん断強度が小さく，また透水性が悪い．このため，圧密促進のための改良工法や安定剤と混合処理する固化工法が行われている．一方，砂地盤は一般に粘土に比べて強度は大きいことが多いが，緩めの砂は地震時には液状化しやすいため，液状化対策としての締固めや固化，排水性の向上のためのグラベルドレーンやせん断変形抑制のための改良として，地盤の固化などが行われる．軟岩などでは，風化による劣化や亀裂，層理，節理などによる斜面崩壊などを防ぐため，注入やアンカー工法などの補強による地盤改良が行われる．

e. 荷重の調整

この方法は，沈下などが予測される場合に，土の代わりに軽い材料を用いたり，圧密促進のため押さえ荷重を用いたりする工法である．EPS (expanded polystyrol)工法は土の重量の約1/100の発泡スチロールを使用した超軽量盛土工法で，超軽量の発泡スチロールブロックを盛土として使用するため，軟弱地盤での盛土が可能であり，地すべり地帯などでの盛土でも比較的安全に盛土を構築することができる．

f. 補強土工法

図16.1は盛土に補強材を水平に入れたものの模式図であるが，このように，地盤の中に帯鋼や鉄筋，さらにジオテキスタイルなどの補強材を挿入したり敷設して地盤と補強材からなる複合体とし，地盤を補強する方法を補強土工法と呼ぶ．一般にジオグリッドや鋼板など引張りに抵抗する材料を，よく締め固められた砂質地盤に挿入する場合，地盤の変形が破壊近くになると，正のダイレイタンシーが発生するが，補強材で拘束されていると拘束圧が増加し，補強材と土の間に大きな摩擦力が発生し，引張り抵抗が増し，結果として地盤の強度が増すことになる．ただ

図 16.1

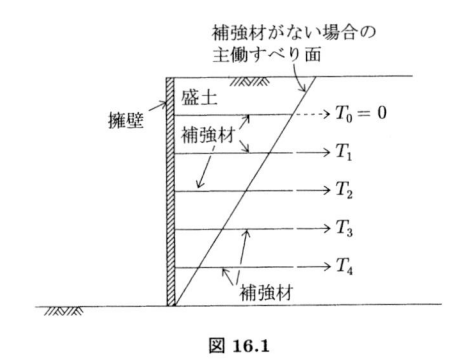

し,ひずみの発生と引張りに抵抗する材料の配置に注意する必要がある.したがって,圧縮性の大きい軟弱な粘土ではこの方法の効果は砂質土に比べて小さいが,配置や締固め,および排水性に注意すれば粘性土の補強にも使用できる.

補強材や排水促進材としてのジオテキスタイルやジオメンブレンまたはそれらを組合わせたジオコンポジットはジオシンセティックス (geosynthetics) と呼ばれる.これらは,土木資材用繊維や高分子材料を指す.ジオテキスタイルは,透水性のよい繊維材料で,不織布,織布,編布である.盛土補強に使われるポリエステルやポリプロピレンからなるジオグリッド (格子状の面状材) や,シート補強や敷網に用いられるジオネットも含まれる.遮水に用いられるジオメンブレンは高分子材料からなる不透水性の面状材で,合成ゴムや塩化ビニールなどの材質のものがある.

これらの他に,ジオコンポジットと呼ばれる複合材も使われている.これらは,ジオテキスタイルやジオメンブレンを組合わせたりしたもので,遮水材としてポリエチレンシートと粘土を組合わせたジオシンセティッククレイライナーなどが用いられている.

g. 汚染土の改良

土が重金属や化学物質などの有害物質により汚染されると,直接および地下水に溶け出したりして間接的に人や生物に悪い影響を与える.このような汚染された土も改良される必要がある.2002 (平成 14) 年 5 月には,土壌汚染の状況の把握,土壌汚染による人の健康被害の防止に関する措置等の土壌汚染対策を実施することを内容とする「土壌汚染対策法」が成立し,公布されている.土壌汚染の対策のため,汚染の原因となる物質を封じ込めたり,汚染された土は洗浄する必要がある.汚染された地盤を処理する方法としては,汚染物質を封じ込める方法,

原位置で処理する方法,掘削や揚水により処理する方法に分けられる.封じ込めは物理的に遮蔽工や遮水工を設置する方法や揚水などで水理的に処理する方法がある.原位置での処理には,破壊,分解や不活性化法があり,バイオレメディエーション (栄養物質を注入し地中の微生物の活性によって汚染物を分解する),ガラス固化,電気泳動 (地中に電極を入れて電気を流し,電極にイオン化した重金属などを集めて回収する方法) による回収,真空吸引除去法などがある.また,掘削などにより活性炭などで吸着して除去する除去方法,ソイルウォッシング,溶媒抽出など多くの方法がある.

汚染物質は地下水に溶け出したり,浮遊して拡散することがあるが,その予測には,拡散物質の密度 (または濃度) c に関する保存則と物質拡散を記述しうるフィック (Fick) の法則から導かれる拡散方程式が用いられる.

拡散物質の保存則は,

$$\frac{\partial c}{\partial t} + \frac{\partial J_i}{\partial x_i} = 0 \tag{16.1}$$

ここで,J_i は拡散物質の密度の流れベクトル,x_i は座標である.

フィックの法則は,拡散係数 $D > 0$ を用いて

$$J_i = -D\frac{\partial c}{\partial x_i} \tag{16.2}$$

のように書かれる.

式 (16.1) を式 (16.2) に代入すると,次のような放物型の拡散方程式が得られる.

$$\frac{\partial c}{\partial t} = D\frac{\partial^2 c}{\partial x_i^2} \tag{16.3}$$

この式を境界条件のもとで解けば,物質拡散の問題が解けるが,地下水への拡散では,5章で述べたダルシーの法則で記述される水の移動も考慮しておく必要がある.フィックの法則は,ダルシーの法則に対応しており,拡散方程式は圧密方程式と同型である.拡散方程式は,時間の正負に対して同じ形の方程式にならないので散逸現象を記述する方程式といえる.

■文 献

1) 地盤工学会:地盤工学ハンドブック,第 4 編,第 7 章,第 8 章,地盤工学会,1999.
2) 地盤工学会:地盤工学ハンドブック,第 5 編,第 5 章,地盤工学会,1999.
3) 建設省:薬液注入工法による建設工事の施工に関する暫定指針,1974.
4) Lambe, T.W.and Whitman, R.V.:Soil Mechanics, John Wiley & Sons, 1969.
5) Mitchell, J.K.:Fundamentals of Soil behavior, John Wiley & Sons, 1976.

6) 赤井浩一：土質力学 (訂正版), 朝倉書店, 1980.
7) 岩田進午：「土」を科学する, NHK 市民大学, 日本放送協会, 1988.
8) 白水晴雄：粘土鉱物学, 朝倉書店, 1993.
9) 山口柏樹：土質力学 (第 3 版), 技報堂出版, 1985.
10) 松尾新一郎編：石灰安定処理工法, 日刊工業新聞社, 1977.
11) 日本材料学会土質安定材料委員会編：地盤改良工法便覧, 日刊工業新聞社, 1991.
12) 嘉門雅史：地盤改良工法, 材料, **42** (480), pp.1023-1031, 1993.
13) 地盤工学会：補強土入門, 地盤工学会, 1999.
14) 地盤工学会：環境地盤工学入門, 地盤工学会, 2001.
15) 藤縄克之：汚染される地下水, 共立出版, 1990.
16) 米倉亮三, 島田俊介：薬液注入による長期耐久性の研究, 土と基礎, **40** (12), pp.17-22, 1992.
17) 村岡浩爾：地下水, 土壌汚染対策の制度化に向けて, 地下水制御が地盤環境に及ぼす影響評価, 平成 14 年度講習・研究討論会テキスト, 土木学会関西支部, 2002.

付録　用極法について

まず，図 A (1) のような物体中の P_1 面と P_2 面に働く応力状態をモールの応力円上に示す．モールの応力円上で P_1 面に働く応力は A 点，P_2 面に働く応力は B 点で表されるとする．∠ACB を 2θ とすると，物理面は∠θ で交わるから，P_1 面に平行な線を A 点から引き，P_2 面に平行な線を B 点から引くと，その交点は O_p となり∠AO_pB は θ となるが，円周角の定義よりこの点はモールの円上にある．この点が極である．したがって，物体を図 A (2) のように角度 α だけ回転させると O_p 点は O'_p 点に移ることになる．このように，物体が回転すれば，極はモールの円上を移動することになる．さらに，物体が移動せず別の面上の応力を考える場合は，極からその面に平行な線を引き，モールの円との交点が考える面上の応力を表していることになる．このように，用極法は物理面で角度 θ をなす 2 つの面上の応力が，モールの応力円上では 2θ だけ離れることと，円周角を巧みに使い，任意の面上に働く応力を求める方法である．

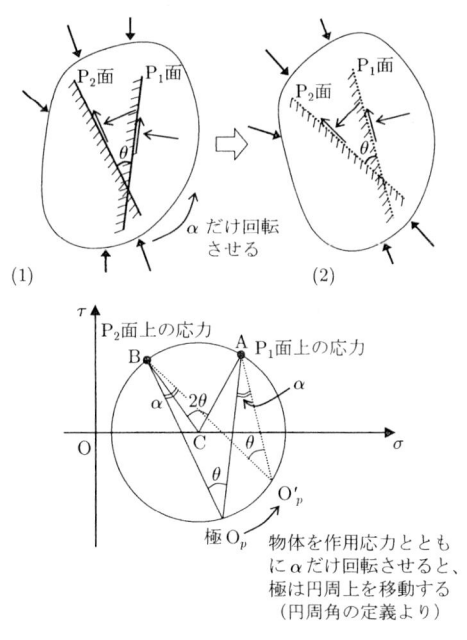

図 A

索　引

欧　文

EPS　299

$\log t$ 法　118

N 値　180

SH 波　163
SV 波　163

$\sqrt{t}$ 法　118

ア　行

アイスレンズ　96
浅い基礎　254
アーチ効果　251
圧縮曲線　50
圧縮係数　107
圧縮指数　107
圧縮率　83
圧密　102
圧密係数　113, 118
圧密降伏応力　104, 138
圧密度　114
圧密排水試験　138
圧密非排水試験　138
圧力球根　213
圧力水頭　68
アロフェン　13
安全率　278, 282
安定係数　277
安定数　277

イオン交換　16
一次圧密　103
一軸圧縮試験　129
一軸圧縮変形　56

一次クリープ　294
位置水頭　68
一面せん断試験　129
イライト　14
インピーダンス比　164

運動学的に許容　224

鋭敏比　20, 142
液状化　168
液状化安全率　181
液状化強度比　182
液状化現象　168
液性限界　19
液性指数　21
円弧すべり　277
塩分溶脱　176

応力径路　144
応力–ダイレイタンシー　156
応力テンソル　30
　　——の不変量　37
応力比–ダイレイタンシー関係　203
応力プルーブ試験　155
応力ベクトル　29
オスターバーグの図表　214
汚染土の改良　300
帯基礎　254
温度伝導率　100

カ　行

過圧密粘土　138, 149
過圧密比　149
カオリナイト　15
下界定理　232
角運動量の保存則　35
拡散　301
仮想仕事の原理　225

索 引

加速クリープ 294
活性度 22
カムクレイモデル 193
簡易ビショップ法 284
間隙圧係数 145
間隙比 7
間隙率 7
含水比 7
完全塑性体 61
乾燥質量密度 95
緩和時間 59

擬似過圧密粘土 105
境界条件 223
境界値問題 223
凝固点 98
凝集 18
極 33
極限解析 228
極限解析法 223
極限支持力 256
極限釣合い法 222
局所せん断破壊 255
局所的安定条件 195
曲率係数 11
許容支持力 256, 268
均等係数 11

杭基礎 254, 270
クイッククレイ 142
クイックサンド 69, 169
空気間隙率 7
グラベルドレーン工法 189
クリープ 103
クリープ破壊 294
クロライト 15
クーロン土圧 242
クーロンの破壊仮説(規準) 132

軽過圧密粘土 150
傾斜荷重 269
ケーソン基礎 254
ケッターの式 258
限界状態 147, 256
　——の概念 146

限界状態線 202
限界動水勾配 69
限界深さ 277
減退記憶の原理 60

硬化パラメータ 200
公称ひずみ 45
構成式 55, 224
洪積層 2
拘束圧密試験 103
後続降伏条件 193
剛体回転 42
降伏応力 60
降伏曲面 193
降伏条件 193
固相 6
混合体 1
コントラクション 169

サ 行

サイクリックモビリティー 171
最小ひずみ速度 294
最小ポテンシャルエネルギの原理 227
最大塑性仕事の原理 195
最適含水比 93
材料固有の透水係数 79
サクション 92
サクションプレート法 92
三軸圧縮試験 129
サンドドレーン工法 122
3要素粘弾性モデル 59

ジオシンセティックス 300
ジオテキスタイル 300
ジオメンブレン 300
軸対称三軸圧縮変形 57
支持力係数 260
支持力公式 267
質量保存則 71
シートパイル 80
地盤材料の圧縮性 52
締固めエネルギ 95
弱形式 226
斜面先破壊 277
斜面内破壊 277, 281

斜面崩壊時間の予測　294
重過圧密粘土　149
収縮限界　19
修正カムクレイモデル　204
修正フェレニウス法　284
周辺摩擦力　272
重力井戸　82, 87
主応力　37
主働応力状態　237
受働応力状態　236
主働土圧　237
受働土圧　237
主働土圧係数　238
受働土圧係数　238
主ひずみの成分　45
上界定理　228
状態境界面　148, 201, 202
除荷条件　195
初期降伏条件　193
初期降伏点　60
植積土　3
しらす　25
シリカ四面体単位　13
浸透水圧　69
浸透破壊　176
浸透力　69

垂直ひずみ　41
水頭　64
水理的伝導性　78
水和イオン　17
スネルの法則　163
すべり線解法　223, 256
スメクタイト　14

正規圧密粘土　147
静止土圧　235
静止土圧係数　235
正八面体垂直応力　135
正八面体単位　13
正八面体面　135
静力学的に許容　224
積分型粘弾性モデル　59
石灰による地盤の改良　297
接地圧　218

セメント安定処理　298
ゼロ空気間隙曲線　95
線形運動量の保存則　35
先行圧密圧力　104
先行圧密荷重　149
全水頭　64, 68
先端支持力　271, 272
せん断弾性係数　56
せん断ひずみ　42
せん断変形　56
全般せん断破壊　255

相対密度　7
即時沈下　216
塑性　60
塑性限界　19
塑性散逸エネルギ　230
塑性指数　20
塑性図　25

タ　行

対数ひずみ　45
タイスの方法　84
体積圧縮係数　107
体積含水率　7
体積弾性係数　55
堆積土　3
体積比　7
体積ひずみ　42
ダイレイタンシー　128
卓越周期　166
ダルシーの法則　63
弾完全弾塑性体　60
単純せん断試験　130
単純せん断変形　42
弾性　55
弾性限界　60
弾塑性構成式　193
弾塑性体　60

遅延圧密　105, 154
遅延時間　59
地殻　1
中間主応力　134
沖積層　2

中立負荷条件　195
超軽量盛土工法　299
重複反射理論　163
貯留係数　87
沈下係数　216

突き固め試験　94
土の締固め　93

定常クリープ　294
定常揚水理論　82
定水位透水試験　70
定積土　2
底部破壊　277, 281
適合条件　198
デュピュイの仮定　80
デルタ　3
テルツアギーの支持力解　261
テンシオメータ法　92
伝達係数　87

土圧　235
等価鉛直透水係数　76
透過係数　164
等価水平透水係数　77
凍結　96
凍結縁　96, 97
凍結工法　98
凍上　96
透水係数　67, 70, 78
動水勾配　64
透水力　68, 69
等ひずみ問題　123
等分布荷重　211
等方圧縮変形　55
等方弾性体　55
等ポテンシャル線　73
特性曲線　258
ドラッカーの硬化仮説　195
トレスカの破壊規準　132

ナ 行

内部消散　196
内部消散エネルギ増分　200
流れ則　197

二次圧縮係数　110
二次圧密　103, 110
二次圧密速度　110
2相系　45

ネガティブフリクション　272
熱拡散率　100
熱伝導方程式　99
熱伝導率　99, 100
熱流速ベクトル　99
粘性　57
粘性係数　79
年代効果　154
粘弾性体　57

ハ 行

バイオレメディエーション　301
パイピング　80
破壊包絡線　139
ハロイサイト　15
バロンの解　122
反射係数　164
パンチングシアー　256
非圧密非排水試験　138
比重　7
ビショップの間隙圧係数　54
ひずみ　39
ひずみ硬化　60, 194
ひずみ硬化域　195
ひずみテンソル　40
ひずみ軟化　61, 128
ひずみ軟化域　195
非定常揚水理論　83
比熱容量　99
非排水せん断強度　140
ヒービング　79
表面張力　89
表面力　28

ファブリックテンソル　12
フィックの法則　301
フェレニウス法　283
フォークトモデル　58
フォンミーゼスの破壊規準　133

負荷　194
深い基礎　254
負荷条件　195
ブシネスクの解　206
フーチング基礎　254
フックの法則　55, 56
物体力　28
不凍液　98
不同沈下　272
不同沈下量　217
フーリエの法則　99
不連続面　226
フー–ワシヅの変分原理　228
分応力　66
分散　18
分散構造　18
分離ポテンシャル　98

平均圧密度　114
べた基礎　254
変形勾配　40
偏差応力テンソル　37
偏心荷重　269
変水位透水試験　70
ベーンせん断試験　131

ポアソン比　55
ボイリング　69
膨潤指数　107
法線性　197
飽和度　7
補強土工法　299
ポテンシャル関数　72
掘抜き井戸　82, 83

マ　行

埋設管に働く土圧　250
摩擦円　277
松岡・中井の破壊規準　134
マックスウェルモデル　57

密な砂　157

メニスカス　89
綿毛構造　19

毛管結合力　91
毛管現象　89
モール・クーロンの破壊仮説 (規準)　133
モールの応力円　32
モールの破壊仮説 (規準)　133
モールのひずみ円　43
モンモリロナイト　14

ヤ　行

薬液注入工法　298
ヤコブの方法　86
山留め工　248
ヤング率　55
ヤンブの簡易法　285

融解　98
有限要素法　222
有効応力　50, 51
有効応力径路　144
有効間隙率　87
有効径　78
有効集水半径　122
緩い砂　157

揚圧力　79
陽イオン交換容量　16
要求性能　256
用極法　33

ラ　行

ラプラスの方程式　72
ラメの定数　56
ランキン土圧　236
ランダム構造　18

リーチング　176
流管　75
粒径　9
粒径加積曲線　9, 11
粒状体　168
流線　74
流線網　73
流体相　6
――の運動方程式　66
流通係数　87

著者略歴

岡　二三生（おか　ふさお）
1948年　広島県に生まれる
1977年　京都大学大学院工学研究科
　　　　土木工学専攻博士課程学修退学
現　在　京都大学大学院工学研究科
　　　　社会基盤工学専攻教授
　　　　工学博士

土 質 力 学

2003年9月25日　初版第1刷
2018年7月25日　　　第10刷

定価はカバーに表示

著　者　岡　　二　三　生
発行者　朝　倉　誠　造
発行所　株式会社　朝倉書店

東京都新宿区新小川町6-29
郵便番号　162-8707
電話　03(3260)0141
FAX　03(3260)0180
http://www.asakura.co.jp

〈検印省略〉

© 2003〈無断複写・転載を禁ず〉　　　　壮光舎印刷・渡辺製本

ISBN 978-4-254-26144-8　C 3051　　　Printed in Japan

JCOPY　〈(社)出版者著作権管理機構　委託出版物〉
本書の無断複写は著作権法上での例外を除き禁じられています．複写される場合は，そのつど事前に，(社)出版者著作権管理機構（電話03-3513-6969，FAX 03-3513-6979，e-mail: info@jcopy.or.jp）の許諾を得てください．

好評の事典・辞典・ハンドブック

物理データ事典	日本物理学会 編 B5判 600頁
現代物理学ハンドブック	鈴木増雄ほか 訳 A5判 448頁
物理学大事典	鈴木増雄ほか 編 B5判 896頁
統計物理学ハンドブック	鈴木増雄ほか 訳 A5判 608頁
素粒子物理学ハンドブック	山田作衛ほか 編 A5判 688頁
超伝導ハンドブック	福山秀敏ほか 編 A5判 328頁
化学測定の事典	梅澤喜夫 編 A5判 352頁
炭素の事典	伊与田正彦ほか 編 A5判 660頁
元素大百科事典	渡辺 正 監訳 B5判 712頁
ガラスの百科事典	作花済夫ほか 編 A5判 696頁
セラミックスの事典	山村 博ほか 監修 A5判 496頁
高分子分析ハンドブック	高分子分析研究懇談会 編 B5判 1268頁
エネルギーの事典	日本エネルギー学会 編 B5判 768頁
モータの事典	曽根 悟 編 B5判 520頁
電子物性・材料の事典	森泉豊栄ほか 編 A5判 696頁
電子材料ハンドブック	木村忠正ほか 編 B5判 1012頁
計算力学ハンドブック	矢川元基ほか 編 B5判 680頁
コンクリート工学ハンドブック	小柳 洽ほか 編 B5判 1536頁
測量工学ハンドブック	村井俊治 編 B5判 544頁
建築設備ハンドブック	紀谷文樹ほか 編 B5判 948頁
建築大百科事典	長澤 泰ほか 編 B5判 720頁

価格・概要等は小社ホームページをご覧ください．